U0179577

本书由浙江省文博人才培养“新鼎计划”资助出版

新品时样

20世纪上半叶机器丝织品种和图案研究

MODERN PATTERNS

Varieties and Patterns of Machine Silk Weaving in the First Half of the 20th Century

徐 铮◎著

ZHEJIANG UNIVERSITY PRESS
浙江大学出版社

目录

第四章　20世纪上半叶机器丝织物的图案研究

第五章　20世纪上半叶机器丝织物的字牌研究

第六章　20世纪上半叶机器丝织物生产企业个案研究——以上海美亚织绸厂为例

第一章　绪　论

19世纪六七十年代，以洋务运动为发端，中国开始进入漫长的工业化阶段。而作为中国传统的拳头产业，自20世纪初，丝织业也以引进和使用动力织机（铁机）为标志，启动了其早期工业化或者称为近代工业化的进程，催生出我国第一批近代丝织企业，形成了一个与传统体系截然不同的近代丝织技术体系。丝织物特别是使用机器生产的丝织物品种和图案设计也随之进入了一个大发展、大变化时期，为当代丝绸的发展奠定了良好的基础。

因此，本研究将最能代表20世纪上半叶丝绸生产发展特点的一个特殊片段——机器梭织丝织物（简称机器丝织物）的发展作为研究对象。所谓机器丝织物是指使用机器动力织机生产的丝织物（包括全人造丝织物和其他交织织物等）。这个时代的织机有别于传统织机以人手投梭为动力，包括半机械化的铁机（也称手拉织机、拉机或洋机）和机械化的电力织机，但机器丝织物中的花边、商标等品类由于产量有限且并不代表当时最高的生产技术水平，所以不在本研究范围之内。在时间维度上，动力织机（铁机）正式大量引用生产是在清末民初，因此整个民国时期（1912—1949）是本研究的重点研究时段；而在空间维度上，这个时期的近代丝织工业在整体国民经济中所占的比重还十分微弱，主要集中在江浙沪三地，特别是以上海、杭州、苏州为代表的环太湖地区，因此这个地区也是本研究的重点研究地区。

1.1 民国时期关于机器丝织业的调查研究

对这个时期机器丝织业及其产品的研究主要以调查研究为主。特别是20世纪20年代中后期，“五四”前后留美的经济学家陆续回国，逐渐开始在中国传播现代西方经济学。以马寅初、刘大钧、何廉、方显廷为代表的“四大经济学家”均强调要将中国现实情况与西方纯粹学理结合，进行实证性质的社会调查研究。这种社会调查在20世纪30年代初达到高峰，涉及社会的各个不同领域、方方面面，而由于机器丝织业及其产品在当地经济中所占有的重要地位，凡对江浙沪等机器丝织业集中地进行的调查中，一般都有这方面的资料收录。

1.1.1 针对机器丝织业的专门性调查研究

在民国时期的调查研究中针对丝织业进行的调查并不多，完全针对机器丝织业的更是少见，现在可以看到的有建设委员会调查浙江经济所于民国二十一年（1932）出版的《杭州市经济调查·丝绸篇》。此次调查于当年进行，调研的对象是杭州市的整体经济情况，但由于“丝绸业予杭市经济最为重要，故先以此篇刊行”，其调查的范围涵盖了桑、蚕、经纬原料、织造、练染、纹版等丝绸生产的各个方面，而针对机器丝织业的内容则包括了新式丝织厂的沿革、组织、产品与原料等情况。因为内容详尽，在当时就被不少从事丝绸业报道的人奉为“手册”。该调查指出1911年光复以后杭州的“绸缎业极为发达，民国二年或三年至十五年之间营业最旺，可以称为黄金时代”，而“十数年以来丝绸业已呈江河日下之势”，但是丝织业的衰弱“不可视为一种偶然现象”，因而编辑此报告其目的在于“以蚕桑之农业，以织染之工业，连类及之，使读者探源觅委，得窥全豹，知其关于杭州市者重且大也”。[①]然而报告认为造成杭城丝织业全面衰弱的主要原因是因为大量使用人造丝，这种观点忽略了新原料引入对增强丝织品种的促进作用，未免有失偏颇。

而王廷凤在对绍兴华舍等地的丝织业进行的调查中，则充分认识并肯定了技术革新对丝织业发展所起的促进作用，指出当地的传统丝织业由于“铁机兴起”而逐渐向新兴的机器丝织业转变，并因为技术革新带来“出品花色亦繁”的新局面（杭州建设委员会经济调查所印本，1937年）；当时的江苏省实业厅鉴于浙江省特别是杭州地区由于铁机的引入，“丝织一业尤为发达”，因而派出厅委员葛文灏对浙江铁机缎业进行考察，其目的在于促使江苏“丝织业各商，妥筹集议，急图改良，以促进步”，葛也在其报告中详细地介绍了铁机的织法，使“虽素未练习之人，亦可依法仿制”，并提出在江苏传统的丝织行业如“如能筹大宗经费，多购提花机，则收效既速，消耗亦省，固策之上着也”；[②]同样针对江苏丝织业的发展方向，毕业于日本东京高等工业学校纺织科的蔡经德提出了自己的改进方法，

① 建设委员会调查浙江经济所统计处. 杭州市经济调查・丝绸篇［M］. 杭州：建设委员会调查浙江经济所，1932：1.

② 江苏实业厅为抄发葛文灏考察报告转劝各商急图改良丝事情致苏总商会函（手稿）［Z］. 苏州市档案馆藏，1919-07-31.

即推广机户制度、设计丝织试验所、奖励输出与出口检验、制定单位与划一品质等，他认为“加以新式机械，授以新式技能，深入农村，而不背乎时代之进步，则丝织之事业兴而蚕桑之基础定矣”①；河冰则就盛泽纺绸业向工业化转化的尝试等做了研究（《国际贸易导报》，1932年）。而清华的留美学生王荣吉则从销售市场的角度出发，针对美国市场对中国丝绸产品的需求进行调查后，从机织、染色、整理等各方面提出了国内丝绸业改良的研究意见，并指出国内的丝绸生产厂家如果能“来美调查美人所好颜色、花样并用途，大有扩充希望也”②。

还有一份较为重要的调查报告是广东建设厅蚕丝改良局制丝股股长黄永安所做的《江浙蚕丝织绸业调查报告》。中国的民族机器缫丝业发轫于广东，但到20世纪二三十年代时已日渐衰落，反被江浙超越，为了取长补短，局长廖崇真于民国二十二年（1933）六月间派黄永安赴沪选购多条缫丝机。黄永安在江浙沪等业者的陪同下对当地蚕丝织绸业进行了考察，上海美亚、锦云，杭州都锦生等新式织绸厂都是其此行考察重点，他在比较手机、拉机和电机三者所织绸缎之优劣后，指出“手机非独出货慢而成本贵，且机力不匀，布纹或疏或密，至不雅观”③，“电机机械灵敏，出货迅速匀整，新颖秀美，非手机所可企及”④，在改进绸业工作设计中不可不知。而与粤省绸业“销途日减”相比，江浙等地织绸业之所以“近控全国，远制南洋”，在于其业“筑于摩登与新式花样上，随时代之轮而转

① 蔡经德. 改进江苏省丝织事业之意见［J］. 江苏建设月刊，1935（3）：25.

② 清华学校留美学生王荣吉关于国内丝绸业改良之研究报告（手稿）［Z］. 苏州市档案馆藏，1921.

③ 黄永安. 江浙蚕丝织绸业调查报告［R］. 广州：广东建设厅，1933：31.

④ 黄永安. 江浙蚕丝织绸业调查报告［R］. 广州：广东建设厅，1933：43.

动，基础稳固，销途广大，自有左右逢源，颠扑不破之妙处”。[①]

除了中国人自己进行的调查外，在中国的北方还有一家名为“满铁调查部”的日本情报机构，该机构直属于日本政府明治三十九年（1906）成立的南满洲铁道株式会社（简称“满铁”）。为了进一步入侵中国和掠夺资源，它对中国社会经济的各个层面进行了调查。20世纪40年代时满铁调查部曾派小野忍深入当时丝织业的主要集中地——苏杭地区调查当地的丝织业生产情况，发现两地的“木机织绸业随着铁机业的发展而衰落”[②]。小野忍毕业于日本东京帝国大学，他的专业主要是中国文学，对于中国的丝织业生产情况并不熟知，然而他的这次调查由于深入当地，采访了许多丝织行业的一线从业人员，因此可以说比较成功。他的调查范围包括丝绸的原料加工、产品品种、用途和销售途径等各方面，并对震旦丝织公司、永安电力织机丝织厂等近代丝织生产企业进行了专门调查，其结果分别写成《苏州の纱缎业》《杭州の绢织物业》两篇报告，先后发表在《满铁调查月报》22卷（1942）、23卷（1943）上，是了解民国后期这两个地区机器丝织业状况较为详细的第一手材料。

1.1.2 涉及机器丝织业的一般性调查研究

出于“建立全国实业统计的基础。在政府可借以为实施建设的依据，在国人可本此以为经营事业的指南”[③]的目的，从民国二十一年（1932）八月起，国际贸易局奉国民政府实业部的命令，由著名经济学家侯厚培和朱义农领衔以省为单位，对全国的实业进行了全

---

① 黄永安. 江浙蚕丝织绸业调查报告［R］. 广州：广东建设厅，1933：5.

② 小野忍. 杭州的丝绸业（一）［J］. 丝绸史研究资料，1982（3）：19.

③ 实业部国际贸易局. 中国实业志·浙江省［M］. 南京：实业部国际贸易局，1933：序1.

面调查，并将其结果编纂成书。调查共分四期进行，当年（1932）即开展了对江苏省（包括上海）的调查，通过直接派员或与当地合作进行实地调查和利用各种公文档案、志书、私人著作等间接方法，历时四个月完成。次年（1933）一月四日起，又历时三个月对浙江省进行调查，所采用的方法与江苏省完全相同，同年《中国实业志・江苏省》《中国实业志・浙江省》先后整理出版。由于江浙两省均是丝织业发达的地区，报告中均设有专门的章节讨论，在江苏省卷中对上海、南京、盛泽、丹阳、镇江、苏州等地，在浙江省卷中对杭州等地的丝织业的各方面情况进行了论述，指出民国以后各丝绸生产商因为“铁机出货速而工资省”，“尽弃从前之木机，而采用新式之手织铁机或电力电机”，并且利用新式机器生产的丝织物“平滑匀净，极受社会之欢迎”[①]。另外其中较为难得的材料是两份报告都以大篇幅的表格形式来介绍各地的机器丝织厂，内容包括厂名、经理人、成立年月、资本、设备等较为难得的一手资料，而在谈到30年代丝织业的衰弱原因时则以为跟国际金融环境和战争的影响不无关系。

另外一份较为有分量的调查报告是在民国二十六年（1937）由刘大钧主持发布的《中国工业调查报告》。刘大钧毕业于美国密歇根大学，师从著名经济学家亚当斯（Henry Carter Adams），回国后曾任职于中国经济统计研究所，积极推进中国经济状况的调查。此份报告共分三册，从民国二十二年（1933）开始调查，历时两年四个月完成，被列为军事委员会资源委员会参考资料第20号，是当时唯

---

① 实业部国际贸易局. 中国实业志・浙江省［M］. 南京：实业部国际贸易局，1933：47（庚）.

一比较完整的工业普查，后来其他研究大都以此为据。虽然该报告不包括东北、台湾和外资在华工厂，但已尽最大可能对30年代中国工业状况做出全景描述。其中第十一章专门介绍丝织业的沿革、组织、设备、原料、出品等，以及与丝织业相关的其他行业，称"新式织绸业之兴起，当以杭州为最早，而论新式织绸业之发展，当以上海为中心"，而江浙沪其他各地的"新式织术，皆杭沪两地辗转传入"，[①]并将各绸厂的出品按原料分为"（一）真丝织品，（二）真丝与人丝交织品，（三）真丝与真毛线交织品，（四）人丝与真毛线交织品，（五）真丝人丝与棉线交织品，（六）丝织风景"等六种，并且指出这些地区的丝织业"自新式铁机流入，……近十年来花样翻新，逐年不同，……但木机出数不多，大部分为铁机所织"。[②]

此外，民国十八年（1929）五月由铁道部组织金秉均等人组成闽浙皖赣区经济调查队，对京粤铁路线浙江段沿线及附近地区21个县进行调查，内容包括地理、人口、物产、交通、农业、矿业、工业、商业、地方财政及社会概况等各个方面。其中对沿线丝织业生产情况的调研主要集中在杭州地区，指出杭州自"民国以来，丝织工业，逐年均有进步"，而"各厂鉴于手织机成本大昂，工资过高，乃纷纷改装电机，以省工料而出货速之故"。[③]报告不仅介绍了在杭各丝织工厂的开办年月、性质、资本等情况，还以列表的形式对不同年份手织机和电织机的增减趋势进行对比研究。和刘大钧的《中国工业调查报告》一样，此报告也以丝织物所使用的原料为产品的

① 刘大钧. 中国工业调查报告（上）[R]. 南京：中国经济统计研究所，1937：57.
② 刘大钧. 中国工业调查报告（上）[R]. 南京：中国经济统计研究所，1937：60.
③ 铁道部财务司调查科. 京粤线浙江段经济调查总报告书[R]. 南京：铁道部财务司调查科，1929：G9.

分类标准，将其分为“天然丝织品”“天然丝与人造丝交织品”“人造丝与绢丝交织品”“人造丝与棉纱交织品”“人造丝与毛线交织品”“天然丝与毛线交织品”和“纺丝织品”等七类。此次“调查方法根据部订调查表格，就表内各问题查填，……余均系向各商会或公会或熟悉当地情形者查询”[①]，因而其内容应具有较高的可参考性。

20世纪30年代，南京国立中央大学的杨大金在实地调查的基础上，“旁搜海外，远绍前修，专家所造，铅椠所传，并施采揽”编写而成《现代中国实业志》一书，[②]其中第七章专门介绍丝织业情况。在第一节概况介绍中论述了杭州、南京、苏州等地传统丝织业的历史和在新形势下衰败的原因，以及机器丝织业的崛起和因时局、外货竞争等因素而逐渐衰弱的情况。而后面几节着重介绍了丝绸产品及其贸易。书中对丝织物的分类有两种标准，一种以组织为标准，分为绸、缎、绉、纱、绫、纺、罗、绒、锦等九类；一种以原材料为分类标准，将其划分为天然丝织物、天然人造丝交织物、人造丝棉纱交织物、天然丝棉纱交织物、人造丝棉毛交织物、天然丝毛线交织物、丝线织物、天然丝人造交织物、人造丝纺丝交织物等九大类。“今日新式绸缎之品种虽多，然亦可按其性质或状态分列于上举九类之中”[③]，并以后一种分类标准为例，在每一大类下列出各种新式织物的名目。此书中还以列表的形式详细介绍了上海、南京、苏州、盛泽、丹阳、吴兴、杭州各丝织厂的厂名、地址、性质、成立年月、资本、经理姓名、注册商标、年产量、工人和织机数量，更

① 铁道部财务司调查科. 京粤线浙江段经济调查总报告书［R］. 南京：铁道部财务司调查科，1929：G11.

② 杨大金. 现代中国实业志［M］. 上海：商务印书馆，1940：序9.

③ 杨大金. 现代中国实业志［M］. 上海：商务印书馆，1940：153.

为难得的是在表格中详细地列出了各厂主要产品的种类。可以说，此书具有较高的参考价值。

出于“通过描写各个不同的成功者的过程，……对中国现代的工商业而引起一个强烈的反应，而产生新中国的工商业的一支生力军”[①]的目的，徐鹤椿对各行业成功人士进行了访谈，在当时其编写的《现代工商领袖成名记》一书中介绍了他们的创业经历和企业情况，其中与机器丝织业相关的有上海美亚经理蔡声白，文中除了较为详细地介绍了美亚各厂的开办情况，还记述了美亚如何利用单绉和双绉两种产品打败日货福井绸。此外，还有与蔡声白共同创办铸亚铁工厂，生产新式提花机的许学昌以及发起举办“中华国货绸缎展览会”以促进国产绸缎销售的王延松和骆清华等人的介绍。但此书侧重于对工商领袖个人的经历，对企业的情况描述相对简单。

此外，在当时还有其他的一些调查报告与之相关。卢沟桥事变之后，金城银行上海总行调查科（1939）对上海工业，包括丝织业的调查则主要集中在战后丝织业的受损情况，并与战前做了对比，调查的项目除了产品原料、产量和销售情况等外，还特别列出了当时上海主要丝织厂的织机数，这点对于了解机器丝织业的规模和丝织品生产的机器化程度具有较高的参考价值。为使国人“知经济侵略之可畏，使国人有所猛省”而“加倍生产，努力推销”，[②]许晓成以上海为主，对抗战开始之后的全国各大工厂进行了调查，内容包括厂名、地址、电话、主要产品、销售方法和商标等信息，在丝织业方面则细分为绸缎、丝边、丝织商标、丝织风景等门类；由上海

① 徐鹤椿. 现代工商领袖成名记［M］. 上海：新风书店，1941：2.

② 许晓成. 战后上海暨全国各大工厂调查录［M］. 上海：龙文书店，1940：序1.

各产业共产党员进行的对上海丝织产业和产业工人的调查，由于其目的在于“了解各产业部门的经济、职工和抗日情况”[①]，因此调查的重点在于丝织工人与资方的斗争，对于上海丝织厂的生产情况、管理制度等方面内容仅略有叙述。

总体上来看，民国时期学术界所进行的调查研究多由社会学者、经济学者或者政府组织进行，其关注的重点也在于工业或手工业的整体情况，丝织业只是作为产业部门的一种，因此专门针对机器丝织业的并不多。而即使有所提及，对于机器丝织业产品的具体生产过程、技术状况和市场销售等方面情况的调查，也大多寥寥数语，停留在调查的表面，而没有做更为深入的挖掘和研究。但是这些报告的印行，一方面为这个时期机器丝织业产品的研究留下了丰富的文献资料，在调查研究中所形成的某些观点也很值得我们去分析思考。而另一方面，这些调查研究都是在极其困难的条件下开展的，被调查的对象“对于调查者，都非常怀疑”，或“故作谎言以欺之”，或“不惜捏造事实，颠倒黑白”，并且很多人的“语言多含混不清”，[②]然而这些困难都被调查者的责任感与专业追求所克服，在为后人留下丰富资料的同时，也留下了宝贵的学问精神，所有这些都构成了可以继续深入研究的基点。

---

① 朱邦兴，等. 上海产业与产业工人［M］. 香港：香港远东出版社，1939：1.

② 李文海. 民国时期社会调查丛编：乡村社会卷［M］. 福州：福建教育出版社，2005：8.

1.2 中华人民共和国成立后关于20世纪上半叶机器丝织业的研究

中华人民共和国成立以来对20世纪上半叶机器丝织业的研究，大致上可以分为几个不同的阶段，而各阶段所侧重的范围都有所不同，具有各自的时代特色。

1.2.1 改革开放以前的研究

中华人民共和国成立初期至1966年“文革”前，中国国内学术界对于20世纪上半叶的机器丝织业并没有专门的研究，但在讨论中国民族资本主义发展史、近代工业史、近代手工业史等问题时，不可能不涉及这方面的内容，主要是相关资料的整理与汇编。彭泽益的《中国近代手工业史资料（1840—1949）》（三联书店，1957年）是其中较为重要的一本书，此书共四卷，有关机器丝织物生产的资料集中在第三卷，所涉及内容有丝织物新产品的改进、采用新式机器、日本侵华战争对中国丝织业的影响和破坏及其在国民经济中的地位等。虽然此书所收集的丝织业资料以江浙沪地区为主，但是在编辑时并未将传统的手工丝织业和机器丝织工业区分开来，在内容比重上机器丝织工业所占比重也明显少于手工丝织业。而作者编辑此书的目的在于为收集和整理中国手工业的历史资料，为研究中国近代社会经济史等提供参考，因此对于资料中有互同互异或又可资互相补充者，也都一并编录书中。对于在此期间中外各种旧史籍及报刊中的文字资料和统计资料，只作选取和节录，并不做评论研究。因而此书的价值在于其资料性，但并未据此有做进一步的研究。同时，由于中国丝绸业中的近代资本主义发轫于缫丝业，并且由于时代背景的关系，其研究角度更侧重于政治性，因此在孙毓棠、汪敬虞、陈真等人编写的《中国近代工业史资料》四辑本中（一、二辑：科学出版社，1957年；三、四辑：三联书店，1961年）对近代机器丝织工业情况的研究几近空白。

而在1966年至1976年的“文革”期间，在涉及这个时期丝织业特别是机器丝织工业的研究时，学术界移情于革命史、阶级斗争史等，因而在事实上，此领域在这个时期的研究基本无法展开。

1.2.2 改革开放以后的研究

改革开放以来，特别是随着20世纪八九十年代以来学术事业的全面繁荣，20世纪上半叶的机器丝织业研究也逐步受到了学术界和社会的重视，大致上可以分为三个不同的研究角度和形式。

1.2.2.1 资料整理、汇编与发布性质的研究

各机器丝织业主要所在地编写的丝绸志和厂志是这种类型著作中较为重要的一项，如江苏省地方志编纂委员会编写的《江苏省志·桑蚕丝绸志》（江苏古籍出版社，2000年）、周德华主笔的《吴江丝绸志》（江苏古籍出版社，1992年）、杭州丝绸控股（集团）公司编写的《杭州丝绸志》（浙江科学技术出版社，1999年）、湖州丝绸志编纂委员会编写的《湖州丝绸志》（海南出版社，1996年）、嘉兴绢纺志委员会编写的《嘉绢志（1921—1988）》（内部出版，1990年）、上海丝绸志编纂委员会编写的《上海丝绸志》（上海社会科学院出版社，1998年）等等。各书的编写体例虽然不尽相同，但由于编写的时间距离民国时期相对较近，资料也相对较为可得，因而在各丝绸志中对当时各地机器丝织业的发展概括、厂家及其创始人的

情况、传统手工丝织业在机器工业冲击下的生存发展或多或少都有所介绍，有些甚至如《杭州丝绸志》对都锦生丝织厂、云裳丝绸厂、震旦丝织厂等，《嘉绢志》对杭州纬成公司在当地开设的嘉兴纬成裕嘉分厂有专门介绍，内容包括创办人、资金、产品、设备等各个方面。《苏州振亚丝织厂厂志》（未刊本，1983年）则从发展历程、生产规模、机械设备、规章制度等各个角度全面介绍了这家苏州近代史上著名的丝织厂，特别是花襄绸、古香缎等拳头产品的生产以及电力织机和往复式割绒机的运用对新产品开发的影响。

江浙沪三地收藏、整理出版的丝绸档案也是值得关注的出版物，改革开放后苏州市档案馆等收藏机构，都将其收藏的相关档案加以整理研究，并予以公布。如《苏州丝绸档案汇编》（江苏古籍出版社，1995年）以苏州商会和丝织业同业公会等档案为主，并加以对史料的补缺抄录，从苏州机器丝织业的组织概况、生产、销售、劳资关系、相关调查统计等多方面进行阐述；《吴江蚕丝业档案资料汇编》则侧重于苏州吴江地区机器丝织业史料的研究（河海大学出版社，1989年）；《杭州市丝绸业史料》涵盖了蚕桑丝织等各行业情况，并对都锦生、虎林、纬成、震旦等厂进行了专题研究（内部发行，1996年）；而《杭州市丝绸业同业公会档案史料选编》涵盖的研究时间段为民国后期，主要记述了抗战胜利后的杭州机器丝织工业的情况（内部发行，1996年）；《西湖文献集成》第16册（杭州出版社，2004年）中收录的《西湖博览会丝绸馆参观指南》一文详细地介绍了参加首届西湖博览会的包括虎林、天章、美亚、震旦等近代著名丝织厂的代表产品，对江浙沪三地的丝织业情况也有所阐述；上海市档案馆以馆藏日本方面及伪上海市政府和国民党上海市政府等机构档案为主，在《日本在华中经济掠夺史料（1937—1945）》（上海书店出版社，2005年）一书中介绍了上海竞美电力织绸厂等机器丝织业在抗战中所受的损失，以及日本实行的蚕丝统制政策；由第二历史档案馆编辑整理的《中华民国档案资料汇编》（江苏古籍出版社，1992年）是民国时期的档案大全，其中第五辑“财政经济”中收录了很多与江浙沪三地机器丝织业相关的档案资料。

此外，还有一个大类是大量企业创办人、主要经历人或者其后人所撰写的回忆性文章，当然其中也还包括了一些以具体的厂家，特别是像上海美亚丝织厂等当时在国内数一数二的丝织业巨头，及其经营者作为研究对象的研究性文章，这些论文或著作往往对于厂家的创办、生产、产品等各方面情况的介绍都较为详细。如林焕文在对原上海美亚丝织厂经理邱鸿书进行采访后，对美亚厂的创办和发展历史做了详细叙述，特别是文中所收集的美亚厂1920—1950年历年的设备、生产和销售量、资本等情况，对于研究该厂的发展历程和规模有很大的裨益（《丝绸史研究》1992年第2期）；徐善成也在他的《上海近代丝绸史二论》中进一步介绍了美亚厂是如何开拓创新与经营产品的（《丝绸史研究》1994年第11卷第2、3合期）；潘君祥主编的《中国近代国货运动》（中国文史出版社，1996年）则就美亚织绸厂等十数家企业对近代国货运动的推动做了评述，并附有一批国货企业与团体的章程；陈正卿在《早期的广告创意与电影》（《新民晚报》2008年10月15日）中介绍了美亚厂为推销产品而进行的广告创意，及其所拍摄制作的《中华之丝绸》广告电影短片；上海市档案馆则利用馆藏的物华丝织厂、美亚织绸厂档案，以这两家丝织厂为中心来讨论近代上海丝织企业的盛衰（上海三联书店，2007年）；徐璐在其硕士论文中以美亚织绸厂的设计管理制度为切入点，对民国时期上海丝织业的演进进行了研究（中国美术学院，2012年）；冯筱才则讨论了技术、人脉与时势等因素对美亚厂发展的影响（《复旦学报（社会科学版）》2010年第1期）。而将美亚厂事业推向顶峰的蔡声白也是研究人员关注的焦点，其中又以蔡声白的外孙女杨敏德主持的杨元龙教育基金会（香港）编写的《蔡声白》（杨元龙教育基金会，2007年）一书最具一手资料性，此书对于蔡声白的家庭情况、求学情况、对美亚厂在技术和管理上的方法和成就等都有详细的叙述；魏文享（《竞争力》2008年第4期）、张守愚（《湖州文史》1984年第9辑）、张正同（《上海市普陀区文史资料》1995年第3辑）对此也有类似的研究。此外，周天鹏对美亚织绸厂的创办人之一蔡品珊进行了研究（《东阳文史资料选辑》1992年第11辑）；曾管理过纬成公司的沈九如在《杭州纬成公司史略》中对这家浙江机器丝织业界执牛耳企业的创建和发展历史进行了介绍（浙江人民出版社，1996年）；宋永基则对都锦生丝织厂及其创始人都锦生的生平进行了介绍，特别是作者在民国后期曾执掌该厂，因而对此阶段的生产情况十分了解（浙江人民出版社，1996年）；傅宗堂则根据谢启元、谢子昌口述，对杭州云裳丝织厂的生产情况进行了记录（《杭州文史资料》1990年第14辑）；冷晓研究了杭州震旦丝织公司总经理姚顺甫的生平（《杭州文史资料》1997年第19辑）；钮守章对湖州最早的近代丝织工厂之一——达昌绸厂进行了介绍（《湖州文史》1986年第3辑），也对其创办者钮介臣进行了研究（《湖州文史》1990年第8辑）；陶景瑗作为苏州东吴丝织厂创办人的后人，对其先祖、父创办东吴厂的经过、生产的产品及设备等均有详细描述（《江苏文史资料选辑》1980年第31辑）。

而在各地编辑的文史资料汇编中，多有此类回忆性文章散落其间，在此就不一一介绍。总的来说，这些著作或论文多是以发布资料为主，研究的成分并不多。

1.2.2.2 行业史或专门史的研究

这部分著作中以徐铮和周德华在由赵丰主编的《中国丝绸通史》（苏州大学出版社，2005年）第九章民国丝绸部分中的论述最为详尽，该章不仅对当时丝织物命名和分类系统，以及近代染织图案设计理念学的形成进行了介绍，而且分析了在新型生产技术和原料下，传统织物发展出的新产品，以及葛、绨、像景等新诞生的品种，同时也对丝织物中传统图案的发展和新型图案题材的出现进行了分类叙述。此外，又从与社会变迁的关系、生产技术、贸易等各方面对各地特别是江浙沪地区的丝织业进行了研究，阐述了其行业特征，并指出从生产方式上，机械织造业和手工织造并存；从经营方式上看，则机（织）户、工场和工厂三者并存；而在地区分布上，由于电力供应充足、原料采购和产品销售便利等原因，上海一跃超过苏、杭，成为我国最大的丝织业生产基地，还出现了美亚织绸厂这样民国时期中国首屈一指的丝绸集团企业。文中还以列表的形式描述了三地多家丝织工厂的创办人、创办时间、设备、产品等的情况，对丝绸与博览会的关系、丝绸教育及科研工作、丝织机械业等情况也都有阐述。但在其研究中，机器丝织品种和图案仍未成为一个独立的研究对象，在研究的深度上也有待挖掘。

另一本以民国时期全国丝织业为表述对象的是由王庄穆主编的《民国丝绸史》（中国纺织出版社，1995年），此书以民国时期的丝绸业为专门研究对象，主要是根据民国时期经济史和部分健在的“老丝绸”的笔记写作而成。全书分为三个阶段：民国初年至全面抗战前、抗战期间、抗战胜利后至中华人民共和国成立前，分别介绍了当时养蚕、制种、缫丝、丝织、印染、贸易和科教等情况，其中在第五章中对民国初年至全面抗战前上海、苏州、杭州三地机器丝织物的图案风格进行了概述。由中国近代纺织史编纂委员会编写的《中国近代纺织史》（中国纺织出版社，1997年），以近代工业机器纺织工业生产为主线，综合评述了近代纺织业的企业管理、工艺装备、科技进步、原材料供应、内外贸易、文化教育等各方面的内容，汇集了纺织行业和各地区专业领域的大量翔实的档案、史料、地方志、笔记和回忆录等资料，对新型原材料在织物中的应用有所提及。但由于该书并没有将毛纺、棉纺、丝织等各方面的情况分类介绍，因而关于当时近代机器丝织业的介绍较为散乱，并没有对此做出一个清晰的梳理工作。

徐新吾主编的《近代江南丝织工业史》（上海人民出版社，1991年），以鸦片战争后到中华人民共和国成立前江南丝织业的发展状况为主要研究对象。全书分四个历史时期，分别介绍了江南丝织业由传统手工业逐步向近代丝织工业演变的进程和发展特点以及影响其发展的因素，并在书后附有上海美亚丝织厂、云林丝织厂和杭州都锦生的介绍，其中以对上海美亚厂的介绍最为详细，涉及其部分丝织品的生产情况。虽说对于其他各厂家和产品的具体介绍散见于各章，但可以说，该书是同类型书中对民国时期江南地区机器丝织工业的发展状况最为详尽的。另外，虽然此书名为“工业史”，但并没有将传统的手工丝织业从中剥离出来。

与《近代江南丝织工业史》的研究范围涵盖整个江南地区不同，朱新予主编的《浙江丝绸史》（浙江人民出版社，1985年）将研究的范围置于浙江地区的整个丝绸生产的历史，此书虽不是研究民国丝织业的专门史，但对这个时期浙江丝织业的盛衰演变还是用了相对比较大的篇幅来介绍，特别是在第八章中介绍了当时浙江机器丝织工业的发展情况，用列表的形式较为翔实地叙述了这个时期该地区出产的丝织物的品种、花色，并分析了新品种产生的时代背景和技术原因。与之相近的还有徐铮、袁宣萍合著的《浙江丝绸文化史》（杭州出版社，2008年）、《杭州丝绸史》（中国社会科学出版社，2011年），两书中都有关于当时机器丝织新品种的研究，特别是后者在附录中列出了部分杭产丝织物新产品的索引。此外，在周峰主编的《民国时期的杭州》（浙江人民出版社，1997年）一书中，赵丰也对当时杭州丝绸业的情况做了概要性的阐述。

除了专门的丝绸史，由于当时整个丝绸业的生产并未全部实现近代工业化，还有相当一部分仍采用传统的手工业生产方式，因此在一些手工业史的研究著作中也有对此时期丝织业的记述，比较典型的如段本洛、张圻福所著的《苏州手工业史》（江苏古籍出版社，1986年），虽然其研究重点在于苏州地区的手工业情况，但在其第二、三章中介绍了苏州第一家资本主义丝织工厂——振亚丝织厂的情况，并对丝织工厂与丝织工场手工业的竞争，其本身所隐藏的衰弱因素以及对丝经缫制手工业等相关行业所生产的影响做了一定的研究。段本洛在《近代苏州丝织手工业八十年间的演变》（《近代史研究》1984年第4期）一文中进一步将丝织工业和丝织手工业进行了比较，指出苏州的丝织业虽然从资本主义萌芽经过工场手工业而发展到机器工业，但由于产生时间较晚，基础薄弱，资金贫乏，技术落后，形成了先进机器生产与落后手工操作并存的现象，以及在此形势下传统提花丝织物的衰弱。

但是相比之下，这些著作多半侧重于资料的收集整理，对于这个时期机器丝织业各方面的情况介绍仍过于笼统，无论是在研究的深度上，还是在讨论的广度上，都不能和一些专门的研究著作或论文相比较。

1.2.2.3　专门性的研究

在对民国时期机器丝织业进行的专门性研究中，有相当部分是从经济史和比较经济史角度进行的，王翔是其中一位重要的研究者。他的《晚清丝绸业史》（上海人民出版社，2017年）一书在讨论晚清丝绸业近代化时虽然将重点放在机器缫丝业的发端及成长上，但仍列有一小节讨论“洋绸”倒流对传统手工丝织业的冲击；类似的论述在《辛亥革命对苏州丝织业的影响》（《历史研究》1986年第4期）中也能见到，该文从生产工具、经营方式、产品种类等方面探讨了清末苏州手工丝织业发展的颓势，以及辛亥革命后实业救国浪潮为丝织业转型所提供的契机；《中国近代手工业的经济学考察》（中国经济出版社，2002年）一书则专门用了一章的篇幅，以苏州丝织业行会从“云锦公所”到“铁机工会”的转变为例，来讨论丝织业从手工业向工业演进的过程。此书还从消费类型和特定市场的角度对传统手工丝织品和机器丝织物间的优劣进行了对比，并以丝呢织物的诞生为例来说明时尚对丝织物品种发展的影响，但总的来说，此书主要的研究对象仍然是近代丝织手工业，而非近代丝织工业；在《中日丝绸业近代化比较研究》（河北人民出版社，2003年）

一书中，他从中日丝绸生产和贸易发展历程比较研究的角度分析了面对转变契机时中日两国丝织业不同的反应，以及造成两国近代丝织工业发展出现落差的原因；这种对中国传统丝织业转型的研究在《近代中国传统丝绸业转型研究》（南开大学出版社，2005年）和《国际竞争与近代中国传统丝织业的转型——以浙江省为中心的考察》（《浙江社会科学》2005年第3期）中得到了进一步深入，特别是前书的第六章从生产原料、生产工具和经营方式等方面对丝织业由传统手工业向近代工业转型的原因以及近代丝织工业的结构、功能进行了分析研究，但由于作者缺乏丝织专业背景，因此在介绍机器丝织新品种时匆匆带过，并未展开。此外，他还对近代江南丝织业的发展对当地社会变迁所带来的影响进行了分析（《近代史研究》1992年4期），又考察了对外贸易的发展对中国丝织业近代化的促进作用（《安徽师大学报》1992年第1期）、各地丝织业发展的地区不平衡性和多元结构（《历史研究》1990年第4期），从几个方面研究了传统丝织业的近代化进程。

彭南生则对近代机器丝织工业与手工业之间的互补关系进行了分析（《中国经济史研究》1999年第2期），同时在他《半工业化——近代中国乡村手工业的发展与社会变迁》（中华书局，2007年）一书中也散落地介绍了生产技术和原料的改进对丝织物品种创新的影响；徐新吾、张守愚综述了江南丝绸业的历史状况（《中国经济史研究》1991年第4期）；姚玉明深入挖掘了近代浙江丝织业生产的演变及其特点（《中国社会经济史研究》1987年第4期）；沈叔堃对整个湖州地区的丝织工业进行了阐述（《湖州文史》1990年第8辑）；单文吉对近代绍兴丝织业的大概情况进行了研究（《绍兴文史资料》1984年第2辑)；周宏佑对近代上海丝织工业的整体发展情况、丝织工业所使用的设备、原料、产品、产量、销路及其行政管理系统进行了研究（《丝绸史研究》1992年第2期)；陶叔南对苏州的丝织工业进行了研究（《苏州文史资料》1990年第1—5辑)；张海英探讨了海外贸易对近代苏州地区丝织业走向近代化所起的关键作用（《江汉论坛》1999年第3期)；等等。

不过上述的这些研究多是从经济史、社会史角度出发，研究的重点在近代丝织工业与传统经济的比较及其发展历程，较为宏观。

而另外一些研究人员则将对20世纪上半叶机器丝织业的研究重点放在其最终的产品上，内容包括丝绸的品种、原料、技术革新与社会变革对产品创新产生的影响、销售等各方面。如包铭新在《中国近代丝织物的产生和发展》(《中国纺织大学学报》1989年第1期）一文中从早期的西方影响、服饰变迁及近代纺织科技的发展对丝织新品种诞生的影响、丝织物十四大类的形成等几个方面论述了民国时期丝织物新品种产生的原因，同时在他的另两篇论文中也提及了葛类和缎类丝织物在民国时期的新发展（《丝绸》1987年第3期，《丝绸》1987年第11期)；戴亮在《中国近代丝绸品种史》（《浙江丝绸工学院学报》1993年第3期）中也对近代丝绸品种的演变和发展进行了阐述；徐铮在《民国时期的缎类丝织物》(《丝绸》2004年第11期)、《民国时期的绒类丝织物》(《丝绸》2010年第11期)、《民国时期的绉类丝织物设计》(《丝绸》2013年第3期）三文中较为详细地介绍了在近代化进程下，利用先进的铁木织机和电力织机生产的缎类、绒类和绉类新品种，以及由此产生的品种设计新方法；温润在其博士论文《二十世纪中国丝绸纹样研究》(苏州大学2011年）中以一个章节的篇幅对民国时期女装用丝绸图案的风格和特征进行了研究，并探讨了服制变革因素等对丝绸图案发展的影响；卞向阳在《中国近代纺织品纹样的演进》（《东华大学学报（自然科学版）》1997年第6期）中归纳了近代纺织品包括丝织品图案发展的四大特点，同时他与周炳振对中国服饰文化博物馆收藏的旗袍面料进行了整理分析（《丝绸》2008年第8期）；龚建培对20世纪初的女性服饰面料包括丝织面料及装饰纹样特征的形成、发展过程进行了探讨（《丝绸》2005年第4期）；程冰莹等也在《近代江南民间丝绸服饰纹样的形式流变》（《丝绸》2011年第2期）中对民国时期的服用面料图案进行了一定的研究；袁宣萍以浙江甲种工业学校为例对中国近代染织教育进行了探讨（《丝绸》2009年第5期），并对民国时期的丝绸产品设计做了概要回顾（《丝绸》2005年第3期），同时指出面对民国初年的服制改革对传统丝织生产带来的冲击，江浙沪三地的丝织业靠着技术进步和品种创新走出了一条新路（《丝绸》2001年第8期）；简瑞和张竞琼也阐述了类似的观点（《纺织科技进展》2009年第5期）；周德华探讨了人造丝这种新型丝织原料的引进与民国时期丝织业生产的关系（《丝绸》2004年第6期）；潘国旗等则从丝业公债与丝绸生产关系的角度来研究20世纪30年代的江浙丝织业生产（《浙江学刊》2009年第3期）；周宏佑把研究的区域设定为代表当时丝织业最高水平的上海地区，在《近代上海丝织产品花样演变》一文中对当地所生产的机器丝织物图案演变进行了研究（《丝绸史研究》1992年第2期）；林焕文则揭示了上海美亚丝织厂研制新品种，达到“每周都发布一种新产品”的做法，分析了美亚自建厂到中华人民共和国成立时所开发的一千余个品号的产品类型和特性（《中国纺织大学学报》1994年第3期）；钱小萍在《苏州丝绸传统品种的历史和现状》（《江苏丝绸》1982年第3期）中、胡志康在《历史上的盛绸主要品种》（《丝绸》1989年第3期）中分别对苏州和盛泽地区生产的传统丝绸品种在近代化进程中的发展情况进行了研究。

这些文章虽在研究深度上较前述几种大为增强，但因其或各有侧重，或限于篇幅，多着重于其中某些点的研究，而缺少全面性。而目前所见针对这个时期丝织物进行的较为系统的两篇论文，一是浙江理工大学徐铮的硕士论文《民国时期（1912—1949）丝织物品种的研究（梭织物部分）》（浙江理工大学，2005年），一是南京艺术学院樊燕的硕士论文《民国时期江南丝织艺术发展研究》（南京艺术学院，2010年）。前者以织物的组织结构为基础，历史沿革为脉络，研究重点在于民国时期丝织物的品种类型演变，虽然利用贾卡织机及人造丝等新型技术生产的机器丝织新品种是此文的研究重点，但机器丝织物并未作为一个独立的研究对象，同时此文对这些织物图案的发展和风格并无涉及；而后者以当时江浙沪地区的丝织品作为研究对象，涉及面较广，包括艺术特点、品种及其发展的原因等方面，其中丝织物图案是其探讨的重点，文章结合旗袍图案和陈之佛染织设计图案对当时的图案风格进行阐述，覆盖面散并在研究深度等方面有所欠缺。

1.2.3　国外的研究

西方学界（主要是汉学界）对这个时期中国纺织业的研究多侧重于经济层面，因而其关注的焦点多集中在更能反映中国近代化进程的缫丝业或棉纺织业上，对于近代丝织业的专题研究并不多，其中比较有代表性的是美国学者罗伯特·Y·伍（Robert Y. Eng），他在其博士论文中通过比较中国近代化程度最高的上海和广东两地的丝绸工业，来研究中国的民族资本家和民族工业（加利福尼亚大学，1978年）；随后他又对1861—1932年中国的丝绸生产和贸易进行了研究（加利福尼亚大学，1986年）。另外，由于历史上的竞争关系，日本学界比西方更为关注中国丝织业，除了当时有小野忍等人深入中国丝绸产区进行调查研究，发表了一系列调查报告外，此后也对民国时期中国的丝织业发展进行了研究，如小岛淑男将其研究的对象设定为清末民初的苏州机户，探讨了从事传统手工丝织业的机户在面对机器化新形势下的动向（《社会经济史学》1969年第34卷）；岛一郎则研究了国外资本输入对中国丝织工业发展的影响（ミネルヴァ書房，1978年）。

第二章　丝织业实现机器生产的近代化进程

2.1　丝织业近代化进程中不同的发展阶段

2.1.1　丝织业近代化进程的基本完成（1900—1936）

从20世纪初到抗日战争全面爆发之前的几十年间，中国丝织业经历了一个跌宕起伏的发展过程。清末战争对长江流域等丝绸生产重地的破坏和舶来品的倾销，激起了中国纺织业向机器化生产转型的决心。当时国际市场对原料的需要更为迫切，因此纺织业的近代化进程首先出现在缫丝、纺纱等领域。直到民国初元，机器丝织业的发展才开始进入快车道，而从民初到民国十五年（1926）间是发展的"黄金时期"，特别是江浙沪地区的丝织业通过引进、改造和仿制欧美及日本的丝织机械和技术，逐步完成了从手工操作到半机器化、机器化生产，基本实现了近代化进程。

当时以法国为代表的欧洲丝织业已广泛使用贾卡龙头和动力织机，而明治维新后的日本也成功实现了电力织机的国产化，完成了机器化生产。西方和日本近代丝织工业的迅猛发展，使大量舶来品涌入中国，对丝织业造成了巨大的冲击。国内特别是“苏杭等处绸缎业者，鉴于外货输入日多，幡然觉悟，知旧式织机改良之不可以已”，于是开始着力更新。以民国建立前后杭州丝织业者将半机器化的手拉提花机引入国内为契机，新型丝织机器开始崭露头角，此后机器化的电力织机也被引入生产，同时使用机器化生产的上海物华、美亚、锦云，杭州纬成、虎林、天章，苏州苏经、振亚、东吴等一批近代丝织工厂也相继成立。据当时的调查，民国“八年至十五年，绸业最为兴旺（十三年为例外），绸厂纷纷设立，有如雨后春笋……而绸厂所出，占其大部”[①]。尤其是20世纪20年代，随着电力织机的推广使用和普及，沿用了数百年的传统旧式织机和手拉铁机被取代，标志着中国丝织业用近二十年的时间初步完成了机器生产的近代化转型过程。

但20世纪30年代初，由于受到世界金融危机和战乱等国内外时局的影响，国内机器丝织业的发展陷入停滞，甚至出现倒退。首先是日本入侵东三省，“九一八沈阳惨变（九一八事变）发生后，交通梗阻，又遭打击，遂致绸厂及收货庄，年终皆相继倒闭”，继而“沪战发生以后，金融困难，已受一大打击，……成本重，售价廉，加以辽吉黑各省，被暴日武力侵占后，销路断绝，……平津客帮，又因风声鹤唳，不敢进货，所销者仅江浙两省，又受舶来品呢绒及人造丝织物之竞争，供过于求，在昔祗感受停滞之痛苦，今则金融周转不灵，存货无人顾问，即今贱售，亦难维持”[②]。此外，受世界金

---

① 实业部国际贸易局. 中国实业志・浙江省［M］. 南京：实业部国际贸易局，1933：47-48（庚）.

② 彭泽益. 中国近代手工业史资料：第三卷［M］. 北京：中华书局，1962：389.

融危机波及，国内经济情况日益恶化，加之“二十三年大旱，各业濒于破产，一般人民，无力购买，中产殷富，又舍弃国货，好服洋装”[①]，而“美对我绸缎之进口税已提高百分之六十以上，其他各国最低税率亦达百分之三十；同时中欧如德国等实施统制汇兑以还，对于收取货款，阻碍丛生，且南洋印度等市场，因日货倾销，亦被人攘夺”[②]。不仅一些小型丝织工厂无法继续生产，大中型厂亦“因时局不宁，外祸横来，工潮迭起而无力维持”，“遂相率停闭”。[③]如上海在民国十八至二十年（1929—1931）间兴起的大批小型丝织厂，在民国二十一年（1932）时已十家九停，而大厂除美亚外都不景气，曾执杭州机器丝织业界牛耳的纬成、虎林、天章等厂亦相继倒闭，致使业者发出“绸缎业盖已至崩溃时期矣”的悲鸣。

直至民国二十四年（1935）国内经济随世界金融危机好转而渐趋活跃，丝织业开始逐渐走出低谷，特别是使用电力织机的绸厂再度进入上升发展期。到民国二十五年（1936）苏州“有电力织机约二千架，每月每架平均产绸十匹，除间有停歇者外，每年产额二十万匹，价值五六百万元”[④]；杭州的绸厂达到141家，织机14700台，其中电力织机有6200台；上海丝织业亦产销两旺，有大小丝织厂480家，电力织机7200台。但次年日本全面侵华战争的爆发，江浙沪地区相继沦陷，中国丝织业实现机器化生产的近代化进程也随之中断。

① 王廷凤. 绍兴之丝绸［M］. 杭州：杭州建设委员会经济调查所，1937：2-3.
② 彭泽益. 中国近代手工业史资料：第三卷［M］. 北京：中华书局，1962：415.
③ 实业部国际贸易局. 中国实业志・浙江省［M］. 南京：实业部国际贸易局，1933：47-48.
④ 段本洛，张圻福. 苏州手工业史［M］. 南京：江苏古籍出版社，1986：371.

2.1.2 丝织业近代化进程的倒退（1937—1945）

民国前期，虽然丝织业实现机器化生产的道路并不平坦，但成绩斐然，特别是在江浙沪地区，丝织业已由分散的手工织机织造过渡到了电力织机集中生产的近代工厂，然而就在丝织业面临进一步发展的契机时，抗日战争的爆发使中国丝织业的近代化进程陷入了大倒退。

当时中国新兴的机器丝织业主要集中在江浙沪地区，其中70%以上的电力丝织机集中在上海、杭州、湖州、苏州、盛泽等地。八一三事变后，江浙沪地区相继沦陷，炮火之下，机器丝织业损失严重。上海丝织工厂集中的杨树浦、虹口地区等处多数被毁，特别是拥有全套先进设备的美亚关栈厂开工尚不到半年，厂房、211台电力织机、辅助机械及大量原料被炮火毁于一旦；苏州、杭州等地的丝织厂也惨遭日军劫掠破坏，厂房、机器设备和储存的原料等或被焚毁，或被掠夺，损失惨重。特别是两地的电厂在战争中亦被日军破坏，致使电力丝织厂生产停顿长达几个月之久。

之后江浙沪地区的战事虽暂告结束，但情况并未有所好转，为了防止与日本丝织业形成竞争，日本方面及其控制下的日伪政权，实行了一系列政策，从原料、生产和销售等各方面遏制中国机器丝织业的生产。民国二十八年（1939），日本当局在上海成立华中蚕丝股份有限公司，将江浙皖三省的蚕丝业均统归其管辖，并在无锡、苏州、杭州和南京等地设立分公司，对蚕种、蚕茧和蚕丝实行统制，规定生丝、人造丝甚至废丝都必须经日本占领军批准方可运输，造成沦陷区丝织工业原料供应严重不足，生产能力急剧萎缩，仅民国三十年（1941）一月十六日这一天，苏州一地就有延龄、久昌余、天一、永丰仁等18家丝织工厂因为“原料统制，输入被阻，成品输出困难，货匹积搁，存料将绝”[①]而不得不停产倒闭。

另一个导致机器丝织业发展大倒退的因素是日伪当局对机器丝织业的生命线——电力供应的一再缩减，直至最后断绝。江浙沪地区沦陷后，苏杭等地的丝织厂家曾在民国二十七年（1938）陆续复工，但日伪当局先是借口电厂机件损坏，供电时断时续，后又改为只在夜间送电，使机器丝织业的复工深受打击。民国三十二年（1943）又规定电力丝织厂“以各厂最近一年之用电量最高月份为标准，自十二月份起，依此标准用百分之四十之电量，如有丝毫违背，即予停电并惩办之处分”[②]，后又“将供电量再行缩减五成”，直至初电力供应完全断绝，沦陷区的绝大部分绸厂“被迫停业，陷于绝境……各厂命运，完全中断，损失之重，不可胜计”，[③]有些厂甚至把织机拆成废铁折卖，仅有少数几家自备引擎，勉强可以发电开动织机生产，生产能力还不到战前的三十分之一。

但其中也有例外，上海在沦陷后至太平洋战争之前，租界地区因日军尚未进入，各厂所受损失较小，电力供应正常，而外销市场尤其是南洋各地（包括印度）十分活跃，形成所谓的“孤岛”繁荣时期（1937—1941）。位于租界内的美亚四厂、九厂、华强绸厂等相继复工，到民国二十七年（1938）年底时，已有106家老厂复工，开工织机达1500台左右，而且在孤岛时期，新开46家丝织厂，其中10多家为织机达到50台以上和20台以上的大中型丝织厂。由于设备和

① 王翔. 近代中国传统丝绸业转型研究［M］. 天津：南开大学出版社，2005：391.

② 华中水电公司苏州办事处通告（手稿）［Z］. 苏州市档案馆藏，1943-12-04：1.

③ 为各厂工友发生越轨行为电请迅予制止由（手稿）［Z］. 苏州市档案馆藏，1945-02-08：1.

原料的局限，这些厂的产品以人造丝与棉纱的交织品与全人造丝产品为大宗，全蚕丝产品则多由备有高精辅助机械的大中型厂织造，到民国二十九年（1940）时全人造丝产品及人丝交织品已占全年丝织品产量的94.30%。太平洋战争爆发后，由于外销断绝，丝织业生产开始锐减，民国三十二年（1943）电力被限后，丝织业又进一步衰退，仅美亚、大诚等大型机器丝织厂依靠自备木柴发电勉力维持生产。

总的来说，由于日本的侵略给处于上升期的中国机器丝织业带来致命打击，仅电力织机被毁就约1800台，加之辅助机器、原料、成品等被毁、被夺，以及此后的蚕丝统制、电力限供，作为机器丝织业中心的江浙沪地区除上海有短暂的孤岛繁荣时期外，生产日益萎缩，丝织业者发出“本业黄金时代，已成历史陈迹，而今日遭遇，实已至楚歌四面、历劫不复之境地”[①]的哀叹，整个机器丝织业陷入了大倒退时期。

2.1.3 丝织业近代化进程的中断（1946—1949）

抗战胜利以后，百废待兴，各地机器丝织业人士多力图“振兴丝绸工业，发扬固有国光”，如上海美亚织绸厂就计划将织机扩建到3000台，并在全国包括香港等各大城市开设分公司，已经关停的机器丝织工厂又纷纷重新开展生产，仅杭州一地登记的电力织机就达3000多台，虽仅为战前的48.4%，但比抗战时期已增加了近一倍，[②]大花巴黎缎等织物外销情况良好，出现了短暂的兴盛。但好景不长，一方面，解放战争爆发后，丝绸外销量大幅下降，出口贸易仅

① 吴县丝织厂同业公会致江苏省建设厅长节略（手稿）[Z]．苏州市档案馆藏，1944-08-26.

② 朱新予．浙江丝绸史 [M]．杭州：浙江人民出版社，1985：231.

及战前的五分之一，内销方面则由于经济购买力下降，市场疲软，给丝织业造成较大的冲击。民国三十五年（1946）后，由于银钱业开始紧缩贷款，不少丝织工厂只得向利率极高的黑市借贷，利息一项开支在生产成本中所占的比例急剧上升（图2-1），严重影响正常生产的开展。

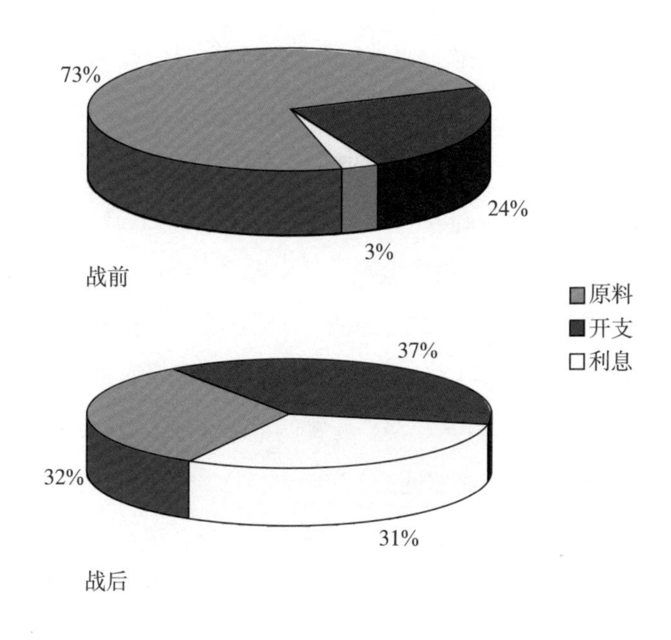

图2-1 抗战胜利前后上海全真丝产品各项成本构成比较

另一方面，抗战胜利后通货膨胀严重，物价飞涨，兼之中国人造丝的主要供应国日本、意大利和德国因在战争中受重创，产量下降，造成中国市场上丝织工业原料紧张，厂丝和人造丝的价格日日上涨。如民国三十六年（1947）七月杭州市场上的厂丝价格为20000元/两，到次年二月涨至76440元/两，三月又上涨到177860元/两。

在这种情况下，产品卖出不够成本，卖出越多丝织厂的亏损越大。以巴黎缎为例，与战前相比，成本上涨五千倍，运费上涨四万倍，练染费上涨二万倍，每匹丝绸开支总计上涨四万一千五百倍，而收入仅合支出的五分之一。[①]因此大多数丝织厂都停止生产，或者小量生产，而乘机囤积厂丝、人造丝、真丝被面、电力纺等产品进行投机买卖，特别是美亚厂的真丝被面与大诚厂的格子碧绉由于质量优良、信誉卓著更是被投机商当作买卖的热门筹码。

其间，为了能够维持生产，上海丝织同业工业公会曾发起成立“上海丝织产销联合公司”，由全市各厂认购入股，中央信托局和中国蚕丝公司贷给人造丝和厂丝等原料，中国蚕丝公司根据各丝织厂的织机设备情况指定加工代织的品种和规格，产品以质量较差的C字素软缎最多，交由“丝织品外销协导委员会”统一外销，但第一批欲销往印度近十万匹产品的计划即遭失败，未能扭转困局。此外，苏州机器丝织业联合盛泽、无锡两地同业成立“江苏丝织产销联营股份有限公司”，希望通过改良生产技术和工具，改进产品设计来挽救行业，但这种在恶劣大环境中所做的挣扎并没有取得预期的效果，到了解放前夕，大量机器丝织厂因亏累而倒闭，幸存的也都奄奄一息。

在接连饱受战火兵燹、时局动荡、原料统制、销售困顿等因素的摧残后，整个机器丝织业陷入绝境，中国丝织业由传统手工生产向机器化生产转型的近代化进程也就此中断。

① 朱新予.浙江丝绸史［M］.杭州：浙江人民出版社，1985：232.

2.2　丝织业近代化进程中区域结构发展的不平衡

2.2.1　整体结构发展的多元性

随着铁机及电力织机在丝织业生产中使用的日趋普遍，中国传统手工丝织业开始向近代机器生产过渡，在某些地区机器丝织业成为丝绸生产的主导方式，旧有生产格局发生了很大变化，但这种发展是不平衡的，具有明显的区域性差别。

一方面，江浙地区本就是中国传统的丝织中心，具有高超的丝织技艺和完整的生产链，同时民风相对开放，民间对于新兴事物的接受能力强，兼之电力供应充沛、资金筹措便利，因此，代表新式生产工具的铁机自引入后就得以迅速推广，此后又引入电力织机实现了丝织业的机器化生产，特别是得风气之先的通商大埠上海，一跃成为机器丝织业生产中心。据不完全统计，到民国十五年（1926）年底，上海、苏州、杭州、湖州、宁波等地已有300余家机器丝织工厂，成为当地丝织业的一种主导形态。而相比之下，豫、皖、鲁、川等内陆地区的丝织业滞后了一个时代，基本上仍使用人工抛梭的传统织机，直到20世纪30年代前后才开始着手引进和推广铁木织机，但甫一起步就因为世界经济危机和日本侵华战争的爆发而中断。因而，整个20世纪上半叶的机器丝织业主要集中在江浙沪地区。

另一方面，即使在机器丝织业发达的江浙沪地区，传统手工织机“虽然经营规模显著缩小，却并没有轻易消灭”，如民国二十五年（1936）年底，苏州的机器丝织业已发展到一定规模，“有电力织机约二千架”[①]，但依然有四五百架木机在从事生产，维持着与机器丝织业并存的状态。

形成这种近代化进程中行业内部发展不平衡情况的因素很多，其中一个原因是传统木机丝织物仍有其销售市场，与机器丝织物主要销往开放程度较高的上海、江苏、浙江、广东和福建等通商口岸和东南沿海地区及国外市场不同，木机丝织品的市场在西南、西北和蒙藏地区，当地人“风常仁厚，固守旧德”，因而对面料的要求不在花样新奇而是质料坚固；此外，木机丝织业向机器丝织业转变中，更新设备、提高技术和扩大生产等都需投入大量资金，“旧式木机全套售价约十一二元……（笼头木机每架）仅售五十元，每架可用二十余年，每年修理费用约三五元。……铁机每架值八十元，可用下数年，每年修理费用在十元左右。至于电机织绸，本为最进步的，惟因价格昂贵，连同马达，每架须四五百元”[②]。加之电力织机的工人月工资需大洋40—50元，而木机工人月工资只有15元，农村中工人更低，仅有10元，因此对于本小利微者而言，虽明知“其工作速迅，出品美观，却是可羡而不可接”[③]，只能维持原有的手工生产方式，而木机丝织物根据客户订单“可以来色来花，也可以来色指花，一般每色每花不过2至3匹，很少雷同”[④]，这也是实现大批量机器生产的近代丝织厂难以达到的优势。

从广大的乡村集镇和内陆偏远省份到东南沿海地区，从最落后到最先进的生产手段，出现了手工丝织、半机器化生产、机器化生

① 段本洛，张圻福. 苏州手工业史［M］. 南京：江苏古籍出版社，1986：371.

② 冯紫岗. 嘉兴县农村调查［R］. 杭州：国立浙江大学、嘉兴县政府刊行，1936：132.

③ 冯紫岗. 嘉兴县农村调查［R］. 杭州：国立浙江大学、嘉兴县政府刊行，1936：132.

④ 浙江丝绸工学院丝绸史研究室. 浙江丝绸史资料［M］. 未刊本，1978：19.

产三个不同的层次，形成了一个相互独立、相互补充，但却无法互相取代的多元化结构，而原有的丝织业中心城市在这次近代化进程中也走上了不同的发展道路。

2.2.2　机器丝织业生产中心的崛起——上海

上海的丝织业起步很晚，太平天国时期由于南京、杭州等江南丝织产区陷入战争，一些丝织业人士携机避难上海，当时在土瓜湾一带就有将近200台手工织机，以织造日本和服腰带绸为主。但恢复和平之后，这些机户大多又迁回原地，据江海关A级帮办罗契（E. Rocher）的调查，光绪六年时（1880）上海全市只有80台织机，以生产"次等平纹缎类织物"[①]为主。直至辛亥革命时，全市的织机也仅有105台。[②]

但到了民国时期，上海的丝织业得到空前发展，其机器化生产的规模和速度远远超过了南京、苏州和杭州等传统丝织业生产地区（图2-2），在丝织业近代化进程下若"论新式织绸业之发展，当以上海为中心"[③]。上海机器丝织业的发展分为两个主要阶段：辛亥革命后，丝织业的生产工具出现了革新，杭州率先从日本引入铁机，出产的产品不仅产量高，而质量也比手工织机优良。随即上海丝织业也开始将铁机引入生产，民国四年（1915）新开设的肇新绸厂引入9台瑞士产电力丝织机，这不仅是上海，也是整个江南地区乃至全国第一家以电力为动力的近代丝织厂。此后，电力丝织厂在上海持续发展，原有的一些铁机工场也迅速向电力丝织厂过渡，手工织机

① 上海丝绸志编纂委员会. 上海丝绸志［M］. 上海：上海社会科学出版社，1998：173.

② 上海丝绸志编纂委员会. 上海丝绸志［M］. 上海：上海社会科学出版社，1998：171.

③ 刘大钧. 中国工业调查报告（上）［R］. 南京：中国经济统计研究所，1937：58.

机户大多转为丝织工厂工人。经过十几年的发展，到民国十六年（1927）时上海共有22家电力丝织厂，电力丝织机1600多台，并且其中大部分是20台电力织机以上的大中型丝织厂，这是上海机器丝织业的开创和发展阶段。之后四年（1928—1931）则是上海机器丝织业第二次的发展阶段，其间新开设了475家小型丝织厂，共拥有3769台电力丝织机。①

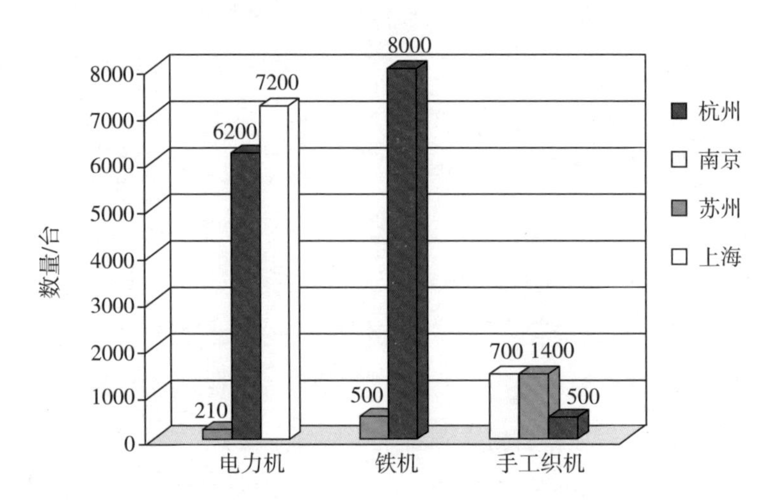

图2-2 1936—1937年南京、苏州、杭州和上海地区丝织机分布对比

上海之所以能成为机器丝织业生产的新中心，是有多方面的原因的。其中最重要的是上海有充足的电力供应，电力丝织厂的开办需要有电力驱动的马达装置来驱动织机运转，上海在清光绪八年（1882）就有电力供应，而杭州和苏州则分别要晚至民国七年（1918）和民国十五年（1926）才开始有工业用电供应。上海不仅供

① 徐新吾. 近代江南丝织工业史［M］. 上海：上海人民出版社，1991：168.

电日夜不间断，而且马达电比照明电费用低廉一半多，还鼓励多消费，超过定额还有折扣。由于上海通商口岸的特殊地理位置，国内外采办绸缎的客商大多集中于此，单是采办丝绸的印度洋行就有12家之多。而其原料和先进机械的引进以及产品销售较苏杭等地更为便利，如机器丝织厂创办初期时多从瑞士、美国、日本等国购买机器，而这些国家在上海都设有推销设备的洋行。随着民族机器工业的发展，上海当地的铁工厂有"寰球铁工厂，铸亚铁工厂，先达铁工厂等及无数之机料公司供应其间，此种铁工厂人才与设备均佳，故机械不多外求"，可以自行生产国产电力丝织机和准备机械，并且"如有配件或附属件须补充，呼应极为灵便"。不仅如此，上海丝织业的分业制度可谓"精密完备"，在前道工序中有经纬公司，"专做织绸中之准备工作，如摇丝、并丝、捻丝、牵丝、纬丝之类……营业方法或由厂方买丝准备后卖出，或客人交丝来，由厂方代为准备"，后道工序"又有印花公司与漂染工厂，大小异形，无可统计"，使得经营绸业者运用灵敏，"自可大小由之，无挂一漏万之苦"。[①]此外，上海还是人造丝的起卸口岸，相比之下，杭州的机器丝织业要获得此种原料还需多交一道税款。另外，从某种程度上来说正因为上海没有强大的传统丝织业，因而在变革和实现近代化的进程中阻力不大，这也是上海能在20世纪上半叶迅速崛起为机器丝织业中心的另外一个重要原因。

① 黄永安．江浙蚕丝织绸业调查报告［R］．广州：广东建设厅，1933：5.

2.2.3 传统丝织业生产中心的延续——苏州和杭州

苏州和杭州都是传统的丝织生产中心，明清时代更是皇家织造机构所在地，民国以来两地丝织业先后引进新型织机，实现了机器化生产。虽然两地的近代化进度和深度不同，有着各自的特点，但依然是中国当时机器丝织业的生产中心。

虽然在辛亥革命前，杭州丝织业还几乎都是传统的投梭木织机，但在民国建立前后，纬成、振新、庆成等公司已率先将手拉提花机引入国内。由于花样织工均与进口货相同，受到消费者的欢迎，于是同业“以铁机出货速而工资省，出品又平滑匀净，极受社会之欢迎，均感绸业组织有改革之必要，于是或合股，或独资，相率创受绸厂，尽弃从前之木机，而采用新式之手织铁机”①，兴起了一批使用半机器化生产的丝织工场。此后不久，在民国四年（1915）左右电力织机开始被引入杭州丝织业的生产中，振新、纬成、天章、虎林、鸿章等厂均相继添置，其“出品日多，花样日繁”，加以“（杭州电厂）原以辅助各项工业发达为最大责任，故对于电力价格，极力减低，对于各厂设计用电，多不取费”②，各种新式绸厂“纷纷设立，有如雨后春笋”，杭州丝织业开始由手工生产向半机器化、机器化过渡，到民国十五年（1926）各厂的电力织机总数已经激增到3800多台③，民国二十五年（1936）又增加到6200台，年产绸缎近30万匹，成为仅次于上海的机器丝织业生产中心。

而作为江苏省机器丝织业主要集中地的苏州，其实现机器化生

---

① 实业部国际贸易局. 中国实业志：浙江省［M］. 南京：实业部国际贸易局，1933：47（庚）.

② 彭泽益. 中国近代手工业史资料：第三卷［M］. 北京：中华书局，1962：73.

③ 杭州丝绸控股（集团）公司. 杭州丝绸志［M］. 杭州：浙江科学技术出版社，1999：73.

产的速度晚于杭州，直到民国四年（1915）前后，由于目睹杭州纬成公司的铁机产品质量匀净、效率也较手工织机高一倍多，铁机才被当地丝织业引入生产，并派专人去上海学习铁机织造技术。电力织机则到民国十年（1921）才由苏经绸厂率先购进1台，在利用夜电开机试织取得成功后，又添置电力织机24台，自备引擎发电，其后振亚、东吴等丝织厂纷纷仿效，苏州电机丝织业也日渐兴起。特别是民国二十二年（1933）以后，由于原料缺乏及市场收缩，传统的纱缎庄认为用木机、铁机成本过大，产品质量也差，不足以在竞争中继续生存，开始纷纷改置电力织机。[①]三年后（1936）苏州已"有电力机约二千架，每月每架平均产绸十匹，除间有停歇者外，每年产额近二十万匹，价值五六百万元。木机尚有四五百架，均系遗存之家庭工业。铁机则仅存百架，产量均属有限"[②]，这标志着苏州丝织业近代化进程的最后完成。苏州机器丝织业的发展晚于沪杭两地的主要原因与电力供应有关，直至民国十五年（1926）苏州电厂才开始提供工业用电，且最初只提供夜间用电，后经反复协商，才在初一、十五两日停电，电费每度增加一分的条件下开始日夜供应，[③]这在一定程度上遏制了电力织机的使用和推广。

另一方面，苏州丝织业实现机器化生产的程度也不如杭州彻底，原因在于苏州传统的纱缎产品因其特殊的质地和用途仍具有一定的市场销路，而"杭州的木机产品与苏州不同，杭州的木机产品是全部充作衣料的，衣料即使不是丝绸产品，根据时代的交替，在

① 段本洛，张圻福. 苏州手工业史［M］. 南京：江苏古籍出版社，1986：371.
② 彭泽益. 中国近代手工业史资料：第三卷［M］. 北京：中华书局，1962：429.
③ 徐新吾. 近代江南丝织工业史［M］. 上海：上海人民出版社，1991：133.

时兴方面也会产生激烈的变化，那时候正处在民国初年逐步废除清朝时尚的时代，由于物美价廉的铁机产品的出现，木机产品的丝绸就理所当然地无人问津”[①]。因而随着机器“丝绸产品销路的日益广阔，传统的手工木机业也就随之销声匿迹”[②]。

2.2.4 传统丝织业生产中心的衰弱——南京

而面对丝织业机器化生产的转型契机时，有些传统丝织业生产中心地区的从业人士因为墨守成规，不愿引进新型织机，以致丝织业迅速衰弱，甚至几乎处于被淘汰的边缘，其中最为典型的就是曾与苏杭齐名、同样是皇家织造机构所在地的南京。

南京的丝织业过去曾经盛极一时，特别是其织缎业在清末时“共有织机一万二三千架，依此生活者，达四十万人，……每岁出口额，依海关统计，有二百余万元之多”[③]。由于不图改良，到了民国时期，南京缎业“已逐步衰弱到不关重要的可悲境地”，“缎机存者，不过二千台，每年工作多者十个月，少者六七个月，出品只二万余匹”，[④]生产的缎织物已经不能与苏州和杭州铁机织造的优良出品竞争，更不用说与华丽的外国棉毛织物的衣料竞争了（图2-3）。对于此种现象产生的原因，当时的丝织业人李崇典曾在其调查报告中一针见血地指出南京“缎业之逐渐衰弱，显然是由于织造方法上缺乏象（像）苏州和杭州绸缎的那种改良。……如果该业不设法现代化，恐怕终久（究）要归于消灭”[⑤]。

---

① 小野忍. 杭州的丝绸业（续完）[J]. 丝绸史研究资料，1982（4）：22.

② 小野忍. 杭州的丝绸业（续完）[J]. 丝绸史研究资料，1982（4）：19.

③ 彭泽益. 中国近代手工业史资料：第三卷［M］. 北京：中华书局，1962：8.

④ 徐新吾. 近代江南丝织工业史［M］. 上海：上海人民出版社，1991：126.

⑤ 李崇典. 南京缎业调查报告［J］. 工商公报，1925（12）：9.

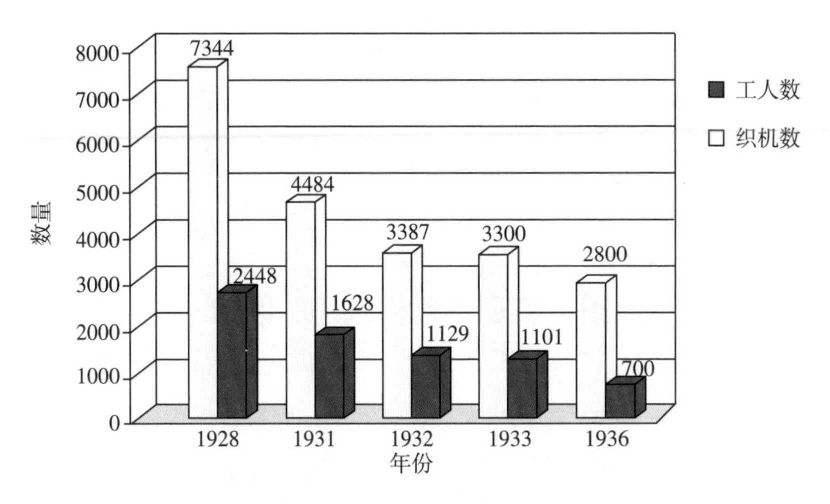

图2-3 南京缎业1926—1936年衰弱趋势

事实上，南京丝织业不只织缎业衰弱，到20世纪30年代初，漳缎业仅魏正丰一家硕果仅存，织漳绒者不过只存四五家，织工艺较简单的建绒者存八十余家。云锦业因为改织迎合欧美游客喜好的椅垫、琴条、手夹、皮包等产品，情况略好。但整体上来说，延至抗日战争前期南京丝织业几已濒临灭绝。其实若以投资实力论，于启泰、魏广兴等大缎号（即账房）的财力并不输苏杭同业，完全可以独资或合资引进动力织机、创办新型丝织厂，实行半机械化或机械化生产；若论电力供应，南京作为国民政府的首都，工业用电量不多的丝织厂应当不成问题。因此究其衰弱的根本原因，是掌控南京丝织业大宗的缎号面对上海、苏州、杭州等地纷纷采用先进动力织机的情况，不思变革，故步自封，所用织机仍然“完全用旧式木机，手推足踏，提花并不用龙头（Jacquard），以一人在上用手提之，十分烦拙，制出之品，花样既不翻新，织工又欠匀整，所以不敌苏、杭，处于劣败之地位。但各机户仍以旧法为是，不愿改用新法，其营业之不振，只归咎于原料不足，用途不广。殊不知重要原因，实由于人民生活程度渐高，奢侈品之需要范围扩大，一般人之嗜好向上，对于用旧法染织之品，毕竟不能满足，故销路滞塞，日就衰微。此项失败原因，较前二项尤重"[①]。

2.3 促进丝织业实现近代化进程的因素

作为丝织物生产的两大重要构成元素，原料和织造技术的革新是促进传统丝织业实现近代化进程，达到机器生产要求的技术支撑。虽然蚕种的改良和缫丝技术的革新早在清末就已发轫，但厂丝以及人造丝要至民国时期才在国内丝织业中广泛应用，而动力织机和贾卡提花龙头的引入也要晚至民国初年，这些也都是促使这个时期大量机器丝织物得以生产的技术基础。

2.3.1 蚕种改良

蚕种的优劣，直接关系到蚕茧产量和蚕丝质量，而且也在某种程度上决定着丝织物的质量以及最终丝织业能否实现机器生产。因而，蚕种改良是促进丝织业实现近代化的第一步。

中国的蚕种改良运动开始于清末。当时传统的土丝由于"条分不匀，或粗或细；线支多病，质脆易断，常杂乱头；扎缚不合，丝纹错乱"而不能适应欧美丝织业机械化的发展，在国际市场上逐渐被日本生产的蚕丝所取代，产生了"与中国丝相较，每一百元西人愿加三十元买外国所纺者"的局面[②]。面对这种"人进我退，相形见

① 李崇典. 南京缎业调查报告［J］. 工商公报，1925（12）：10.

② 彭泽益. 中国近代手工业史资料：第三卷［M］. 北京：中华书局，1962：6.

绌”的情况，蚕丝界的一批有识之士认识到若要提高国产丝的质量就必须提高原料茧的产量与品质，进行蚕种改良。光绪二十三年（1897）创建的蚕学馆“以考验蚕种分方做子为第一要义”[①]，自建立伊始即采集各地土种进行系统分离，育成不少生态学比较一致的品种，如新圆、大圆、诸桂、龙角等一化性品种，诸夏、余夏等二化性品种，但蚕的数量不多，体质也不甚强壮。

但这一工作得到真正的展开、推广并取得成效，则是在民国前期，各地先后成立各种蚕种场和蚕丝改良机构，从事家蚕育种与改良工作。民国六年（1917），法国驻沪商会会同江浙皖丝茧业总公所，联络英、美、日驻沪商会及外国丝商团体在上海共同组建了“中国合众蚕桑改良会”，在江浙各地设立蚕业指导所实行蚕种改良工作。民国十年（1921）又与位于江苏的国立东南大学蚕桑系合作，制造出较土种收茧量高一倍多的诸桂、新元等新种。除了土种纯选外，以民国十四年（1925）浙江省率先引进日本优良蚕种为首，国外蚕种被引入国内并与提纯土种杂交制种，效果显著。“于是，改良蚕种之制造，渐成专业，而推广蚕种量日益增多”，“改良蚕种制造量由数十万张增至一二百万张”。[②]到抗战全面爆发前夕，江浙蚕区的土种基本为改良蚕种所替代，特别是蚕种场规模、数量和制种能力居全国之首的江苏省，蚕农所饲养的“几已全部为改良蚕种，土种逐渐淘汰，业已绝迹”。

这次持续的蚕丝改良运动不仅减少了蚕病的发生，提高了蚕茧产量，由表2-1可见土种每张蚁量“虽十倍于改良种，其产茧则不

① 朱有瓛. 中国近代学制史料：第一辑（下）[M]. 上海：华东师范大学出版社，1986：945.
② 孙伯元. 民元来我国之蚕丝业 [M] //朱斯煌. 民国经济史. 台北：文海出版社，1984：313.

能及改良种之十倍”，而且更为重要的是蚕丝改良降低了缫丝折，并为缫制出能适合机器丝织业生产的厂丝提供了原料基础。

表2-1　改良种与土种各项数值比较

品种	价格	亚蛾数	蚁量	食叶量	收茧量	缫丝量
改良种	8角/张	28只	12000头	3—4担	25斤	20斤/担
土种	1元5角/张	300只	120000头	40—50担	200斤	16—17斤/担

2.3.2　原料拓宽

中国传统手工丝织业所采用的原料即土丝多由农家手工缫制而成，具有“丝色不洁”“粗细不匀”“丝缕轻重不等”等难以克服的缺陷。特别是面对高速生产的动力织机，其强度不能承受织机的拉力，只能充做纬线。即便是著名的辑里湖丝虽“上车摇过”，仍然存在条分不准，匀度不及的致命伤，而用于机器丝织的蚕丝“匀度都需八十分以上，而辑里丝之匀度，至多不过四十至五十分间耳，……不适用于机器生产”[①]。

而适合于机器丝织生产的蚕丝要求“条分匀整，类节去净”，且少有断头，这种蚕丝需使用机器缫制，因而被称为“厂丝”。中国的机器缫丝业始于晚清，但当时所生产的厂丝几乎全部出口。直到民国初年，随着改良蚕种比例的增加，以及织机的换代和织物质量品位的提高，厂丝才逐步用于国内丝织业，在丝绸产品原料中的比例也发生了较大变化。开始时，厂丝用于织造提花丝织物，罗、纺、线春等生货织物依然使用土丝织造，但土丝织造的织物“经纬线缕粗细不匀，挑丝疙瘩触目皆是，稍一揉弄，即已起毛”。随着机器化

① 李平生. 论晚清蚕丝改良［J］. 文史哲，1994（3）：90.

生产规模的进一步扩大，特别是在江浙沪地区，生货织物用土丝的也越来越少。当时常用的厂丝是桑白厂丝，即用改良桑蚕种的蚕结成的白桑蚕鲜茧。经烘茧后，在缫丝厂用缫丝机根据织绸的条份缫成的丝，最细的为9/11D、粗的有30/32D，此外还有11/13D、13/15D、14/16D、18/22D、20/22D、22/26D等多种规格，其中9/11－14/16D的为细丝，14/16D以上规格的为粗丝[①]，也有按丝的匀度分为SPECIAL AAA、AAA、AA、A、B、C、D、E、F、G十等，国内机器丝织业所用的一般为AAA级以下的厂丝。

厂丝之后，在丝绸生产使用的原料中又出现了人造丝。人造丝英文名为“Artificial Silk Yarn”，国际统称为“Rayon”（缧萦），是植物性纤维经过化学加工再造出来的长纤维，因为其性状似蚕丝，故得此名。自19世纪法国人发明人造丝后，各国纷纷建厂制造，产量迅速增加，改变了世界丝织业原有的发展道路。在清末时，我国已有少量人造丝进口，但主要是用于专门织造丝边和丝线等产品。而面对是否在丝织业中使用人造丝这个问题，业者分成拒、迎两派，各执己见。其中持抗拒态度的大多是旧式织机家及以经营蚕丝为业者，而将人造丝引入丝织生产并对其持欢迎态度的正是新兴的机器丝织业。后来改良织物公会决议，仿照舶来品生产的新产品，因为染练的关系，非天然丝可以取代，因而准予通融，但生产固有绸缎（指缎、罗、纺、绉等）仍禁止使用人造丝。

然而，由于“人造丝乃时代科学产物，非闭关政策所能抑制”，特别是它不像蚕丝的产量受到自然条件的影响，可以根据“需要而

① 曾同春.中国丝业［M］.上海：商务印书馆，1929：54.

任意增加。其光泽美观，复超天然丝而过之。且价格特低，合于经济，可以贵贱同享”，并且由于与蚕丝的染色性质不同，“如用两类人造丝与真丝混染，一种染料可得三种花色”。[①]因为这些优点，在丝织品中掺用人造丝的趋势不可阻挡，人造丝日益成为丝织物的主要原料（图2-4）。起初由于强度较低，人造丝常用作纬线与用作经线的厂丝交织，创制出巴黎缎、花香缎、鸳鸯绉、花丝纶等新品种，民国十五年（1926）“浆麻法”被发明后，人造丝强度大大提高，逐渐被用作经线，使绸缎品种从过去单一的真丝织品，发展出人造丝织品、蚕丝人造丝交织品、人造丝棉纱交织品等各种品类，尤其是明华葛、线绨、羽纱等交织产品的畅销，使得资金不多的、使用电力织机生产的小型机器丝织厂得到发展，仅上海一地在抗战前就出现了多由失业织工投资的400余家小型机器丝织厂。

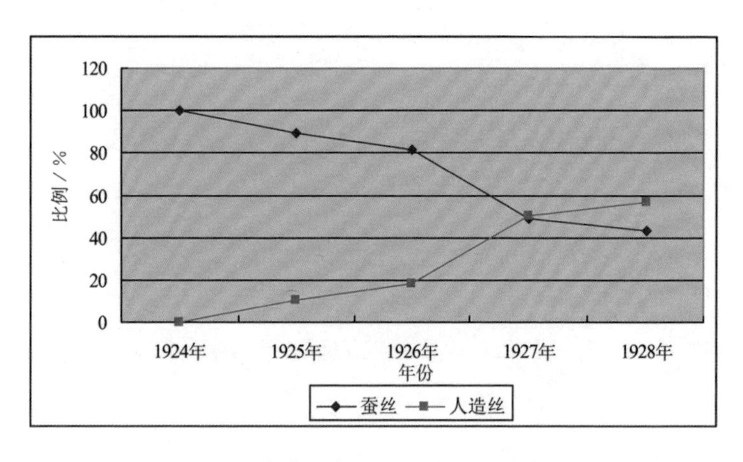

图2-4 杭州丝织业使用蚕丝和人造丝比例变化

① 全国经济委员会. 人造丝工业报告书［R］. 南京：全国经济委员会，1936：5.

而原料上的革新也促进了织机的革新，由于当时织物常同时采用人造丝和真丝两种不同的纬线，织机原有的单梭箱已不能满足织造工艺的要求，从而发展出了双梭箱、多梭箱织机。丝织原料的两次更新发展，引起了中国传统丝绸生产结构的变化，成为传统丝织业实现近代化的一项重要内容。

2.3.3　织机革新

在丝绸原料结构发生极大变化的同时，中国传统丝织业能实现机器化生产的最终技术基础是传统手工木织机为铁机和电力织机所替代，而这种革新是从引进西方和日本的近代技术和设备开始的。

20世纪初，中国丝织业采用的依然是落后的木制织机，如需提花则主要依靠挑花结本，以线为材料来储存纹样程序的信息，需要手足并用，劳动非常紧张，并且提花技术难度很高。这种花楼式束综提花机自明代定型以后在国内就未有大发展，但经传入法国后被改良为可有效防止拉经错乱的“陀螺垂拉经提花机”[①]，此后又经布枢（Basile Bouchou）、法勒功（Jean Baptiste Falcon）、吴罔松（Jacques de Vocanson）等人的不断改良，将中国手工织机上的线制花本改制为由纹针控制的纹版系统。到了18、19世纪之交，法国人贾卡（Joseph Marie Jacquard）在综合前人实验中所有合理成分的基础上，制造出了一台操作结构合理、方便易行的新织机。这种织机在织造前需要根据纹样设计绘制意匠图，其纵格代表经线，横格代表纬线，然后再按此轧纹版，轧孔则经线提升，反之则不提升，“冲孔纹版”系统是贾卡织机的核心技术，配上用竖针管理经丝的提花

---

① 崔岷圃. 织纹设计学［M］. 上海：作者书社，1950：3.

龙头，使原来必须由人工来拉花的过程真正实现了机器化，而从理论上说，用贾卡织机可以织造任何复杂的丝绸纹样。

贾卡织机发明后很快就流传到世界各地，大约在清末，国内已有法国的全铁织机零星输入，但似乎无人会用，仅作参考，机坊中大量采用的仍是传统木机。宣统二年（1910）前后，一种经日本改造后的新式提花织机开始被引入中国。此种织机系铁木结构，其中易损件多系铁制件，故又俗称铁木机或铁机，其上装有俗称“龙头”的贾卡提花装置，大致有单动式、单花筒复动式（图2-5）、双花筒复动式、中口式、闭口式、竖针背立式六种，前三者为我国常用，其中又以单动式构造简单，无论人力物力皆可运用而最为流行，[①]用这种织机织出的花样其细致美观度大大超过了中国传统的提花织物（图2-6）。

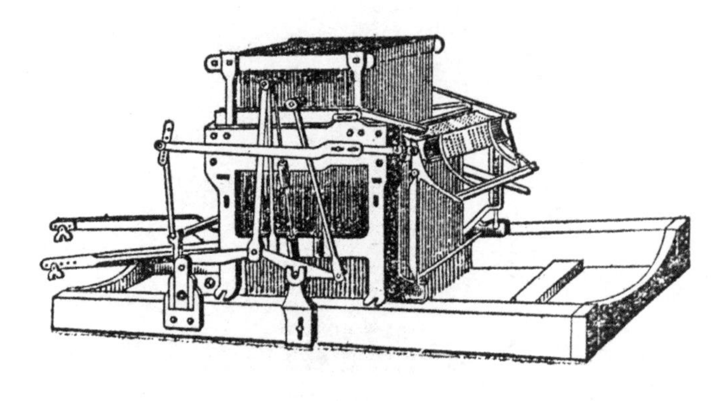

图2-5 单花筒复动式贾卡提花装置

① 王芸轩. 嘉氏提花机及综线穿吊法［M］. 上海：商务印书馆，1951：3.

图2-6 装有贾卡装置的织机

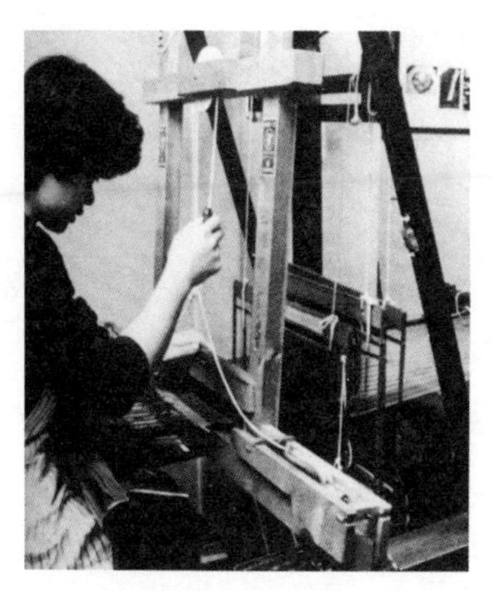

图2-7 飞梭装置

随后，苏杭等地的丝织业者纷纷引进了这种装有贾卡龙头的新式织机，当时从日本进口的这种织机，因为部分构件是铁制的，通过用手拉绳来使梭口上下运动（图2-7），因此在苏州一带被称为“铁机”，在杭州被称为“拉机”，又因为来自日本（东洋），也有叫“洋机”的。[①]手拉织机引入不久后，沪、杭两地又率先引进了电力织机，并逐步向苏州、湖州、宁波、烟台等地推广，机型有日产的重田式和津田式、美产的克老姆登式等。而国人也开始尝试自行生产贾卡织机，开始主要的配件都自日本进口，经过几年的发展，到民国九年（1920）时已经能够自制铁制织机，有武林式、物华式、寰球式等，而旧式手工木机则日渐凋零，我国丝织业也由此逐步实现了机器化生产。民国十三年（1924）印行的《武林新市肆咏百首》曾这样描述当时的盛况：“机轴纷纭只手提，新翻花本妙端倪。

① 小野忍. 杭州的丝绸业（续完）[J]. 丝绸史研究资料，1982（4）：20.

洛阳纸贵千金值，针刺成纹法泰西。”[①]这是贾卡织机在中国传播流行的真实写照。

电力织机的应用“较诸手织，出货既速而工价又廉”，丝织厂中的络丝、并丝、捻丝、摇纡等工序也同时进行了相应的技术更新，由人力改成电力，从而大大提高了生产效率。据统计，原来丝织业“织绸向用木机，经三人合织一机，日出九尺；民国时改用日本式织机，以一人一机，日出二丈，以民十五年最盛；民十四年有采用电机者，以一人一机，日出四丈”。此外，使用贾卡提花机“制成之花纹，可以精细缜密而无粗疏之病”。[②]它的诞生为大花纹织物，特别是像景织物的产生和发展提供了技术支持。

从手工木机到铁机再到电力织机，中国传统丝织业通过生产工具的更新换代完成了最终的机器化生产。

2.3.4 动力更新

在促进丝织业实现机器化生产中，动力更新是一个不可忽视的因素，特别是作为电力织机的动力。电力丝织厂的开办需要有电力驱动的马达装置来驱动织机运转，电力供应十分重要，一地是否有电力供应、供应是否充足在某种程度上决定了该地丝织业实现近代化进程的进度。

以近代机器丝织业的中心——上海为例，早在清光绪八年（1882）就成立了上海电气公司（上海电力公司前身），并于当年在公共租界架设6.4公里架空线路，上海的供电从此开始。民国年间，又与华商电气公司、浦东电气公司、闸北水电公司等共同构成了范围广而可

① 杭州丝绸控股（集团）公司. 杭州丝绸志［M］. 杭州：浙江科学技术出版社，1999：560.

② 王芸轩. 嘉氏提花机及综线穿吊法［M］. 上海：商务印书馆，1951：2.

靠的电网，[①]实现了日夜不间断供电，仅上海电力公司一厂年发电量就达695173403度，远超当时欧洲主要的工商业城市曼彻斯特、利物浦等地，[②]并且电价低廉，这些因素都极大地促进了上海电力丝织业的发展。杭州地区虽至民国七年（1918）才开始供应工业用电，但当地最大的杭州电厂十分支持各项工业的发展，使杭州成为仅次于上海的机器丝织业基地。而苏州电厂则迟至民国十五年（1926）才开始提供工业用电，且最初只提供夜间用电，后来虽日夜供电，但仍然在初一、十五两日停电，这在一定程度上遏制了电力织机的使用和推广，使苏州机器丝织业的发展落后于沪杭两地。而同样是由于电力供应问题，除使用自备引擎发电外，盛泽、湖州、绍兴、宁波等地的机器丝织业要晚至20世纪20年代末才开始有较大的发展。

电力供应的重要性在抗战时期苏杭与上海三地机器丝织业两种不同的命运中也可见一斑。苏杭两地沦陷后，当地的丝织厂家曾在民国二十七年（1938）陆续复工，但日伪当局以各种借口对工业用电进行一再缩减，使机器丝织业的复工深受打击。电力供应完全被断绝后，除仅有少数几家自备引擎，勉强可以发电开动织机生产外，绝大部分绸厂陷于绝境，被迫停业，生产能力不及战前的三十分之一。而直至太平洋战争前夕，因日军尚未进入上海租界地区，各厂所受损失较小，电力供应正常，外销市场活跃，形成所谓的“孤岛”繁荣时期。

---

① 上海市电力工业局史志编撰委员会. 上海电力工业志［M/OL］. 北京：水利电力出版社，1993.［2007-10-12］. http://www.shtong.gov.cn/node2/node2245/node4441/node58152/index.html.

② 刘大钧. 中国工业调查报告（上）［R］. 南京：中国经济统计研究所，1937：14.

2.3.5 理念创新

除了原料、织机和动力革新等技术因素外，近代蓬勃兴起的国货运动、业界人士的“实业救国”论等理念创新也是另一个促进丝织业实现近代化生产的不能忽视的社会因素。

鸦片战争之后，中国国门洞开，随着国外资本对华侵略的逐步深入和其本国丝织工业的日益发展，他们对中国丝绸生产实行了“引丝扼绸”的政策，一方面大力进口中国的茧丝原料，另一方面通过大幅度提高关税的方法限制中国绸缎出口，而国内丝织业者仍“墨守旧法，昧于世变”，不知根据市场的变化革新技术，推陈出新，“遂至销路日蹙”，到清光绪末年，中国由丝绸输出国变为了输入国。[①]

为了扭转这种局面，最初由业者号召，各地出现了群众性的抵制外货运动，在一定程度上推动了清政府实业政策的发展。民国创立之初，孙中山就指出“今共和初成，兴实业为救贫之药剂，为当今最重要之政策”[②]，提出要扩大出口贸易、实行关税保护政策等具体办法，形成了较为完整的“实业救国”论，在开发实业的大要求下，资本主义、机器生产的工厂必日增一日，乃是不可抗的历史趋势。中国丝织业界的一些有识之士也认识到“大凡人之用物，必求其价廉而质美，非强权威力所得而挽也，非令名美誉所得而诱也”，“木机土法织绸之不足恃”，单纯地抵制外货并不能从根本上挽回丝织业颓败的局面，只有“改良机织品，以迎合时势之变迁而助绸业之发达，又免机匠之失业而图实业之振兴”[③]才是根本解决之途。而

---

① 王翔. 近代中国传统丝绸业转型研究［M］. 天津：南开大学出版社，2005：9.

② 孙中山. 孙中山选集：上卷［M］. 北京：人民出版社，1981：84.

③ 唐希元. 南京缎业之现况及其救济［J］. 中国实业，1935（5）：830.

“欧美各国，恃机器为之助，故其工商日益发达，吾国畴昔昧乎此意，摈绝机器而不用，故其工商日就衰落。盖用机器则产力速而取价廉，不用机器则产力钝而取价贵；用机器则工作精而物质良，不用机器则工作简而物质劣”①，因此主张与国外丝织业竞胜争雄，“机器似不可不备也”，只有“与日以俱进，价廉质美之效，亦得以大著，至此方可与欧美工商争衡，不致长此落人后也”，于是掀起了一股“购机建厂”的热潮，特别是江浙沪地区“进行之神速，出品之精良，实有一日千里之势”，在十余年间实现了丝织业的机器化生产，完成了从生产工具到原料及产品种类的新旧嬗替（图2–8）。

在推动行业革新的同时，丝织业者又以“提倡国货，移转国民观念”为己任，兴起了一场蓬勃的国货运动。民国初年，面对“服制改革”政策对传统丝织产品的冲击，由钱江会馆、湖绉公所等江

图2–8 民国时期的机器丝织厂

① 娄凤韶. 策进振亚织物公司商榷书（手稿）[Z]. 南京大学藏，1917：1.

浙沪丝织业界人士在上海发起成立了中国国货维持会，要求政府在服制改革中考虑丝织业的生机，提出“常服仍照旧式，听人民自由，礼服则纯用丝织品、棉织品，专以国货为主，取消用呢字样”，终于在民国元年（1912）十月参议院正式颁布的《服制案》中，规定各种大礼服、常礼服、大礼帽、常礼帽等“料用本国纺织品”[①]。此后，上海机制国货工厂联合会、中华国货产销协会等国货团体不断兴起，各项活动层出不穷，如由上海市电机丝织厂同业公会、上海绸缎业同业公会等举办中华国产绸缎展览会等，由上海美亚织绸厂经理蔡声白担任总经理的国货联营公司推出了产、销、金融三方合作的销售模式，这些举措不仅使丝织业的地位在法律上获得了保护和肯定，而且也大大增加了其产品销路，从而鼓励丝织业者“不惜钜费，购机设厂，改良织造”。此外，与抵制外货不同，国货运动并不提倡自我封闭式的发展，而是主张积极向国外同行学习，引进国外先进生产技术、原料和管理经验来发展本国的工业以提高国际竞争力，如当时的上海物华中国第一绸厂、杭州日新改良丝织厂等竞相购买欧美机械“回华仿造泰东西绸缎”[②]。这些社会理念的创新都在一定程度上促进了中国丝织业实现机器生产的近代化进程。

2.4 近代丝织企业群的崛起

2.4.1 近代丝织企业群的来源类型

在中国历史上很长一个时期里，除了官营织造外，丝绸生产主

---

① 袁宣萍. 近代服装变革与丝绸品种创新［J］. 丝绸，2001（8）：39.

② 潘君祥. 中国近代国货运动［M］. 北京：中国文史出版社，1996：19.

要是农村的副业，农民利用农闲时间和农村妇女劳力从事丝织生产。其后经过发展，明清时期形成了独立家庭手工业以及由此发展而来的手工工场。清代丝织业出现了向城镇集中的趋势，城镇丝织业无论是规模还是生产技术均超过了农村。[①]民国以来，随着丝织业逐步实现机器化生产，产品品种和图案日新月异，原有的生产经营方式已很难跟上形势的发展，于是分散的家庭劳动开始向集中制的工厂生产过渡，特别是在江浙沪等丝绸主要产地的大中城市里，新式丝织工厂和公司纷纷崛起，形成了一个近代丝织企业群，并逐渐取代了传统绸庄的地位，成为丝织业生产经营的主导方式。这种转化表明了中国丝织业中资本主义的发展，是丝织业实现近代化生产的一个重要标志。

总的来说，民国时期的丝织企业群有两大主要来源。一类是由传统绸庄改变经营方式而来的。作为商业资本组织的绸庄，其生产经营一般采用绸庄提供原料，由机户加工成产品或者机户自备原料根据绸庄定货要求进行生产的形式，所生产丝织品的品种、图案和规格均由绸庄指定，生产者并没有决定权。民国时期，由于铁机和电力织机的引入，产品的品种和图案日新月异，销售活跃，稍具实力的机户不愿再为绸庄加工，而改为自备原料自行生产，以期增加收益。为适应情势变化，一些绸庄开始自行购机建厂从事丝织生产，这样既可保持货源，又能获得更大的利润。如由苏州李宏兴、义丰和等十余家纱缎庄共同创办的苏经纺织绸缎厂，拥有100台铁机，也是苏州第一家近代化的机器丝织厂（见表2-2）。此类新型丝

① 彭南生. 半工业化——近代中国乡村手工业的发展与社会变迁［M］. 北京：中华书局，2007：90.

织厂的诞生改变了绸庄分散控制小机户的那种生产关系，而是将织工集中于工厂，与作为厂方的绸庄直接发生劳资关系，实现了商业资本的产业化转变，成为真正意义上的近代工厂。

表2-2　江浙沪地区部分由绸庄投资或转变而成的近代丝织厂

绸庄名	丝织厂名	所在地	成立时间
金沅昶	振新绸厂	杭州	民国元年
袁震和	袁震和丝织厂	杭州	民国二年
夏庆记、李宏兴、永兴泰、义丰和	苏经纺织绸缎厂	苏州	民国三年
春记正	肇新绸厂	上海	民国四年
金沅昶、宋春源	日新绸厂	杭州	民国四年
庆成	庆成绸厂	杭州	民国五年
华纶福	振亚织物无限公司	苏州	民国六年
宝泰、汪永亨	物华织绸厂	上海	民国六年
悦昌文记	悦昌文记绸厂	杭州	民国六年
咸章永	丽生绸厂	湖州	民国六年
悦昌文记	文记绸厂	上海	民国七年
童泰怡	延龄绸厂	苏州	民国八年
上九坎、大成恒	东吴丝织厂	苏州	民国九年
程裕源	开源绸厂	苏州	民国九年
弘生昌	达昌电力织绸厂	湖州	民国十年
春记正、久成	震华丝织厂	上海	民国十一年
程荣记	大陆绸厂	苏州	民国十三年
郎琴记	郎琴记绸厂	盛泽	民国十九年
同章	云林丝织厂	上海	民国三十年

另一类则是由于民国初年丝织业的办厂获利颇厚，而由官僚、富商等筹资开设的新式丝织企业，其中不乏一些受过近代丝织教育的专业人士，如创办虎林织绸公司的蔡谅友原是浙江省立甲种工业学校机织科副主任，而杭州纬成丝呢公司的创办人朱光焘则毕业于日本东京高等工业学校染织科，因而这些企业在产品品种和图案设计上具有更大的创新性，创制出了巴黎缎、虎林三闪缎、双面缎、像景等新型丝织品种，而在人造丝等新材料的引入上也更具开放性。

此外，还有一部分中小型丝织企业则是由手工业主、城市职工与乡村资本投资建立的。特别是民国十六年（1927）北伐战争胜利以后，工潮迭起，加之世界金融危机的影响，江浙沪地区的纬成、虎林、天章、苏经等大型丝织厂大都停机关厂，失业的织工利用抵作遣散费的织机开设了机器丝织厂，“于是小规模的绸厂象（像）雨后春笋一般地发达起来了，……里弄里面总是可以听到铿锵……铿锵的机声”[①]。但由于资金和生产工具的局限性，此种类型的丝织厂并不自己设计织物品种和图案，多由绸庄定织，其产品也多是无光纺、中山葛、花素软缎等易销品，并且绸庄也可以在产品上加织自己的字牌。

2.4.2　代织型丝织企业

虽然实现了机器化生产，但当时一般中小型丝织厂对于产品的品种和图案大多没有自行设计或随市场需求变化更新的能力，因此在某种程度上仍然保留了与绸庄间产品“包销”的旧式协作关系，即由绸庄根据其对市场销售情况的判断决定生产产品的品种、图案

① 朱邦兴，等. 上海产业与产业工人［M］. 香港：香港远东出版社，1939：134.

和规格，其生产类型类似于今天的代工厂。

以上海同章—云林系丝织厂为例，其创办人娄凤韶在上海开设的同章苏杭绸缎抄庄最初只负责苏州振亚（娄亦是振亚的股东）、杭州虎林等各地绸厂产品的经销，资金充裕后开始创建包机承揽制度，以“化整为零、集零为整、利益均沾”为方针向各厂定织产品。其法即由同章绸庄指定规格和图案，各承揽包机厂自备原料，进行生产，所织绸缎全部交给绸庄，同时规定接受定织的各厂不得接受其他客户的定货或自行生产，如此，原来受时局影响而闭歇的大厂“化整为零”分散为各包机小厂，继续生产；而所谓“集零为整”，即同章绸庄在定织产品时规定各厂必须按统一规格织造，同时设立监督机构，逐日派员前往各厂进行清算验货，“凡能符合合约规定之质量要求，以及花式规格者，赋予‘云林丝织公司’为名之品牌标志”，不合格者剪去已织好的“云林”牌号，集中做降价或销毁处理。这样同章绸庄就把分散生产的绸匹集中起来，以统一的“云林”牌号发售，又保证了其产品质量的稳定性；当时绸缎出厂成本和批发售价之间，约有百分之二十的毛利，同章绸庄以批发价九折结算，即绸庄与绸厂各得其半，故曰“利益均沾”。[①]在同章绸庄的统一指挥下，各厂在淡旺两季得以常年均衡生产，到了20世纪20年代末，苏杭各地为同章绸庄定织“云林”牌号产品的丝织厂已达30多家，有织机600余台，如拥有50台电力织机的湖州兴昌丝织厂就与同章绸庄建立了长期包销协议，这些厂家由同章指挥其全部生产，成为同章—云林系的“子企业”，而“母企业”云林丝织厂在民

① 娄尔修. 二十世纪前叶苏浙沪丝绸业巨子——娄公凤韶纪念册［M］. 未刊本，2008：15-16.

国三十年（1941）秋以前事实上却没有一台织机，只虚有其名。[①]

为了售价能与正式大厂产品看齐，同时鉴于在市场竞争中绸缎品种和图案的重要性，在同章创建伊始，娄凤韶即派门生丁庆龄去振亚学习纹工绘画，于民国十年（1921）成立“三益纹工绘图社”，嗣后又改名为“凤韶织物图画馆”，后改名为“同章绸庄图画部”。丁庆龄、徐鹿樵和徐益增等人专门绘制图案小样，由娄凤韶亲自审定后交给各厂依样织造，每月每周源源不断有新式花样发往各厂试织、并陆续投产，[②]开发出云林锦等畅销产品。

因此，此种代织型丝织企业除在织造工艺等方面实现半机器、机器化生产外，其生产形式仍是旧式绸庄控制机户生产的包机形式的延续和发展。其优点在于这些缺乏足够资金和销售能力的中小型丝织企业可以一心致力于生产，并且其产品可以分享绸庄统一品牌的声誉从而获得较高的售价，对于绸庄而言这种代织形式省去了购机设厂经费、劳资关系处理等各种问题，确保了货源，而在代织企业产品畅销后又巩固了母企业原有的品牌，实现了双赢格局。但另一方面，此种类型的丝织企业在产品品种和图案设计上均受制于母企业，缺少创新性，无法与自主型丝织企业抗衡。

2.4.3 自主型丝织企业

与代织型丝织企业的生产取决于绸庄不同，一些大型丝织厂由于拥有自己的织物设计力量，并且资金充裕，因而具有自主开发新品种和进行丝织技术革新的能力，同时制定了一系列完善的企业生产和管理制度，可谓是真正意义上的近代工厂。其中最具代表性的

① 徐新吾. 近代江南丝织工业史［M］. 上海：上海人民出版社，1991：420.

② 娄尔修. 二十世纪前叶苏浙沪丝绸业巨子——娄公凤韶纪念册［M］. 未刊本，2008：15.

就是上海美亚织绸厂。

该厂初时由湖州丝商莫觞清、汪辅卿与美国商人兰乐壁合办，后改为莫觞清独资，并由其婿蔡声白全面管理。具有留学美国教育经历的蔡声白，在生产中引入了西方的“科学管理法”，实行定岗定职定资定量定责，对生产流程及干部职员进行全程监控。此外，他十分注重利用技术优势设计出适合市场需求的产品，建厂伊始就从美国进口了先进的准备工程机械和全铁电力织机，并将毕业于日本东京高等工业学校纺织科的技术专家虞幼甫、张叔权，绘图打样高手莫济之等人均招入麾下，[①]曾负责美亚纱印工场的李世清则是留法出身。此外，他还成立了美亚织物试验所，其业务一是征集国内外织物样品加以分析、试验和仿造，二是进行各种新织物的研究设计和改良，三是编译国外丝织技术书籍，四是指导总厂及各分厂进行技术改良，试织产品小样。这些措施大大提高了美亚厂在产品开发上的自主创新能力，每周都有新产品推出，到解放前夕已发展出1246个品号的产品。[②]

这种类型的丝织生产企业与旧式绸庄控制机户生产的包机形式转化而来的代织型企业相比，不仅在生产机器上实现了近代化，而且在生产形式上更为接近资本主义工厂的模式。其优点在于生产厂家摆脱了绸庄的控制，可充分发挥其技术和设备优势进行新产品研制，生产出许多独家拳头产品，更新换代速度迅速，迎合了市场需求的不断变化，使其产品在当时的行业竞争中能占据优势地位。此外，为了减少对绸庄的依赖，减少佣金支出，这些厂家往往自设发

① 魏文享. 蔡声白：尽显“美亚”丝绸之光［J］. 竞争力，2008（4）：71-73.

② 林焕文. 美亚丝织厂的每周新产品［J］. 中国纺织大学学报，1994（3）：134-136.

行机构以增加产品销量和及时把握市场需求，像美亚织绸厂就于民国十五年（1926）成立了“美兴绸庄”。而其缺点则在于生产成本较高，容易形成在同样售价的情况下，代织型企业尚能获利而自主型企业却仅能维持的不利局面。此外，这类大型丝织企业，为追求产品的质量往往附设有缫丝、纹制等相关机构，构架庞大，并且因原料成品存货较多而影响资金周转，不如代织型企业存货少、成本低，且组织简单利于东山再起，这也是在20世纪30年代的世界金融危机中纬成、虎林等公司纷纷倒闭的原因。

2.5　小　结

从机器丝织业的整体发展进程来说，在1937年抗日战争全面爆发前的二十多年时间是机器丝织物创新和发展的黄金时期，总体呈现出一个螺旋型上升的发展，大量的新品种和新题材都在这个时期产生和定型。一方面，就地域分布而言，当时的机器丝织物生产主要集中在环太湖流域的江浙沪地区，随着南京传统丝织业中心城市地位的衰弱，上海成为机器丝织物的生产中心，而电力供应和当地丝织业人士对新事物的接受程度成为造成丝织业实现机器生产的近代化进程中区域间发展不平衡的重要因素之一。另一方面，近代机器丝织企业群的崛起改变了原来绸庄对小机户的分散控制，将织工集中于工厂，从而可以充分发挥其技术和设备优势进行新产品研制，促进了丝织物新品种更新换代的速度。

第三章　20世纪上半叶机器丝织物的品种研究

3.1　丝织物品种分类与命名方法的研究

20世纪上半叶，随着机器丝织业的兴盛和各种新型原材料的应用，各种丝织物新品种大量涌现，“新式绸缎名称繁多。或于绸缎纱罗之上冠以地名厂号及电机铁机等字五光十色，……或于绸缎纱罗之外别立名称，……旋起旋灭者不可胜数，直可观为商标名称，多无一定之解说可言”[①]，给研究该时期机器丝织物的品种带来了一定程度的混乱和难度。

3.1.1　民国以前的分类与命名法

中国向有将丝织物划分大类的传统，其主要分类依据有组织与织造工艺、产地和用途等等，组织与织造工艺是其中最为重要的一种。如《大唐六典·织染署》有载“一曰布，二曰绢，三曰絁，四曰纱，五曰绫，六曰罗，七曰锦，八曰绮，九曰繝，十曰褐”。明清

① 叶量. 中国纺织品产销志［M］. 上海：生活书店，1936：127.

时期，丝织物品种不断增加，但织物的组织结构仍是最为重要的分类依据，虽然各种资料中的分类不完全一致，但结合《诸物源流》《蚕桑萃编》等书，当时丝织物一般被分为缎、锦、绸、绉、罗、纱、绢、绫、绒等七至十个大类[1]，与现代丝织物十四大类的类别划分已十分接近。

在命名方面，随着语言文字的逐步完善，丝织物的名称也逐渐增多，并且日益丰富、复杂化。早期的丝织物多以单音节词命名，此后各种修饰性的名词逐步被加入。到了明清时期，形成了一套较为完整的命名规则，即：

色彩＋技术特征＋图案＋（用途）＋（地纹）＋品种类名

如“绿＋织金＋妆花＋孔雀＋女衣＋罗”“大红＋妆花＋麒麟＋补＋云＋段（缎）”等，这种模式中的各项内容可根据其实际情况而定，可添加也可省略。

3.1.2　民国时期文献中的分类与命名法

民国时期的许多专业著作、地方志、丝绸档案、价目表及一些笔记杂录和文学作品中，记录了相当数目的机器丝织物名称和不同的分类方法，提供了极为丰富的史料，但若以现代纺织学科而言，这些方法多有重叠或并不全面，尤其是缺乏文献资料与实物对照。本书将对其中最重要的几项文献中的分类和命名方法进行整理、比对和分析，并以此作为本研究的分类依据的文献来源。

3.1.2.1　《杭州市经济调查·丝绸篇》中的分类法

此书是建设委员会调查浙江经济所于民国二十一年（1932）对

① 赵丰. 中国丝绸通史［M］. 苏州：苏州大学出版社，2005：521.

杭州丝绸业所做的调查报告，其中在十二章“绸缎”中列举了两个分类标准，一是以织、染工艺的先后顺序不同将丝织物分为熟货和生货两大类，然后又以组织结构的不同，将熟货细分为纺、绫、罗、绸、葛、绨、绢等七小类，生货分为缎、绉、纱等三小类；二是以原材料为分类标准，将其分为纯天然丝织物、天然与人造丝交织物、天然丝与毛线交织物、天然丝与棉纱交织物、天然丝人造交与棉纱织物、纯人造丝织物、人造丝与棉纱交织物、人造丝与毛线交织物等，共八大类。

3.1.2.2 《现代中国实业志》中的分类法

杨大金所著《现代中国实业志》第五章第二节“丝织品之种类”先将所有丝织品分为“绸缎、刺绣、丝带、丝线四种”，并指出“惟刺绣品、丝带、丝线等均为吾国家庭工业之一”；[①]然后又以织物的基础组织为标准，将绸缎划分为绸、缎、绉、纱、绫、纺、罗、绒、锦等九类。此外，文中同样以原材料作为分类标准，将丝织品细分为天然丝织物、天然人造丝交织物、天然丝棉纱交织物、天然丝毛线交织物、人造丝棉纱交织物、人造丝棉毛交织物、丝线织物、天然丝人造交织物、人造丝纺丝交织物等，共九大类，并在每一大类下列有详细的织物名称。

3.1.2.3 《织物组合与分解》中的分类法

《织物组合与分解》是民国时期一本关于纺织品的教科书，由黄希阁、瞿炳晋编写。该书以织物基础组织作为分类依据，根据经纬线相交错的方法不同将其分为平行类、起毛类、绞经类三个大类，

① 杨大金. 现代中国实业志［M］. 上海：商务印书馆，1935：150.

其中平行类织物是指“平行之经线与平行之纬线，以直角相交，所组成之织物”，起毛类织物“乃织物之表面呈现毛绒或轮圈者”，绞经类织物则是指“由相邻而不平行之经线互相绞合，再与平行之纬线组合而成，故此种经纬线相交之角度，并非直角”的织物。[①]

3.1.2.4　《中国国际贸易小史》中的分类法

近代日本人编写的《中国国际贸易小史》(侯厚培译)，同样也以丝织物的组织结构作为分类依据，将其分为“绸、缎、锦、绉、纱、罗、绢、绫”等八个大类及一百多个小类，但并未收入当时已有的呢、绨、葛、纺和绡类织物。此外，书中还给出了简单的织物大类定义方法，例如，绸为“平织”(平纹组织)，绢“较绸为粗而轻”。

3.1.2.5　机器丝织物的命名方法

民国时期，随着商业的兴盛，为在激烈的商业竞争中取胜，厂家常会根据当时流行、重大事件和织物本身的特点来定名，甚至于故弄玄虚，希望通过一个新颖和引人注目的名称来广揽顾客。此外，当时还有一种情况也较为常见，即不同厂家生产的同一种织物其重量略作改变就产生了许多不同的品名。因此当时的丝织物在命名上出现了较为杂乱而缺乏规范性的情况。

总的来说，当时的机器丝织物逐渐舍弃了传统长而全的命名规则，不仅色彩在命名中几乎不见，图案也极少提及，所见常以“时花”“新花”“异花”等概括性词语指代，而非传统的“万寿字过肩龙百子花卉”等具象名词，其命名方法通常只以品种类名加一至两个修饰词构成，如冠以用途、厂名、生产工具、产品规格、吉祥

---

① 黄希阁，瞿炳晋. 织物组合与分解［M］. 上海：中国纺织染工程研究所，1935：1.

语、织物产地或销货地、流行语等等。此外，随着中西文化交流的加强，一些音译词也出现在织物命名中。从表3-1中可看出，当时机器丝织物命名法并无一定规则可寻，除品种类名外，更多的是一种类似于商标的作用，因此更为简单易记、便于宣传，较传统命名法必然会出现由长变短、由繁变简的新变化。

表3-1　常见的几种机器丝织物命名法

命名法	实例	命名法	实例
用途＋品种类名	大衣花呢、女鞋面花缎	产品规格＋品种类名	四八纺、五三绉
厂名＋品种类名	振亚纱、美亚缎	吉祥语＋品种类名	鸿禧葛、和合缎
生产工具＋品种类名	钢筘纺、铁机缎	音译词＋品种类名	乔治纱、派力司绸
流行语＋品种类名	国货素软缎	织物产地或销货地＋品种类名	印度绸

3.1.3　本书创新采用的分类法及依据

从表3-2的分析可见，民国时期机器丝织物的分类标准主要有两种，即织物组织结构和织物原料，其中又以组织结构标准最为常用。此外，其在织物品种的具体划分和定义上与现行丝织物十四大类的划分标准非常相似，而现行的十四大类正是在其基础上制定的。

表3-2　民国时期丝织物的各种分类法

文献	染织工艺顺序	组织结构	原料
《杭州市经济调查·丝绸篇》	熟货	纺、绫、罗、绸、葛、绨、绢	纯天然丝织物、天然与人造丝交织物、天然丝与毛线交织物、天然丝与棉纱交织物、天然丝人造交与棉纱织物、纯人造丝织物、人造丝与棉纱交织物、人造丝与毛线交织物
	生货	缎、绉、纱	
《现代中国实业志》	/	绸、缎、绉、纱、绫、纺、罗、绒、锦	天然丝织物、天然人造丝交织物、天然丝棉纱交织物、天然丝毛线交织物、人造丝棉纱交织物、人造丝棉毛交织物、丝线织物、天然丝人造交织物、人造丝纺丝交织物
《织物组合与分解》	/	平行类、起毛类、绞经类	/
《中国国际贸易小史》	/	绸、缎、锦、绉、纱、罗、绢、绫	/

因此，在综合以上分类方法的基础上，本书提出了这个时期的机器丝织物分类方法。首先参照《织物组合与分解》中的分类方法，以经线和纬线间的交错关系作为基本依据，将其分为平行类织物（经纬线直角相交）、绞经类织物（经纬线互相绞合）和起绒类织物（经纬线呈现绒毛和绒圈）三大类型。在此基础上，以1965年纺织工业部制定的《丝织物分类定名及编号》和现代丝织物十四大类的划分标准为主要参考对象。同时，由于本书的研究对象为历史文物，因此与现代纺织品分类不同。本书从考古的角度出发，兼顾中国古代传统的丝织物分类法，以织物采用的表层基础组织、质地和

外观效应等作为分类依据，又将平行类织物细分为纺绸、绫、缎、绉、绨、葛、呢、像景（锦）等几个大类；绞经类织物细分为纱、罗两个大类；起绒类织物则以绒为主（表3-3、表3-4）。其中平行类织物的范围最广，其下的各个大类根据提花与否及交织经纬线的组数和交织规律等因素的不同组合，又衍生出各种不同产品，大部

表3-3　本书所采用的分类法

经纬线交错关系	类型	表层基础组织	外观	品种大类
直角相交	平行类织物	平纹组织	质地坚韧，表面细洁	纺绸
			质地轻薄，透明	绡
			质地粗厚	绨
			绉缩	绉
			横向凸条	葛
		斜纹组织	粗犷少光泽，仿毛效应	呢
			明显斜条纹	绫
		缎纹组织	外表平滑光亮	缎
			/	像景（锦）
		变化组织	横向凸条	葛
			绉缩	绉
			粗犷少光泽，仿毛效应	呢
互相绞合	绞经类织物	纱组织	均匀分布及不显条状的纱孔	纱
		罗组织	等距或不等距分布的条状纱孔	罗
呈现绒毛和绒圈	起绒类织物	起绒组织	有绒毛或绒圈	绒

分普通丝织物均属于此（表3-5）。另两大类型织物的产品相对简单，纱、罗织物按提花与否可分为素纱、素罗、提花纱、提花罗等几种，而绒织物则按起绒纱线的不同可分为经起绒织物和纬起绒织物两种。此外，由于当时的绫类织物发展已趋式微，多用于衬里面料，因此在本书中不作涉及。

表3-4 各时期及本书中丝织物分类的比较

古代的分类法		民国时期的分类法			现代十四大类	本书所采用的分类法
大唐六典	诸物源流等书	现代中国实业志	中国国际贸易小史	杭州市经济调查·丝绸篇		
絁	绸	纺	/	纺	纺	纺绸
绮	绢	绸	绸	绸	绸	
绢		/	绢	绢	绢	
/	/	/	/	绨	绨	绨
/	绉	绉	绉	绉	绉	绉
绫	绫	绫	绫	绫	绫	绫
/	缎	缎	缎	缎	缎	缎
锦	锦	锦	锦	/	锦	像景（锦）
/	/	/	/	/	绡	绡
/	/	/	/	葛	葛	葛
/	/	/	/	/	呢	呢
/	绒	绒	/	/	绒	绒
纱	纱	纱	纱	纱	纱	纱
罗	罗	罗	/	罗	罗	罗
繝	/	/	/	/	/	/

表3-5 平行类织物的品种分类

品种大类	示例			
	提花与否	单层	多重	多层
纺绸	非提花	洋纺、钢筘纺、电力纺、有光纺、彩条纺等	/	/
	提花	花塔夫绸等	天香绢等	/
绡	非提花	真丝绡等	/	/
	提花	/	香雪绡、锦地绡、烂花绡等	/
绉	非提花	湖绉、单绉、双绉、乔其绉、浪娜绉等	/	/
	提花	银星绉等	缎背绉、留香绉、安琪绉等	黑白绉、复兴绉、风行绉等
缎	非提花	素软缎、绉缎等	/	/
	提花	花累缎、花绉缎、绒纤缎等	花软缎、克利缎、织锦缎、古香缎等	/
葛	非提花	素毛葛、素文尚葛、丝毛葛等	/	/
	提花	华丝葛、文华葛、美亚葛、花文尚葛等	缎背葛、巴黎葛等	/
绨	非提花	素绨等	/	/
	提花	线绨被面等	/	/
呢	非提花	博士呢、纬成丝呢等	/	/
	提花	大伟呢、花博士呢等	西湖呢等	/
绫	非提花	本书暂不讨论		
	提花			
像景（锦）	黑白像景、着色黑白像景、五彩像景			

3.2　传统平行织物大类

3.2.1　纺绸类织物

与现今丝织物十四大类中纺指“采用平纹组织，经纬线不加捻或加弱捻，采用生织或半生织，外观平整缜密的素、花丝织品”，而绸指“采用或混用基元组织和变化组织，无其他13类特征的素、花丝织品”[①]有明确的定义不同，民国时期各文献资料中对纺、绸的定义各有所不同，并互有交叉，如《现代中国实业志》称“绸类……今日多限于家蚕丝织成之绵、宁绸，野蚕丝织成之茧绸”[②]，而“纺类为一种略似绸类之丝织品，故又有纺绸之称”[③]，《中国纺织品产销志》则称“绸系最通销之平纹花素织品，薄者又称纺”[④]，同时又称“绢系次等生丝所织之绸”[⑤]。同时，当时的记载中也指称所谓纺绸是这些平纹丝织物的“一总名而已”，在中国丝绸博物馆所藏的绸缎样本中也可见“纺绸”类品的使用，因此本书沿用这种说法，将以“纺绸”作为这类以平纹为基础组织，质地坚韧、表面细洁的丝织物的通称，包括“花素两种，花为纹样，素为平织”。

3.2.1.1　素纺绸

素纺绸原为手工织造之土绸，其历史十分悠久，各地都有生产，如产于杭州的称杭纺、产于盛泽的称盛纺、产于四川的称川

① 浙江丝绸工学院，苏州丝绸工学院. 织物组织与纹织学（上）［M］. 北京：中国纺织出版社，1981：9-10.

② 杨大金. 现代中国实业志［M］. 上海：商务印书馆，1935：151.

③ 杨大金. 现代中国实业志［M］. 上海：商务印书馆，1935：152.

④ 叶量. 中国纺织品产销志［M］. 上海：生活书店，1935：125.

⑤ 叶量. 中国纺织品产销志［M］. 上海：生活书店，1935：126.

纺，其中又以杭纺为最佳。20世纪上半叶，随着丝织业的发展，出现了一大批新的纺绸系列织物品种，如钢筘纺、电力纺、洋纺、有光纺、无光纺、改进纺、标准纺、复兴纺等等，名目繁多，但实际上这些织物在组织结构上并无区别，均采用平纹组织织造，所异者在于所使用的织机及原料不同。

如洋纺，时人沈云在《盛湖竹枝词》中说“用铁机制者则称‘洋纺’，质极优”，所指即此种使用铁机生产的素纺绸织物，因铁机又被称为“洋机”而得名，根据门幅不同又可细分为二〇五洋纺（门幅二尺〇五寸）、二三洋纺（门幅二尺三寸）等多种。20世纪20年代后期，动力织机上的竹筘逐步被钢筘所替代，用其生产的素纺绸织物被称为钢筘纺（图3-1）。30年代前后，使用厂丝作为原料在电力织机上制织的素纺绸织物——电力纺也开始出现，以原料不同又可细分为全厂丝电力纺和半厂丝电力纺（纬为干经或土丝）两种。除以桑蚕丝织造的全真丝素纺绸织物外，还有一些以人造丝为原料生产的素纺绸织物，其中经纬线均采用无光人造丝织造的素纺绸被称为无光纺，而经纬线全部采用有光人造丝织造的则被称为有光纺。塔夫绸则是素纺绸织物中的高端产品，其经线由2根S捻的丝线以Z捻并合，纬线由3根S捻的丝线以Z捻并合，并且在织造前均需经过脱胶处理，因此经纬密度较高，绸面显得异常缜密平挺。到了40年代，又衍生出经纬异色的闪色塔夫绸新产

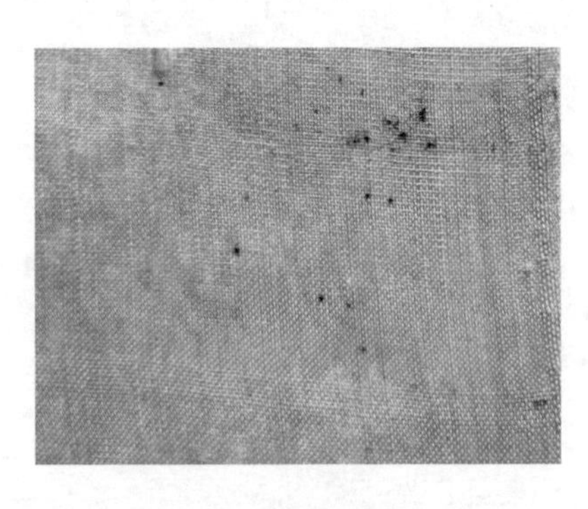

图3-1 加重钢筘纺

品，利用经纬线间的强烈色彩对比，形成色彩闪烁不定的闪色效果。

素纺绸织物中还有一大类色织素纺绸，其生产工艺与电力纺相似，仍采用平纹组织织造，但通过利用经纬线的色线间隔排列来取得显花效果，其中只有经线或纬线采用色线间隔排列的产品有摩登纺、彩条纺（图3–2）等织物，其织物表面呈现出直条或横条图案，经纬线均采用色线间隔排列的有格子纺、无光格（图3–3）、湘妃格、金缕斯等织物，在织物表面呈现细方格图案。

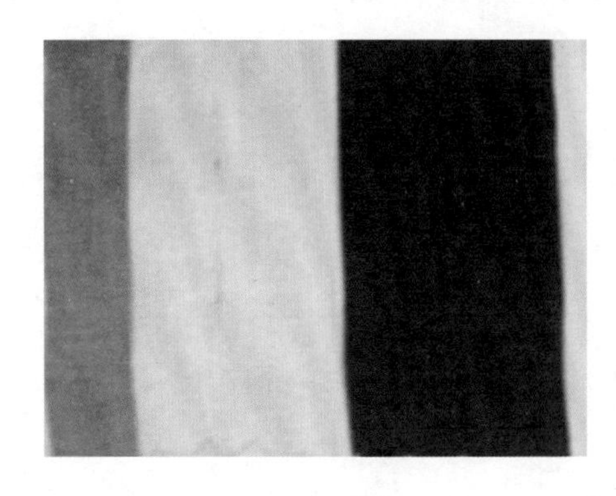

图3–2 彩条纺

图3–3 无光格

3.2.1.2　提花纺绸

所谓提花纺绸织物是指以平纹或其变化组织为地组织的提花织物，其中以花塔夫绸和天香绢较具代表性，亦最能代表其织造技术水平。花塔夫绸（图3–4）是一种单层提花纺绸织物，原产法国巴黎，民国时期国内丝织业开始对其进行仿制，而“塔夫”这个名字正是法文taffetas的音译。这种织物通常以桑蚕丝作经线，纬线以桑蚕丝为主，但也有使用人造丝的，在平纹地上以八枚经面缎纹起花（图3–5）。另一方面，由于花塔夫绸的经密较大，一般在100根/厘

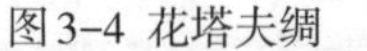

图3-4 花塔夫绸

图3-5 花塔夫绸组织结构

米以上，因此对织机的要求十分高，最初曾在手拉织机上试制，但效果不太理想，直到民国二十一年（1932），才由苏州东吴丝织厂在电力机上试织成功。[①]这个时期的花塔夫绸多采用经纬同色，是一种暗花织物。

天香绢，俗称“天上转”，是一种纬二重的提花纺绸织物，采用厂丝作经线、人造丝作纬线交织而成，其地组织结构由甲纬和经线以2/2重平组织交织，背衬乙纬的八枚缎纹或四枚斜纹组织，花部结构较为复杂：①甲（乙）纬以浮长显花，背衬乙（甲）纬的重平组织；②甲纬以八枚经面缎纹起花，背衬乙纬十六枚缎；③乙纬以重平组织显花，背衬甲纬隔经四枚缎，同时为使花地组织界线分明，通常还会在甲纬经面缎花周围用乙纬纬浮长花进行包边处理。天香绢在工艺上的另一显著特点是需经两次练染而成，其中甲纬在织前先染成红、褐等中、深色，织成下机后再染浅色的丝线，因此使用

① 江苏省地方志编纂委员会. 江苏省志·桑蚕丝绸志［M］. 南京：江苏古籍出版社，2000：337.

这种工艺的织物也被称为半色织织物，下文中的三闪花软缎亦属此类。由于在组织结构设计和原料利用上的这两个特点，所以天香绢织物的提花层次和色彩变化十分多样，故而当时曾有民谣夸赞道："天香绢，艳丽红（一种花软缎），赏贡送礼最为荣，姑娘媳妇穿在身，类似嫦娥下月宫。"①

纺绸类织物实例分析详见表3-6。

表3-6　纺绸类织物实例分析

品名	经线	纬线	组织	纹样	出处	收藏地
铁机杭纺绸	无捻，45根/厘米	无捻，36根/厘米	平纹	素织物	杭州天纶丝织厂样本	中国丝绸博物馆
纺绸	无捻，40根/厘米	无捻，33根/厘米	平纹	素织物	童装面料	私人收藏
电机派力司绸	无捻，50根/厘米	无捻，38根/厘米	平纹	素织物	杭州天纶丝织厂样本	中国丝绸博物馆
加重钢筘纺	无捻，60根/厘米	无捻，50根/厘米	平纹	素织物	杭州天纶丝织厂样本	中国丝绸博物馆
摩登纺	以蓝2白2蓝2白8顺序排列，38根/厘米	白色无捻，32根/厘米	平纹	条纹	杭州天纶丝织厂样本	中国丝绸博物馆
湘妃格	无捻，65根/厘米	无捻，38根/厘米	平纹	条格纹	样本	清华大学美术学院
花塔夫绸	Z捻，102根/厘米	Z捻，43根/厘米	平纹地起八枚经缎花	花卉纹	盛泽郎琴记绸庄样本	私人收藏

① 徐铮. 民国时期（1912—1949）丝绸品种的研究（梭织物部分）[D]. 杭州：浙江理工大学，2005：14.

3.3.2 绡类织物

绡之名古已有之，其原意是指生丝，《说文》中称“绡，生丝也”，其后逐渐用于指称轻薄透明型的平纹织物，如曹植《洛神赋》中“曳雾绡之轻裾”、白居易《卖炭翁》中“半匹红绡一丈绫”中所指的俱是这种织物。与纺绸类织物相比，两者的主要区别在于，纺绸类织物的质地坚韧、较为厚实，而绡类织物的经纬密度稀疏、质地轻薄、并具有较为清晰透明的孔眼。

民国时期的绡类织物以提花绡为主，为达到较好的图案效果，这个时期提花绡的花部通常采用附加经或附加纬织成，地部则由地经和地纬交织而成，附加经或附加纬以浮长方式背衬，并在织物下机后，使用修花工艺将多余的丝线剪去。同时，为防止织物下机修花后起花的附加经产生脱落现象，在图案的轮廓部分，特别是上下两端，还有附加经与地纬以平纹交织而成的固结组织。在当时的提花绡织物中，最多见的是使用附加经起花的经花花绡，如香雪绡（图3-6）、蝉翼绡、明春绡等。此外，当时一些以纱、绸命名的丝织物也都可以归入此类。另一方面，为防止因缩率不同而造成绸面

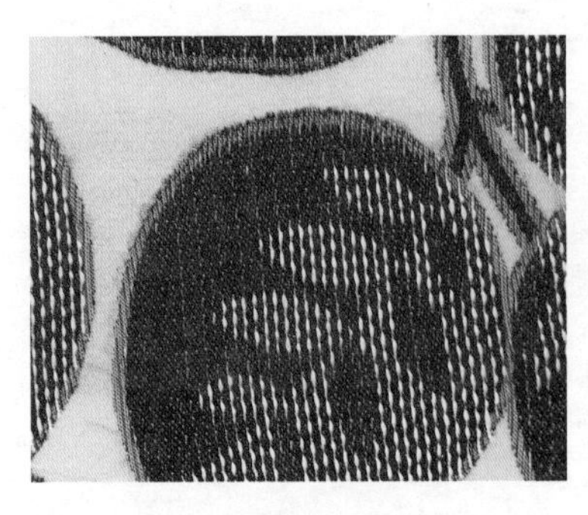

图3-6 香雪绡

图3-7 锦地绡

不平，大部分经花花绡的地经和地纬均使用中捻丝，而附加经则采用较粗的无捻丝，使花地间形成对比，突出图案部分。

为了不影响织物轻薄透明的特点，绝大部分的附加经在织物中所占的面积不大，通常用于提织清地小花或用作重要部位的点缀，但当时亦有一类修花绡织物与一般的修花绡花地效果相反，即在其花部由地经和地纬交织成平纹组织，附加经以浮长形式背衬，在地部则由附加经提织出小碎花图案，下机后经修花工艺处理后形成花部透明、地部提花的效果，因而被称为“锦地绡”（图3-7），故而相比一般的修花绡织物而言，其在织造技术特别是纹版工艺上的要求更高。

烂花绡的坯绸在组织结构上与修花绡相似，所不同者在于对附加经背浮部分的后处理工艺上，这种织物通常以桑蚕丝作地经和地纬，人造丝作附加经，织成下机后利用桑蚕丝耐酸不耐碱而人造丝耐碱不耐酸的不同特性，将非图案部分的人造丝附加经通过烂花工艺除去，露出由桑蚕丝交织而成的地部，形成花地鲜明的织物表观效应。当时以其他织物大量命名的爵士绸、康茄纱、寒香纱等丝织物，事实上按其组织结构和生产工艺而论都属于此类烂花绡织物。

除了绝大部分以附加经显花的经花花绡外，还有以附加纬显花的纬花花绡，如“妙春纱”（图3-8）。其组织工艺与经花花绡相似，只是将其旋转了90度，其中附加纬在织物中所占的面积亦不大。但是由于使用这种方法织成的织物，其局部的纬线重数增加，各部分纬密相差较大，因此为了防止图案随纬密

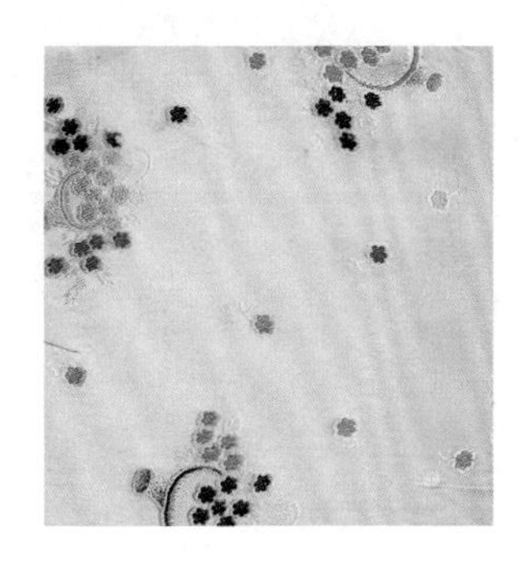

图3-8 妙春纱

的变化而产生变形，在织入附加纬时必须控制或停止经线的卷取，故对织机的要求相对较高，要求提花龙头必须有足够的纹针数，以保证停撬针的使用，所以目前所见的实物并不多。

3.2.3 绉类织物

绉类织物出现的年代很早，河北藁城台西村商代遗址中出土的带有绉纱印痕的青铜器是目前所知最早的绉类织物实物，①但当时这类表面具有细小颗粒绉纹效果的织物被称为“縠”，而“绉”根据《诗经》毛传、《说文》中所说是指一种较为轻薄细致的葛布。到了明清时期，绉逐渐代替縠成为这类丝织物的专用名称，特别是浙江湖州地区生产的绉类丝织物——湖绉，有花有素，种类很多，并出现了濮绉等众多的仿制品。

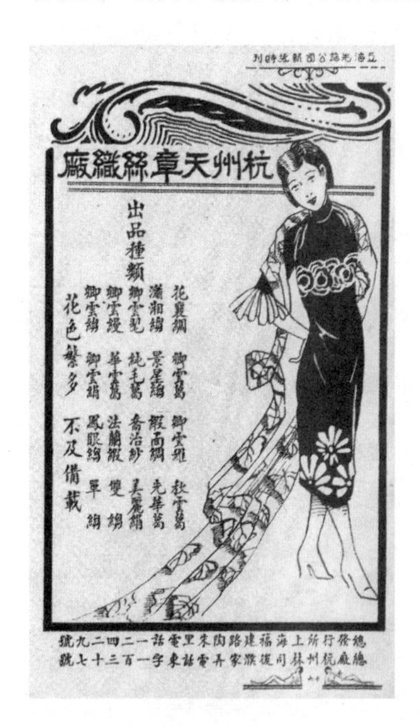

图3-9 浙江杭州天章丝织厂广告

民国以后，绉成为一切“绉缩丝织物之通称”②。一方面，由于其手感糯爽而富有弹性、光泽柔和，特别是迎合了20世纪30年代对透、漏、瘦的时尚追求，成为当时十分流行的女用衣料。这点从当时杭州天章丝织厂的广告中可看出（图3-9）。在其所列的二十种丝织物面料中有30%是绉类

① 高汉玉，王任曹，陈云昌. 台西村商代遗址出土的纺织品［J］. 文物，1976（6）：44-48.
② 杨大金. 现代中国实业志［M］. 上海：商务印书馆，1935：151.

丝织物。[①]另一方面，由于绉织物的畅销，众多生产厂家着意引进新型设备进行改良和拓展，也进一步推动其发展，并成为一些绸厂的拳头产品。如上海大诚绸厂生产的格子碧绉由于广受消费者欢迎、信誉卓著，民国三十三年（1944）通过钱江会馆绸业市场发行栈单，持单者可凭栈单来厂提货或直接上市买卖，行情看涨时可抛出栈单获利，行情看跌时亦准予兑现，可见其声誉之高。[②]

当时的绉类丝织物，除了传统的湖绉、丹绉等外，由于新型原料和机械设备等的发展，单绉、双绉、鸳鸯绉、黑白绉、湘灵绉、风行绉等新品迭出，种类众多，品名繁复，如以提花与否进行划分，有素织和提花两类；以使绉织物表面呈现绉效应的方法来分，主要有利用经纬线加捻和利用组织起绉这两种。

3.2.3.1　利用经纬线加捻起绉

利用强捻丝线本身的捻缩效应来获得织物表面的起绉效果是一种相对简便的方法，也是中国传统绉类丝织物采用的方法。湖南长沙楚墓出土的藕色绉纱手帕，其经纬线均加捻，并且经线采用S、Z捻交替织入。[③] 20世纪上半叶的湖绉等传统产品继续沿用了这种起绉方法，同时随着厂丝等新原料的使用，又创织出了厂绉、单绉、双绉、乔其绉等新产品。而根据经纬线原料及加捻捻向的不同，这种类型的织物又可以分为以下几种不同的情况（表3-7）。

---

①徐铮. 民国时期的绉类丝织物设计［J］. 丝绸，2013（3）：53-57.

② 徐铮. 民国时期（1912—1949）丝绸品种的研究（梭织物部分）［D］. 杭州：浙江理工大学，2005：23-24.

③ 湖南省博物馆. 长沙楚墓［M］. 北京：文物出版社，2000：415.

表3-7　利用经纬线加捻生产的部分绉织物

经纬线加捻情况		原料	
经线	纬线	土丝	厂丝
不加捻	一个捻向织入	花湖绉、顺纡湖绉、濮绉、丹绉	厂绉、单绉
	两个捻向交替织入	鸡皮湖绉	双绉
加捻	两个捻向交替织入		乔其绉

一种是经线不加捻，纬线使用一个捻向的丝线织入。如传统湖绉中的花湖绉（图3-10）、顺纡湖绉及丹绉[①]、濮绉[②]等，包括铁机引进后生产的产品，其经纬都采用土丝，织物练后起绉纹；在厂丝引入生产后，又发展出经纬均使用厂丝，或厂丝作经土丝作纬的厂绉。民国时期，受到日本福井绸等的影响[③]，出现了由一根强捻的粗丝（抱线，图3-11中的1）与一根较细的无捻（或弱捻）单丝（芯线，图3-11中的2）并合反向加捻而成的碧绉线（图3-11），其丝身呈现螺旋状外观。与使用单向加捻纬线生产的厂绉等产品相比，利用碧绉线（也称打线）生产的单绉（图3-12）除纬线收缩在绸面形成水浪波纹外，还有螺旋纹线形成的粗绉纹；在素色单绉的基础上还有利用色经色纬织成的条子单绉和格子单绉，上海美亚织绸厂生产的单绉和大诚绸厂生产的格子单绉都是当时著名的产品（图3-13）。此外，还有一种南星绉，工艺与单绉相同，经线采用20/22D

① 丹绉，即由江苏丹阳生产的绉类织物，由湖绉发展而来，但其花型比厂绉较大一些，经纬均选用肥土丝。

② 濮绉，即由浙江濮院生产的绉类织物，由湖绉发展而来。

③ 据徐新吾的《近代江南丝织工业史》记载：单绉也叫碧绉，也有写作壁绉的，原系日本制造（日本名福井绸），运销印度而转辗由在沪印度洋行来样定织，故又称印度绸。

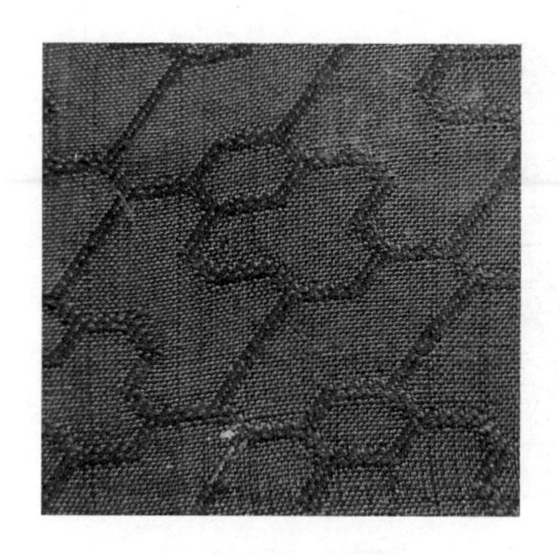

图3-10 铁机新花湖绉

图3-11 碧绉线

图3-12 真丝单绉

图3-13 单绉组织结构

的厂丝，纬线则改用80号人造丝一根并合13/15D厂丝一根或土丝一根而成，因此价格也较全厂丝织成的单绉便宜。①

另一种是经线不加捻，纬线则使用S捻和Z捻的丝线交替织入，通过不同捻向纬线扭力之间的相互作用，使其表面绉缩效应更为细

① 黄永安．江浙蚕丝织绸业调查报告［R］．广州：广东建设厅，1933：31.

图3-14 双绉组织结构

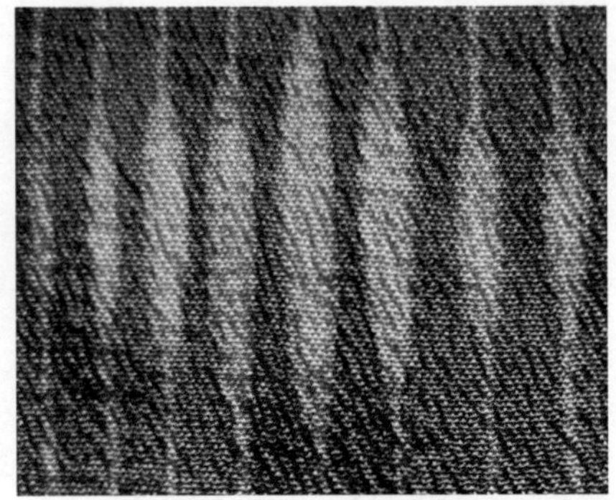

图3-15 双绉

腻（图3-14）。这个类型包括经纬线均采用土丝的鸡皮湖绉、绒绉，以及经纬线采用厂丝的双绉等（图3-15），由于其使用的纬线捻向不同，所以需要在双面双梭箱织机上生产。此外，民国十六年（1927）宁波华亚电机织造厂还曾开发出人造丝双绉。[①]

还有一种则是经纬线均加强捻，织物不仅在纬向，而且在经向也具捻缩作用，表面的起绉效果更为强烈。其中乔其绉是民国时期使用此种设计方法的典型产品，当时也被称为“乔其纱”，“系夏季女服，薄如蝉翼，沪上女子，既极摩登，在街上触目均是”[②]。其经纬线均采用2S2Z的强捻丝线交替排列（图3-16），并通过原料的粗细、捻度大小以及经纬密度等工艺参数来控制织物的轻重、厚薄和绸面的绉效应等，坯绸经过精练后，绉线收缩，就形成绸面颗粒微凸、结构孔松的表面效果（图3-17）。而“乔其”这个名称是法文georgette的音译，因此极有可能是当时对国外相同织物的仿制。

① 徐新吾. 近代江南丝织工业史［M］. 上海：上海人民出版社，1991：157.
② 黄永安. 江浙蚕丝织绸业调查报告［R］. 广州：广东建设厅，1933：31.

图3-16 乔其绉组织结构

图3-17 乔其绉

3.2.3.2　利用组织设计起绉

除了继承传统的经纬线加捻法外，当时的机器绉织物中还出现了利用组织起绉这种古代中国没有的新型起绉法，这种方法通过组织的设计和变化，使织物经纬线浮长实现长短交错排列，从而达到在织物表面绉缩效果的目的，创造出了大量的绉织物新品种，这也是民国时期绉类丝织物在设计上的一个创举。

3.2.3.2.1　空心袋织的方法

空心袋组织是当时用以起绉的组织中最为常见的一种，如鸳鸯绉、风行绉、新华绉、黑白绉、米通绉、凹凸绉等都采用了这种组织，其中大多是由两组经线和两组纬线交织而成，通过利用花部空心袋组织和地部表里结接组织间的不同作用力，以及空心袋组织表、里层采用不同缩率的原料或组织等方法，使织物表面呈现凸状花纹或泡泡效应，并使织物产生绉缩效果（图3-18）。如复兴绉，以一组加强捻的真丝经、纬线（甲经和甲纬）和另一组不加捻的无光人造丝经、纬线（乙经和乙纬）交织而成，其花部采用空心袋织，

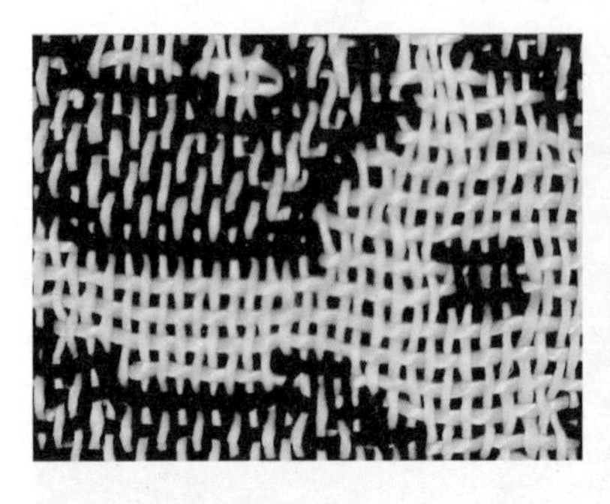

图3-18 空心袋组织

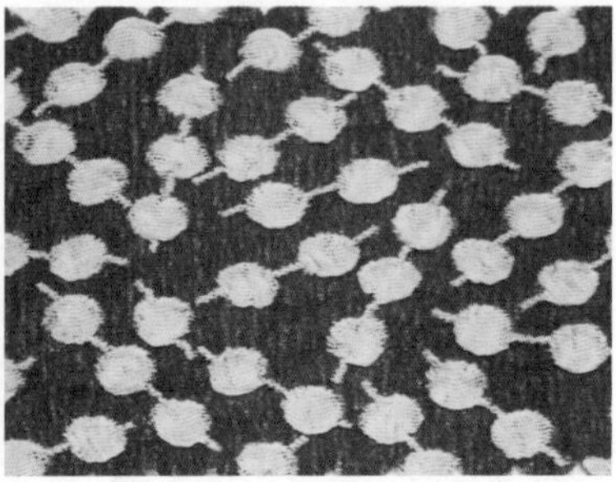

图3-19 风行绉

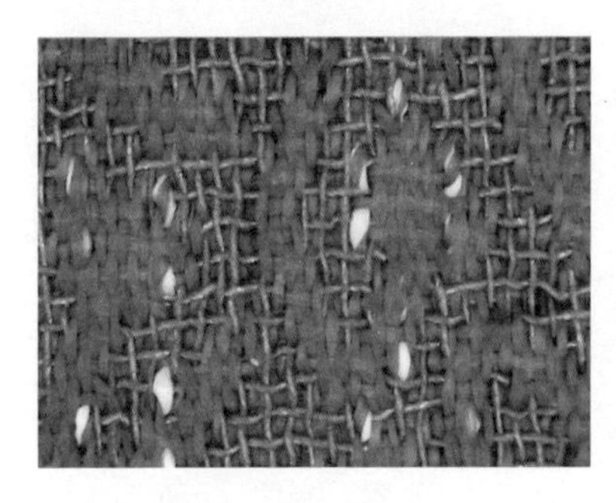

图3-20 雨丝效果

图3-21 嵌珠片效果

表层组织为乙经和乙纬交织平纹，里层组织为甲经和甲纬交织平纹，从而形成缩率相差较大的表层和里层，经精练后，强捻线产生较大的缩率使织物表层呈现凹凸不平的高花效果。而20世纪40年代由杭州九豫绸厂出品的风行绉（图3-19），经线有厂丝和人造丝两组，纬线则采用分别为S捻和Z捻的两组厂丝，同样利用空心袋织的方法起绉，织物下机经过精练后门幅缩率标准可达到92%。在此基础结构上，利用空心袋组织设计的绉织物还有多种变化，如间隔地加入第三组经线，依照一定的规律在局部与表纬以平纹交织，不交织时则以浮长形式沉在背面，使之呈现雨丝效果（图3-20）；有的绉织物则甚至在花部的空心袋组织中嵌入珠片，以丰富织物的外观效果（图3-21）。此外，在配色上，这些绉织物表经表纬和里经里纬的色彩差异较大，各组经纬线通过相互交织，可产生混色效应，增加了织物的色彩。

3.2.3.2.2　其他常用的组织起绉法

还有一些绉织物则通过重经或重纬组织的使用，利用表里层不同组织间的缩率不同，使织物表面呈现绉缩效果，缎背绉是其中较为典型的产品（图3-22）。这种织物的经线共有两组（甲经和乙经），纬线一组，采用经二重结构，表面基本保持绉织物原有特征，背面则形成光滑的缎面，而得此名。缎背绉的质地厚实，绸面层次分明，在20世纪30年代十分流行，根据经纬线配置和花部组织的不同，又衍生出大缎背、小缎背、色织缎背等几个不同的产品。

大缎背的两组经线均采用无捻有光人造丝，纬线则采用加捻人造丝，在织造时，两组经线相互交换，分别与纬线交织成平纹变化组织（地组织），使织物背面有较光亮的浮纹，花组织则采用八枚经面缎纹；[①]小缎背的门幅和经纬密度均较大缎背小，其纬线不加捻，地部组织与大缎背相似，但波浪较小（图3-23），在起花部分当甲经以浮长起花时，乙经和纬线交织成平纹做背衬组

图3-22 缎背绉

① 房玉华. 周村丝绸的传统名牌产品［M］//周村山东政协文史资料委员会. 周村商埠. 济南：山东人民出版社，1990：170-173.

图3-23 缎背绉地部组织结构

织，反之，当乙经显花时甲经和纬线以平纹组织背衬，因为起花部分的经浮长较长，所以花型较为光亮。色织缎背绉的组织结构与小缎背相同，其中表里两组经线的颜色不同，采用1∶1排列，纬线为一色，故而织物在光线下呈现极佳的闪色效果，[①]是一种熟织的人造丝产品。

留香绉的结构与缎背绉相似，同样由两组经线和一组纬线交织而成，地部由地经地纬以平纹组织交织，纹纬则在背面起规则的水浪纹结接点，从而形成水浪形绉地效应。

利用斜纹变化组织来形成绉缩效应也是当时常见的组织设计方法，如20世纪40年代上海美亚织绸厂设计的全人造丝织物——安琪绉（图3-24）。共有甲、乙、丙三组经线和一组纬线。在穿筘时，以甲、乙（白色）、甲、丙、甲、乙（黑色）、甲、丙的顺序每筘穿入八根。在织造时，甲经与纬线交织成1/3破斜纹假背加提亮花，乙经

① 田文俊. 缎背织物小议［M］//湖北黄冈工业学校. 绸缎品种设计. 黄冈：湖北黄冈工业学校，1986：96-98.

与纬线交织成1/2斜纹变化组织，丙经按图案的要求在织物表面提花，在背面则为浮长，最后将浮长线修剪去。新芳绉、浪娜绉则是通过采用2/2变化斜纹组织来取得绉效应；活乐绉则是在平纹组织地上以三枚变化斜纹组织显花等。

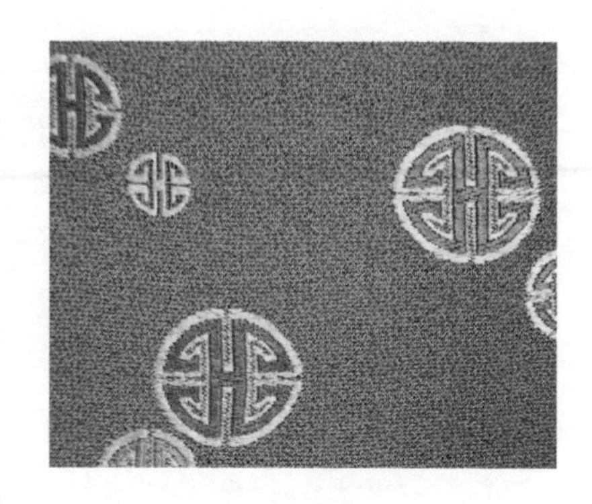

图3-24 安琪绉

此外，还有各种以平纹和斜纹组织为基础加以适当组合形成的起绉组织，变化十分丰富，如20世纪30年代曾占苏州电机丝织物产量90%左右的锦地绉即以平纹组织为基础，并加以变化，在织物表面呈现出错综排列的、具有轻微凹凸小颗粒的效果。这类组织还被引入到丝呢织物的生产中，以获得仿毛效果。

绉类织物实例分析详见表3-8。

表3-8 绉类织物实例分析

品名	经线	纬线	组织	图案	出处	收藏地
加重新花湖绉	无捻，70根/厘米	打线，39根/厘米	平纹地上经浮长起花	小几何纹	杭州天纶丝织厂样本	中国丝绸博物馆
铁机新花湖绉	无捻，46根/厘米	打线，38根/厘米	平纹地上起1/2右斜纹花	小几何纹	杭州天纶丝织厂样本	中国丝绸博物馆
真丝素印度绸	无捻，62根/厘米	打线，44根/厘米	平纹	素	杭州天纶丝织厂样本	中国丝绸博物馆
真丝素印度绸	无捻，70根/厘米	打线，44根/厘米	平纹	素	杭州天纶丝织厂样本	中国丝绸博物馆

续表

品名	经线	纬线	组织	图案	出处	收藏地
国货素印度绸	无捻，75根/厘米	打线，54根/厘米	平纹	素	杭州天纶丝织厂样本	中国丝绸博物馆
国货素印度绸	无捻，70根/厘米	打线，50根/厘米	平纹	素	杭州天纶丝织厂样本	中国丝绸博物馆
电印异花印度绸	无捻，80根/厘米	打线，57根/厘米	平纹	素	杭州天纶丝织厂样本	中国丝绸博物馆
织就新花印度绸	无捻，70根/厘米	打线，51根/厘米	平纹地上起3/1左斜纹花	小几何纹	杭州天纶丝织厂样本	中国丝绸博物馆
黑色印牡丹纹双绉	无捻，74根/厘米	2S2Z织入，40根/厘米	平纹	印花	旗袍面料	中国丝绸博物馆
印花条格纹双绉	无捻，54根/厘米	2S2Z织入，36根/厘米	平纹	印花	旗袍面料	中国丝绸博物馆
黑色印花乔其绉	2S2Z排列，38根/厘米	2S2Z织入，34根/厘米	平纹	印花	旗袍面料	中国丝绸博物馆
葵绿色乔其绉	2S2Z排列，50根/厘米	2S2Z织入，48根/厘米	平纹	素	连衣裙面料	中国丝绸博物馆
新花五三绉	无捻，65根/厘米	打线，42根/厘米	平纹地上起3/1右斜纹花	小几何纹	杭州天纶丝织厂样本	中国丝绸博物馆
特重打线厂绉	无捻，60根/厘米	打线，40根/厘米	平纹地上起3/1右斜纹花	小几何纹	杭州天纶丝织厂样本	中国丝绸博物馆
暗花绉	无捻，55根/厘米	2S2Z织入，38根/厘米	平纹地上起经浮长花	小花	童装面料	私人收藏

续表

<table>
<tr><th>品名</th><th>经线</th><th>纬线</th><th>组织</th><th>图案</th><th>出处</th><th>收藏地</th></tr>
<tr><td>浅褐色小几何纹花绉</td><td>无捻，80根/厘米</td><td>8S8Z织入，48根/厘米</td><td>1/2右斜纹地上起缎纹花</td><td>小几何纹</td><td>棉裤面料</td><td>中国丝绸博物馆</td></tr>
<tr><td>闪花银星绉</td><td>无捻，66根/厘米</td><td>打线，30根/厘米</td><td>平纹地上小提花组织起花</td><td>经纬异色，小花纹</td><td>杭州天纶丝织厂样本</td><td>中国丝绸博物馆</td></tr>
<tr><td rowspan="3">安琪绉</td><td>无捻，61根/厘米</td><td rowspan="3">Z捻，32根/厘米</td><td rowspan="3">变化斜纹组织</td><td rowspan="3">团寿字</td><td rowspan="3">面料样本</td><td rowspan="3">清华大学美术学院</td></tr>
<tr><td>S捻，30根/厘米（白色）Z捻，30根/厘米（元色）</td></tr>
<tr><td>无捻，30根/厘米</td></tr>
<tr><td rowspan="2">异花缎背绉</td><td>无捻，67根/厘米</td><td rowspan="2">2S2Z排列，28根/厘米</td><td rowspan="2">缎背组织</td><td rowspan="2">小花</td><td rowspan="2">杭州天纶丝织厂样本</td><td rowspan="2">中国丝绸博物馆</td></tr>
<tr><td>无捻，67根/厘米</td></tr>
<tr><td rowspan="2">紫色小几何纹黑白绉</td><td>甲经深紫色，S捻，40根/厘米</td><td>甲纬深紫色，Z捻，24根/厘米，</td><td rowspan="2">表里换层平纹组织</td><td rowspan="2">小几何纹</td><td rowspan="2">旗袍面料</td><td rowspan="2">中国丝绸博物馆</td></tr>
<tr><td>乙经白色，S捻，40根/厘米</td><td>乙纬白色，S捻，24根/厘米</td></tr>
<tr><td rowspan="2">留香绉</td><td>无捻，60根/厘米</td><td rowspan="2">打线，46根/厘米</td><td rowspan="2">平地起花（经二重）</td><td rowspan="2">不清楚</td><td rowspan="2">杭州天纶丝织厂样本</td><td rowspan="2">中国丝绸博物馆</td></tr>
<tr><td>无捻，60根/厘米</td></tr>
</table>

3.2.4 缎类织物

缎组织是基础组织中出现最迟的一种，采用缎组织，外观平亮光滑的丝织物被称为缎，古时也曾写作段、纻丝等，但至今尚未发现宋代以前的缎实物。从明代开始，缎类织物成为丝绸的主流品种，传统缎织物以南京所产为最佳（宁缎），杭州（杭缎）、苏州、荆州等地亦多有生产。民国时期，缎类织物仍然是应用最为广泛的品种之一，其中“花缎主要用作女式衣料，又用于垫褥的面子和被面，平织的缎子由于作大衣衬里或做鞋面及缎帽”，还有少量花缎为“日本妇女做和服系带用”[①]。

同时，随着机器化生产的推进，大量的缎类织物新品种也被创织出来，这类缎类织物被统称为“铁机缎”。所谓铁机缎，据葛文灏的调查，其“经线普通以厂丝三根或二根拈合而成，是名拈丝……拈后练之，练后染色，穿筘穿综”，纬线“自拈至染，大略与经线预备工程相似，惟拈数较少耳”。[②]因为“提花机关”（即贾卡提花龙头）大都用铁制造而得此名，其品种繁多而所用组织结构各异，纬成缎、克利缎、金玉缎、巴黎缎等均属于此类，可见贾卡提花龙头引进对缎类织物品种发展的影响和促进作用。

3.2.4.1 素缎织物

素缎是指不提花的缎类织物，传统的素缎织物各地均有生产，其中南京所产的宁缎以厚重见长，杭州所产的杭缎则轻巧，以杭青及浅色著称。民国时期以机器生产的素缎织物，在组织结构上与传

① 小野忍．杭州的丝绸业（续完）[J]．丝绸史研究资料，1982（4）：3.

② 江苏实业厅抄发葛文灏考察报告转劝各商急图改良丝织事致苏总商会函（手稿）[Z]．苏州市档案馆藏，1919-07-31.

统织物无异，其结构仍以八枚缎纹最为多见。但由于使用动力进行投梭和打纬，因此其外观较传统织物更为细腻和致密。此外，还有一种绉缎，采用加强捻的桑蚕丝作纬线，以经缎组织提织，故其表面呈现光亮的缎面效应，而背面则呈现出绉缩效果，因此也被称为“缎面绸”。

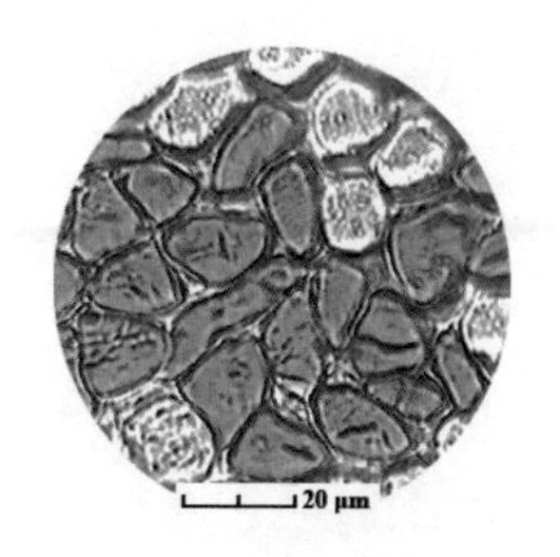

图3-25 素软缎经线（蚕丝）横截面

而在人造丝引入丝织业生产后，有些素缎织物仍以厂丝或干经作经线（图3-25），但纬线则改用人造丝（图3-26），以八枚经缎组织织造。与木机所织“旧式缎之僵直”相比，其质地更为轻薄，因此被称为“素软缎”（图3-27）。

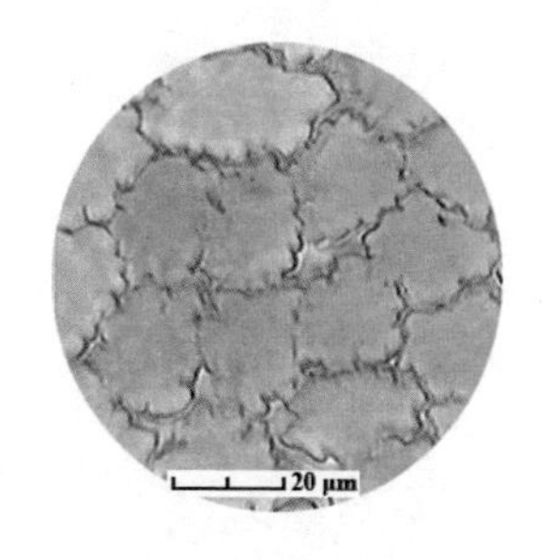

图3-26 素软缎纬线（人造丝）横截面

3.2.4.2　提花缎织物

所谓提花缎织物是指提花的缎类丝织物，根据其结构的不同，有单层、二重和多重提花缎织物等几种。特别是随着多梭箱织机和棒刀装置的广泛应用，重组织结构被大量运用到提花缎织物的生产中去，从而产生了种类众多的新品种。

图3-27 素软缎

使用单层结构的提花缎织物其组织结构较为简单，最为常见的起花方法是以正反缎纹组织互为花地。它的应用很广，名称也极

图3-28 花绉缎

多，当时流行的花累缎、绒纡缎、花绉缎、花广绫、闪缎等都属于此类。花累缎是全桑蚕丝的提花织物，经纬线均加有一定的捻度，在八枚经缎地上以八枚纬缎组织显花，其结构与使用木机织造的摹本缎相同，但由于使用电力织机织造，因此其外观较传统的摹本缎更为细密。[①]绒纡缎的组织结构与花累缎相同，但使用了不加捻的桑蚕丝（即绒线）作纬，因此织物的光泽较花累缎略好。花绉缎与绉缎相同，也采用加强捻的桑蚕丝作纬线，其表面效果与花累缎等相似，但在织物背面则出现了绉缩效应（图3-28）。花广绫虽则名“绫”，但其结构与花累缎等缎名织物相同，同样在八枚经缎地上以八枚纬缎组织显花，因而实际上是一种提花缎类织物。这种指绫为缎的情况在中国历代都有出现，明代的《天工开物》中有“五经曰绫地”、“绫地者光”，此处绫就当理解为缎纹。[②]与前几种提花缎织物相比，其经纬密度较为稀疏，因此当时主要被用作装裱材料。而所谓闪缎则是在这种组织结构的基础上，其经纬线分别使用色彩对比强烈的两种丝线，使织物在以经线色彩为主的经面色彩中闪现出纬线的色彩。

二重结构的提花缎织物以纬二重的花软缎（当时也称花巴黎缎）和克利缎最具代表性，两者都是民国时期人造丝被引入生产

① 另有一种说法认为累缎和摹本缎都由库缎发展而来，其中江苏生产的被称为累缎，而浙江生产的则称为摹本缎。本书参考清华大学美术学院收藏的民国时期织物工艺单，认为摹本缎与库缎均为木机织造，而用电机生产的摹本缎则被称为累缎（包括素累缎和花累缎）。

② 包铭新. 关于缎的早期历史的探讨［J］. 中国纺织大学学报，1986（1）：92.

后，与桑蚕丝交织形成的新产品。特别是前者于民国十四年（1925）由留法回国的杭州纬成公司朱维谷率先设计推出市场，使得“人造丝之采用以杭州之纬成为鼻祖，当时为独得之秘，年赚三四十万”，[①]获利颇丰，从而推动了人造丝在丝织同业中的使用。花软缎的地部由经线与甲、乙两组纬线以组合八枚经缎的形式交织，为单层结构（图3–29），花部则采用纬二重组织，一组纬线以浮长及平纹形式起花，另一组纬线则与经线交织成重平等背衬组织（图3–30）。如织物采用生织熟练的方法下机后染色，利用桑蚕丝和人造丝的染色性能差异，可使织物产生花地异色的双色效果；而三闪花软缎则是在此基础上，将其中一组纬线在织前先染深色，织物下机后再染浅色，就形成了两色纬

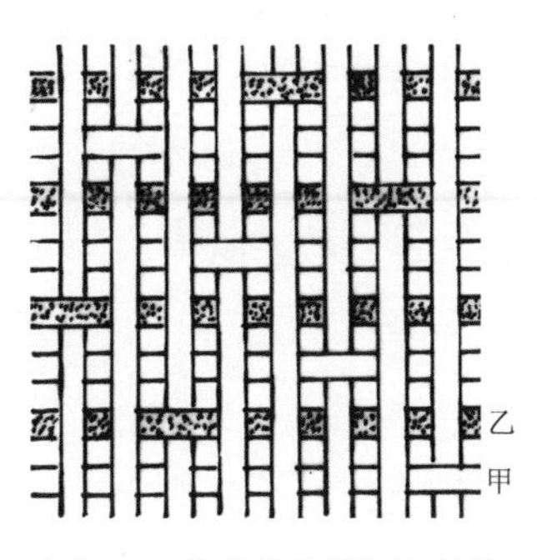

图3–29 花软缎地部组织结构

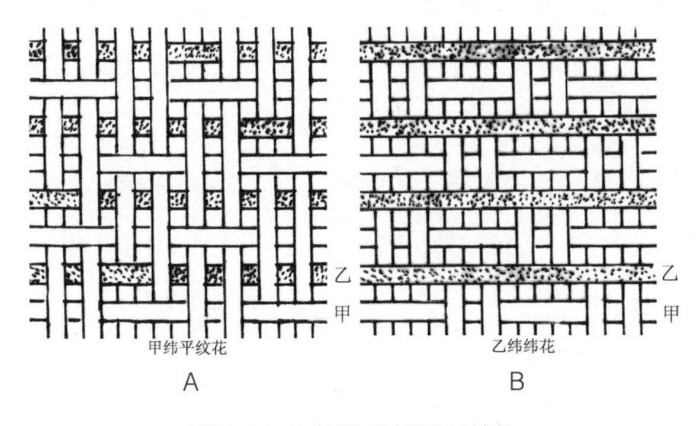

图3–30 花软缎花部组织结构

① 黄永安．江浙蚕丝织绸业调查报告［R］．广州：广东建设厅，1933：44.

花、花地三色的三闪效果。另外，一部分大花型的花软缎衍生出软缎被面，织成后按条裁开销售，特别是30年代前后，阔幅电力织机的问世促进了独幅软缎被面的诞生。克利缎是在库缎的基础上发展起来的，其组织结构与花软缎十分相似，同样采用八枚经缎为地组织，纬花采用纬二重组织，其中以花地色彩的异同，又可分为花地同色的单色克利缎和花地异色的闪色克利缎两个大类。由于当时克利缎主要销往满、蒙、藏等少数民族聚居地区，因此在图案上以团花等传统题材为主，部分参考了清代妆花缎的图案，这也是其与花软缎最大的区别。

多重结构的提花缎织物以诞生于20世纪三四十年代的织锦缎和古香缎最具代表性，两者都是随着双面双梭箱织机和棒刀的运用而大为流行。织锦缎是一种纬三重织物，由一组经线和三组纬线交织而成，其中甲、乙两组纬线为常抛，颜色不变，丙纬为彩抛，即根据图案位置的需要分段换色，从而使织物表面色彩更加丰富。在地部由甲纬和经线交织成八枚经面缎纹，背衬乙、丙纬与经线交织成的八枚或十六枚缎，花部则由甲、乙、丙纬根据图案要求各自以纬浮长的形式起花，有时也会在局部使用一些平纹或其他组织的暗花来丰富织物的层次。因此织锦缎虽然名为“织锦”，但与传统意义上的锦类织物多采用二组经线（夹经和明经、地经和特结经、表经和里经）与数组纬线交织形成重组织结构不同，其在组织上更多地继承了采用一组经线与多组纬线进行交织的花名织物等地结类重织物的结构特点。

由织锦缎衍生出的古香缎，其花部的组织结构与织锦缎相同，两者的主要区别在于织锦缎的地部结构由甲纬和经线交织，背衬乙、丙两色纬线，为纬三重组织（图3-31），而古香缎的地部由甲、

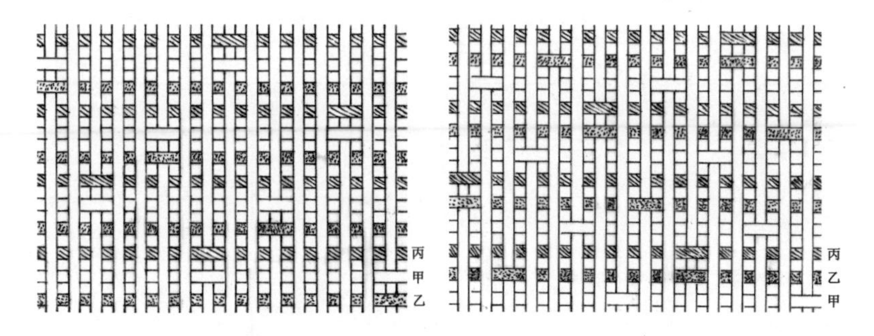

图3-31 织锦缎地部组织结构　　图3-32 古香缎地部组织结构

乙纬与经线交织成组合八枚经面缎纹，背衬丙纬的缎纹组织，为纬二重组织（图3-32），因此节省了生产成本，但产品的纬密大大降低，缎面也不如织锦缎光亮和丰满。同时由于地部由甲、乙两色纬线织成，因此地部隐约出现两种颜色，不如织锦缎的地部纯净，为弥补此项缺点，故其图案多见较为精细的风景山水。

缎类织物实例分析详见表3-9。

表3-9　缎类织物实例分析

品名	经线	纬线	组织	纹样	出处	收藏地
国货素软缎	无捻，100根/厘米	无捻，52根/厘米	八枚经缎	素	杭州天纶丝织厂样本	中国丝绸博物馆
电印异花软缎	无捻，100根/厘米	无捻，48根/厘米	八枚经缎	印花	杭州天纶丝织厂样本	中国丝绸博物馆
燕青缎	无捻，96根/厘米	无捻，42根/厘米	八枚经缎	素	零料	中国丝绸博物馆
蓝色素缎	无捻，96根/厘米	无捻，50根/厘米	八枚经缎	素	童装面料	私人收藏

续表

<table>
<tr><th>品名</th><th>经线</th><th>纬线</th><th>组织</th><th>纹样</th><th>出处</th><th>收藏地</th></tr>
<tr><td>湖绿色暗花缎</td><td>无捻，110根/厘米</td><td>无捻，48根/厘米</td><td>正反八经缎</td><td>花卉纹样</td><td>童装面料</td><td>私人收藏</td></tr>
<tr><td>二闪新花铁机缎</td><td>Z捻，104根/厘米</td><td>无捻或弱捻，54根/厘米</td><td>地组织：八枚经缎；花组织：方平，隔梭纬浮花</td><td>花卉纹样</td><td>杭州天纶丝织厂样本</td><td>中国丝绸博物馆</td></tr>
<tr><td rowspan="2">三闪新花铁机缎</td><td rowspan="2">粉红色，Z捻，124根/厘米</td><td>无捻，白色，34根/厘米</td><td rowspan="2">地组织：甲乙纬组合八枚经缎花组织：甲（乙）纬花背衬乙（甲）纬平纹</td><td rowspan="2">花卉纹样</td><td rowspan="2">杭州天纶丝织厂样本</td><td rowspan="2">中国丝绸博物馆</td></tr>
<tr><td>无捻，黑色，34根/厘米</td></tr>
<tr><td>纬成缎</td><td>S捻，158根/厘米</td><td>无捻，28根/厘米</td><td>五枚经缎地上起纬花</td><td>小花纹</td><td>匹料</td><td>中国丝绸博物馆</td></tr>
<tr><td rowspan="3">浅红色花卉纹织锦缎</td><td rowspan="3">Z捻，128根/厘米；</td><td>甲纬，黑色，34根/厘米</td><td rowspan="3">八枚缎地五彩绒花</td><td rowspan="3">花卉纹样</td><td rowspan="3">旗袍面料</td><td rowspan="3">中国丝绸博物馆</td></tr>
<tr><td>乙纬，白色，34根/厘米</td></tr>
<tr><td>丙纬，浅绿、红、黄、紫四色分区换梭34根/厘米</td></tr>
</table>

续表

品名	经线	纬线	组织	纹样	出处	收藏地
白色花树纹织锦缎	白色，140根/厘米	甲纬，黑色，34根/厘米	八枚缎地五彩绒花	花树纹样	女衣面料	中国丝绸博物馆
		乙纬，白色，34根/厘米				
		丙纬，大红、紫、蓝、黄、绿分区换梭，34根/厘米				

3.3　新出现的平行织物大类

3.3.1　葛类织物

葛类织物是诞生于近代的一大丝绸品种，主要指质地较为厚实，表面具有横向凸条纹的丝织物。作为一种织物名称，"葛"在中国出现得很早，《诗经》中涉及葛的采集和纺织的就有几十种，但其所指的是以葛纤维为原料织成的织物。20世纪初，由日本向中国输出了一系列具有横向条纹效果的丝织物，受到市场的广泛欢迎，并将其日文发音谐读成"葛"，成为丝织物的大类名。①

此外，虽然与葛类织物具有相似横向凸纹外观特征的花、素丝织物历代都有生产，如紬、絁等，但这些手工织造的丝织物与葛类织物并无直接的延续发展关系。近代中国的葛类织物是在舶来品、贾卡提花装置和动力织机等影响下的产物。据《实业志》载，民国

① 包铭新. 葛类织物的起源和发展［J］. 丝绸，1987（3）：40-42.

五年（1916）左右由于日货野鸡葛行销江浙市场，湖绉等传统产品受到冲击，于是当地厂家利用贾卡提花龙头和半机器化生产的手拉机，以土丝作经，在平纹地上以八枚缎纹显花，创织出华丝葛（俗名“华丝布”）这个新品种，因为价廉物美，颇受欢迎。随后各地又开发出明华葛、爱华葛、巴黎葛、素毛葛等一系列具有共同外观特征——厚实而呈横向凸条纹的品种，借鉴日语的音译，形成了以葛命名的一个丝织物大类。

这个时期，机器生产的葛类织物特别是素葛以交织物为主，经线常用真丝长丝（生丝或熟丝，土丝或厂丝）、人造丝，也有少量采用绢丝的；纬线较粗，以棉、毛纱线等价格比较低廉的短纤维纱线为主，也有以全毛股线作纬的。

当时的葛类织物多作服用面料，按其组织结构的不同可分为素、花两大类。

3.3.1.1　素　葛

素葛是指不提花的葛类织物，包括素文尚葛、素毛葛、丝毛葛等，其表面常呈现明显横向凸条效果，当时常见的获得此效果的组织设计方法主要有两种。

第一种方法主要通过经纬线的设计利用来取得，即在织造时采用经细纬粗、经密纬疏的设计。这种方法与传统的缣、絁等丝织物相类似，但后两种织物由于经纬线原料相同，主要通过使用交梭工艺或重平组织使纬线并丝，从而产生横条效应。而此类素葛织物（图3-33）则多使用平纹组织，其经纬线原料不同，如据《杭州丝绸志》的记载，当时杭州生产的素葛织物有以75D人造丝作经、12支

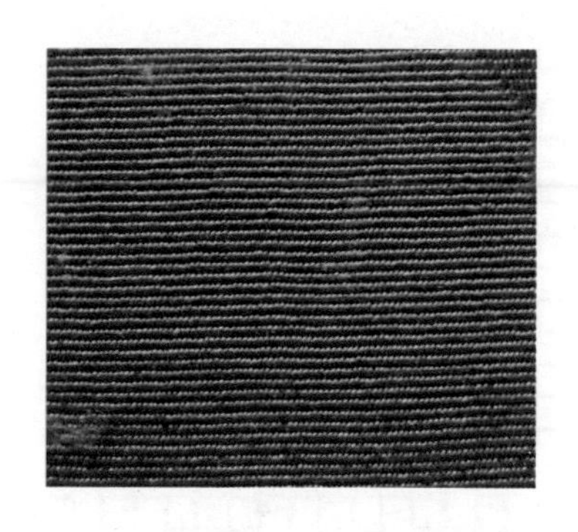

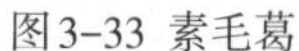

图3-33 素毛葛

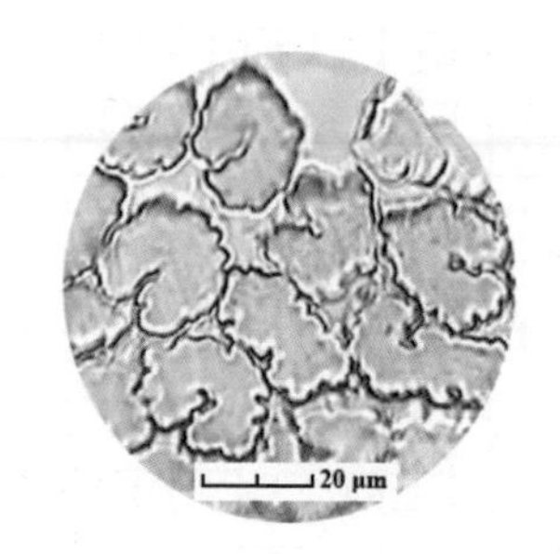

图3-34 素毛葛经线（人造丝）横截面

腊线作纬的，[①]而根据对实物的分析，当时有些素毛葛除经线采用人造丝外（图3-34），纬线还采用了棉和人造丝的混纺纤维（图3-35）。由于经纬线直径相差较大，而得到所谓的“平纹罗背”效果。

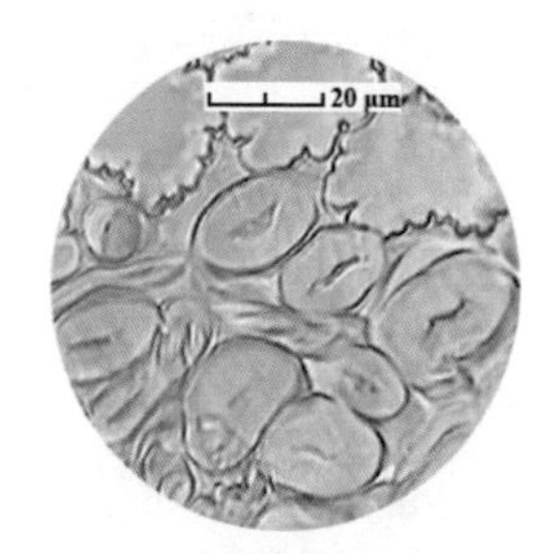

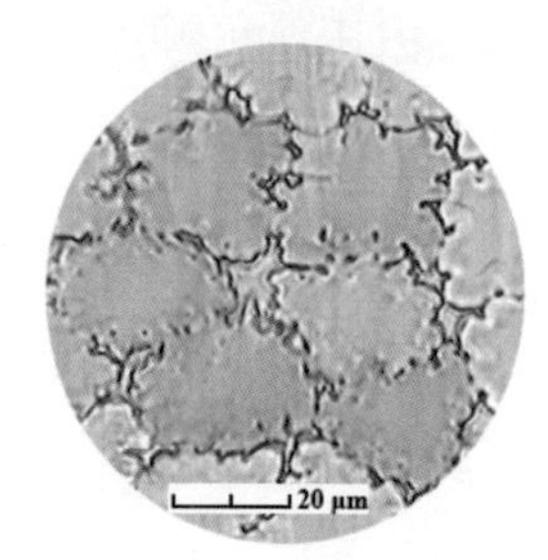

图3-35 素毛葛纬线（棉与人造丝混纺）横截面

第二种素葛织物的设计方法，则是利用不同组织间的不同缩率在织物表面形成横向凸条。比较典型的有素文尚葛，采用一上一下、一上一下、一上四下的急斜纹组织织造，在表面形成明显横棱纹（图3-36）。此外，还有一类素葛织物，在织造时交替织入1/1平纹和1/N纬面斜纹或纬面缎纹组织（图3-37），在下机练染后，由于平纹交织紧密、缩率较小，而纬面斜纹（或缎纹）的缩率相对较大，从而在织物表面形成凸起的横条。

① 杭州丝绸集团控股（集团）公司. 杭州丝绸志［M］. 杭州：浙江科学技术出版社，1999：214.

图3-36 素文尚葛组织结构

图3-37 素葛组织结构

3.3.1.2 提花葛

提花葛织物的品种较多，大多数为单层织物，如以采用的地组织来划分，主要有平纹和斜纹两种，其中又以前者为大宗，包括华丝葛、华绒葛、明华葛、印花葛、爱华葛等都属于此类织物，华丝葛及由其衍生出的一系列产品是此类织物的典型代表。

作为中国近代最早的葛类织物之一，华丝葛所采用的组织就是在平纹地上以八枚缎纹起花，而其经纬线均采用湖州出产的土丝，产品外观匀净并不逊于用厂丝织造的产品，因而销路甚好，成为为市场熟知的名牌产品（图3-38）。物华葛与之相似，因由上海物华绸厂生产而得此名。20年代改用厂丝作原料后，又衍生出一系列新产品，除采用的原料不同外，这些新产品与华丝葛在组织结构上并无区别，只是在织物的匹重规格上有所不同，如美亚葛（一号葛）的匹重与正牌华丝葛相等，文华葛（三号葛）的原料和匹重仅为华丝葛的79%，爱华葛（六号葛）的原料和匹重仅为华丝葛的57%，十分轻薄柔软。另一种专销印度市场的华丝葛则被称为印华葛。华绒葛的组织结构与华丝葛相似，亦采用在平纹组织地上以缎纹组织起花，但纬线由厂丝改为加强捻的人造丝，因而手感也较华丝葛更为柔润。还有部分提花葛织物则在平纹地上以其他组织显花，如特号葛即在平纹地上以经浮长起花，采用缎纹组织或斜纹组织进行间丝，全人丝织物明华葛同样在平纹地上以经浮长起花，但不采用间丝组织，因此在花部的经浮长上并无固接点，织纹较前者光亮。

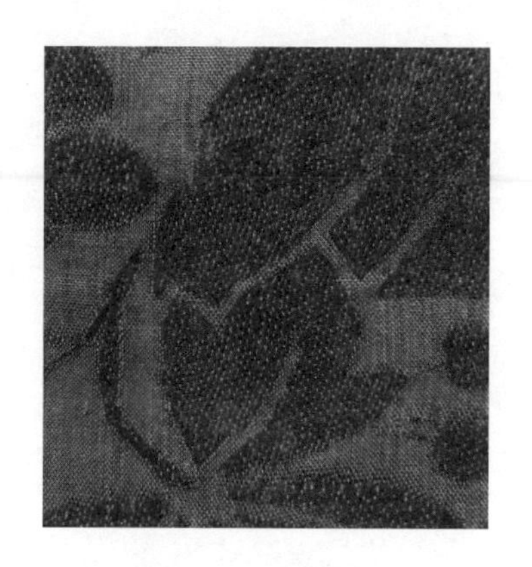

图3-38 新花华丝葛

采用斜纹作地组织的提花葛相对较少，花文尚葛是其中的代表产品，其组织结构为在1/2纬面斜纹地上以2/1经面斜纹起花。

使用重组织结构的提花葛类织物有经重织物和纬重织物两种，前者以经二重织物的缎背葛为代表，此种织物使用两组经线（表经和里经）和一组纬线，在织造时表、里经相互交换，分别纬线交织，未与纬线交织的经线则以浮长形式沉于织物背面，从而使背部具有光滑的“缎面效果”；后者的典型产品有巴黎葛等，巴黎葛是纬二重织物，其地部采用“奇纬、双经平纹衬偶纬隔经一上三下斜纹”与“偶纬、双经平纹奇纬隔经三上一下斜纹”组织交错配合，由于奇纬和偶纬交替出现于正面而形成暗花纹地。花部采用三种不同的组织相互配合，分别为八枚经缎、纬浮长花（每三梭起二梭纬花，一梭衬平纹）、平纹暗花（展开为2/2重平组织），因此其图案具多层次变化，有类似锦的外观效果。

葛类织物实例分析详见表3-10。

表3-10　葛类织物实例分析

品名	经线	纬线	组织	图案	出处	收藏地
新花华丝葛	无捻，64根/厘米	无捻，58根/厘米	平纹地上八枚经缎起花	花卉纹	杭州天纶丝织厂样本	中国丝绸博物馆
素毛葛	无捻，71根/厘米	无捻，26根/厘米	平纹	素	杭州天纶丝织厂样本	中国丝绸博物馆
电机印花六号葛	无捻，78根/厘米	无捻，46根/厘米	平纹地上八枚经缎起花	几何纹	杭州天纶丝织厂样本	中国丝绸博物馆
素葛	无捻，120根/厘米	S捻，48根/厘米	平纹与斜纹组织相结合	素	旗袍面料	中国丝绸博物馆
素葛	无捻，104根/厘米	S捻，42根/厘米	平纹与缎纹组织相结合	素	旗袍面料	中国丝绸博物馆

3.3.2　绨类织物

绨之名古已有之，大约在两千七百多年前的《管子·轻重戊篇》中就有“鲁梁之民俗为绨”的记载，秦汉时期，绨类织物的应用十分广泛，《汉书·文帝纪》载文帝“身衣戈绨”。这类绨类织物有四点主要表面特征：无文、有色、厚重、滑泽，因此有学者认为古代的绨组织即平纹经二重这种常见的汉锦组织，其区别仅在于汉锦通过表里换层显花，而绨则始终如一。[1]但自南北朝以后，古代意义上的绨就渐渐失传。

---

① 赵丰. 说绨［J］. 丝绸史研究，1985（3）：38-39.

近代意义上的绨类织物出现年代较晚，其主要特点是以“人造丝为经，棉纱为纬”[①]，它与古代绨类织物并无承继关系，其前身是明清时期的线春、线绉、罗缎和洋湖绉等织物，所谓线春是肥丝（不加捻的丝线）作经（图3-39），打线（加捻的丝线）作纬（图3-40），平纹地上起斜纹花的织物、“洋湖绉”是清后期对一种进口丝经棉纬平纹织物的称呼，这些特点都可看作是近代绨类织物产生的技术基础。[②]据载，20世纪初河北高阳首先试用人造丝与棉纱交织生产绨类织物，民国十五年（1926）人造丝上浆法解决后，特别是在20年代末至30年代的上海，绨类织物得到飞速发展，成为人造丝（图3-41）与棉纱（图3-42）交织品中最为流行的产品。[③]

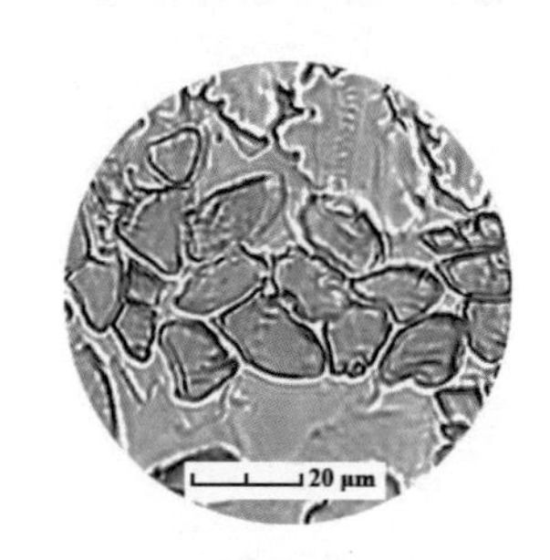

图3-39 线春经线（蚕丝）横截面

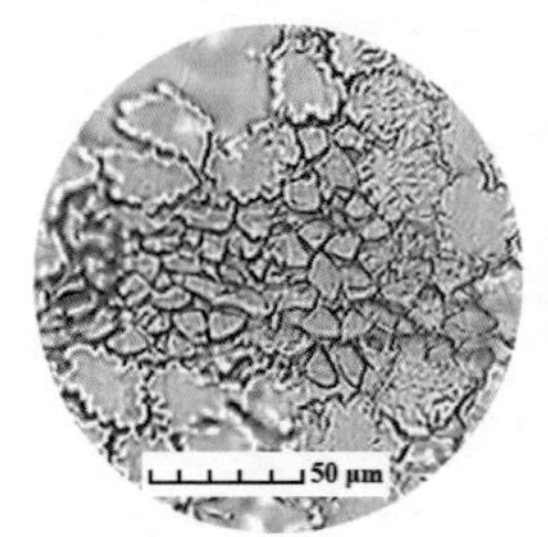

图3-40 线春纬线（蚕丝）横截面

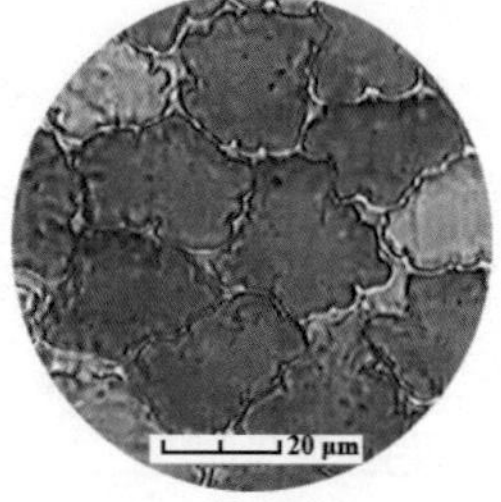

图3-41 线绨经线（人造丝）横截面

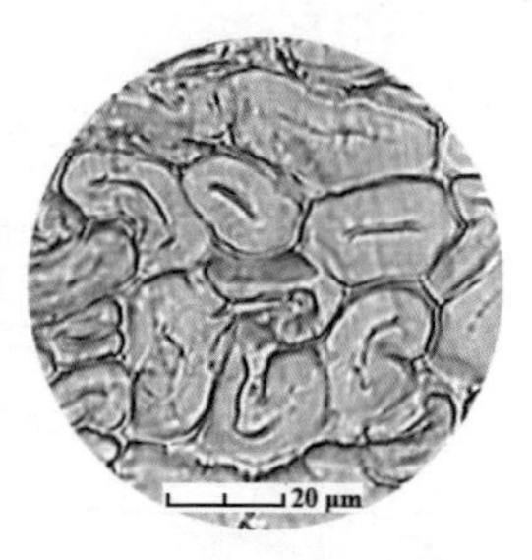

图3-42 线绨纬线（棉）横截面

① 浙江丝绸工学院，苏州丝绸工学院. 织物组织与纹织学（上）［M］. 北京：中国纺织出版社，1981：9.
② 赵丰. 绨的古今谈［J］. 丝绸，1987（4）：38-39.
③ 徐新吾. 近代江南丝织工业史［M］. 上海：上海人民出版社，1991：170.

图3-43 提花线绨

民国时期所见的绨类织物以提花的暗花织物为主，其组织结构常采用在平纹地上以缎纹或斜纹组织起花，因为织造工艺较为简单，因此当时大量的小型电机丝织厂都以此作为主要产品。以绨类织物中最为常见的线绨为例（图3-43），其地部采用平纹组织，花部多为3/1斜纹组织，也有部分线绨的花部采用经浮长起花。此种类型的线绨一般图案花型较小，以服用面料为主，另一部分大花型的线绨产品发展为线绨被面，其地部组织仍采用平纹，而花部组织则改以八枚经面缎纹为主，同时由于其经线较粗，故以独花图案居多。

与葛类织物相似，绨类织物同样具有经细纬粗的工艺特点，但由于经纬线的直径差较葛类小，因此“横畦纹不若毛葛之显明”[①]，且并不以此为长，这也是两者在外观上的主要区别。此外，绨类织物外观也较葛类织物更为厚实和粗糙。

绨类织物实例分析详见表3-11。

表3-11　绨类织物实例分析

品名	经线	纬线	组织	图案	出处	收藏地
电机美丽线绨	无捻，38根/厘米	S捻，26根/厘米	平纹地上经浮长及3/1斜纹组织起花	菱形小花纹	杭州天纶丝织厂样本	中国丝绸博物馆

① 叶量. 中国纺织品产销志［M］. 上海：生活书店，1935：128.

3.3.3 呢类织物

呢类织物的表面粗犷少光泽、质地丰厚，具有仿毛效应，是民国时期为抵御和仿制舶来毛织物而创制出的新品类。当时，由于服制改革，服用毛织物的需求量，特别是在制服和男用礼服方面大幅上升。中国原有的毛织手工业多织造毡、毯等产品，“惟用以制绒织呢，或取以与棉交织，则向乏此种制造能力。产量既微，需求复多，势惟有仰给于外货”。据海关统计，民国元年（1912）舶来呢绒等毛织物输入量比清光绪初年增加了一倍，且“继长增高，势乃靡也”。①

为此，国内一些丝绸生产厂家开始尝试织造厚重坚挺型丝织物来与舶来品呢绒一较短长，其最初的模仿对象是直贡呢和哔叽等高级进口精纺毛织物，同时又继承了诸如库缎、宁绸和茧绸等传统厚重丝织物的某些特色。如杭州纬成丝呢公司试制成功的“斜纹宁绸”和“纬成丝呢”、江苏厂家推出的“文华丝呢”等，这些产品据说“物质坚韧，价值轻廉，极合新服制之用”②。随后应运而生的众多仿毛丝织物，如大伟呢、丝直贡呢、安迪呢、充华达呢、东方呢、博士呢和雪花呢等，形成了以呢命名的一系列新产品。

早期的呢类织物多为全真丝织物，其原料最初使用土丝，随即又改用厂丝，如纬成丝呢以细丝为经，加捻肥丝作纬；后期的呢类织物引入了人造丝、棉纱等其他原料，通常经线采用厂丝或人造丝等长丝，而纬线则采用棉纱等短纤维纱，经纬线一般较粗。

当时的呢类织物品种繁多，组织和外观风格也各不相同，但总的说来，按其组织结构的不同可分为两个大类。

---

① 王翔. 中国近代手工业的经济学考察［M］. 北京：中国经济出版社，2002：43.

② 王义丰和记纱缎庄所制花呢规格（手稿）［Z］.苏州市档案馆藏，1913-03.

第一类呢类织物主要采用斜纹、缎纹及其变化组织，表面具有较明显的斜向织纹，其风格以质地厚实，紧密柔韧，弹性回复性能较好和具有毛感等特点区别于传统的绫。例如最早问世的“斜纹宁绸”虽被设计用作制服面料，采用斜纹组织而具有丝哔叽的雏形，但仍保留着相当浓厚的传统色彩。纬成丝呢（图3-44）则采用2/2经山形斜纹，表面有明显的斜纹柳条（图3-45）。而以斜纹组织为基础组织的哔叽类织物（图3-46），同为仿毛丝织物，也当归入呢类织物。

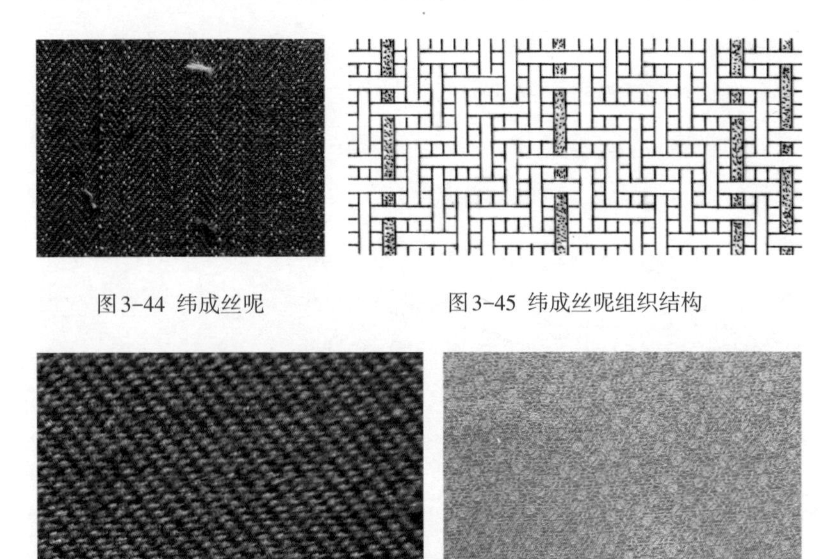

图3-44 纬成丝呢

图3-45 纬成丝呢组织结构

图3-46 元哔叽

图3-47 大纬呢

第二类呢类织物则主要借鉴了各种绉组织，以使织物表面呈现呢地效应。这类织物以其丰厚结实而区别于轻薄的绉类，是呢类丝织物的主体，具有较强的毛感。如花如呢、博士呢、花博士呢、西湖呢等，而大纬呢可说是此类产品的典型代表。大纬呢（图3-47）

最先于民国二十一年（1932）由杭州纬成公司试织成功，此后各地都有生产，其在组织结构的设计上借鉴了锦地绉的平纹变化组织，其地组织采用1/3斜纹组织或暗花横条亩田组织，使地部呈现刻花型的闪光暗花纹，花部组织则是在1/3斜纹经组织点的上方或下方添加经组织点，以略微改变原有的斜纹的规律，使经纬组织点对光线产生漫反射，同时由于强捻纬线的捻缩作用，使得织物表面呈现光泽柔和隐约可见犹如雕刻效果的暗花纹。[①]花博士呢、西湖呢等织物的组织设计则与之相似，也均采用了由绉组织发展而来的呢地组织。

呢类织物实例分析详见表3-12。

表3-12　呢类织物实例分析

品名	经线	纬线	组织	图案	出处	收藏地
纬成呢	S捻，34根/厘米	S捻，32根/厘米	2/2经山形斜纹	素	上海鼎新染织厂样本	中国丝绸博物馆
元哔叽	S捻，71根/厘米	S捻，26根/厘米	2/2左斜纹组织	素	上海鼎新染织厂样本	中国丝绸博物馆
大纬呢	无捻，98根/厘米	Z捻，45根/厘米	呢地组织	碎花纹	绸样	清华大学美术学院
西湖呢	无捻，49根/厘米 无捻，49根/厘米	2S2Z织入，44根/厘米	呢地组织	碎花纹	绸样	清华大学美术学院

3.3.4　像景织物

像景织物，当时也曾被叫做照相织物，是对丝织人像和风景织物的总称，以人物、风景照或名人字画等为蓝本，经过设计、意

① 包铭新. 呢类丝织物的起源和发展［J］. 丝绸，1987（7）：40-42.

匠、轧花、串花、选料、络筒、整经、并丝、保燥、卷纬、织造、检验等工序，制成成品，它的诞生是民国时期丝织技术对传统织锦工艺的一大创新。

促进像景织物诞生的主要因素有二。一方面是传统的织锦或妆花缎有以风景为图案题材的先例，如清代厉鹗（1692—1752）在其《东城杂记》中提到当时有一种称为《织成西湖景》的织物，并有诗云："十样西湖景，曾看上画衣。新图行殿好，试织九张机。"厉鹗成书的时间约在康熙至雍正年间（1710—1730年前后），这说明清代早期已有以西湖风景为题材的风景织锦。[1]另一方面，在国外，自从19世纪初法国人贾卡发明用纹版控制的提花织机之后，欧洲就产生了像景织物（图3-48）。[2]后来，贾卡织机传入日本，其后又辗转传入中国，虽无明确资料说明西方像景生产对中国的影响，但据国民政府工商部所做调查，国产像景是"用以替代舶来品之西洋画"[3]，可见当时已有西方的像景织物传入中国，并对国产像景织物的诞生产生了一定影响。

图3-48 19世纪欧洲像景织物

受此两种因素的共同影响，国内的丝织业者在继承传统织锦

① 赵丰. 织绣珍品［M］. 香港：艺纱堂/服饰工作队，1999：260.

② Rita J. Adrosko. The invention of the Jacquard mechanism［J］. *CIETA*，1982（1-2）：89-116.

③ 国民政府工商部国货调查表（手稿）［Z］.中国第二历史档案馆藏，1931-06-11.

中的纬重组织结构以及西方阴影组织的基础上，突破一般丝织物的提花方法，试织成功像景织物。与传统织锦或妆花缎在图案造型上只表现出建筑、风景等的大致轮廓不同，使用新型织机生产的民国像景织物，由于棒刀、多梭箱装置和贾卡提花龙头等的运用，“工巧如伟人像片，风景摄影，以及名家之书法丹青，均易表现于织物之上”[①]，其图案几乎是照片、书画的真实再现，十分写实和逼真，成为最能代表民国时期机器丝织技术水平的丝织物大类之一。[②]

而以其组织结构划分，民国时期的像景织物主要包括纬二重的黑白像景与纬多重的彩色像景两个大类。

3.3.4.1　黑白像景

黑白像景织物采用纬二重结构，由一组白色经线与黑、白两组纬线交织而成，其经线常采用桑蚕丝，纬线则为有光或无光人造丝。

与以往的织锦及妆花织物多利用块面效果的组织来表现物体不同，黑白像景织物采用特殊的影光组织，即由经面缎纹组织逐步过渡到纬面缎纹组织，来立体地表现物体的层次、远近、阴面和阳面。其中白色经线和白色纬线交织成经重平的地组织，黑色纬线在地部背面与经线形成稀疏的接结；在起花部分，黑色纬线则与白色经线交织成影光组织来表现，八枚、十二枚、十六枚等缎纹组织是织造黑白像景织物常用的影光组织。图3-49所示是以八枚缎纹组织

---

① 王芸轩. 嘉氏提花机及综线穿吊法［M］. 上海：商务印书馆，1951：2.

② 对于我国第一幅像景的发明有两种不同的说法：一是毕业于浙江甲种工业学校机织科的都锦生于1918年完成了黑白丝织像景——5英寸×7英寸的九溪十八涧风景图；一是袁震和绸庄于1917年首先试制丝织风景画成功。1918年，又在上海设震大丝厂，织成平湖秋月和雷峰塔的西湖风景作为丝织广告。但两者并不存在承袭关系。见徐铮、袁宣萍. 杭州像景［M］. 苏州：苏州大学出版社，2009：19-22.

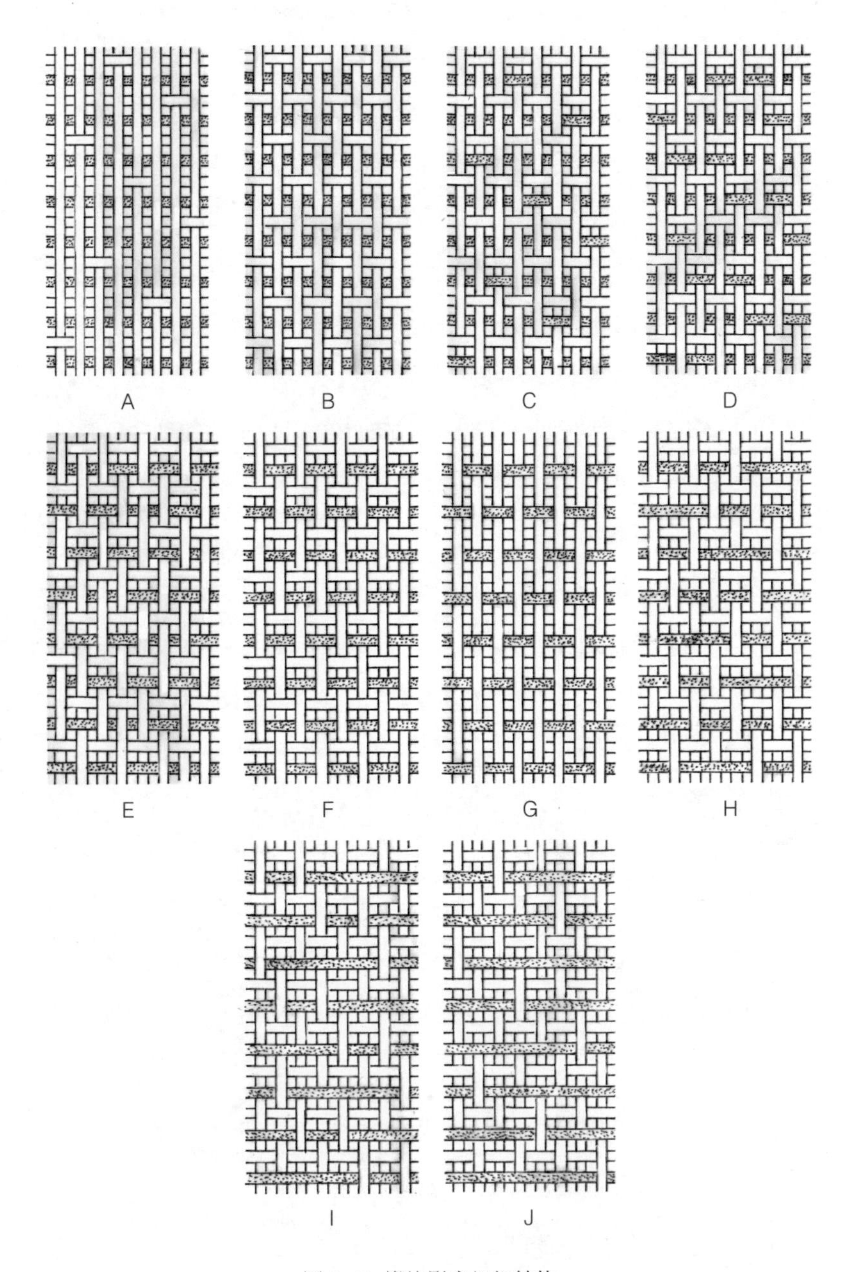

图3-49 缎纹影光组织结构

为基础的影光组织，其中图3-49A为白色经线与白色纬线相交之八枚经缎，此组织所表现的颜色最白，此后其组织表现的黑色逐渐加深，虽然图3-49F和图3-49G中的黑色纬线都以平纹组织与白色经线交织，但图3-49G中的白色纬线与白色经线相交成平纹，而图3-49F中的白色纬线则以浮长形式背衬，因此图3-49G所表现的颜色较黑，最后到图3-49J时已成为一个黑色的纬面缎纹，从而构成织物从纯白到全黑的不同色阶变化。

而当由黑色纬线与经线交织成的缎纹影光组织的过渡生硬不匀时，还可以采用半点缎纹影光组织，即由黑、白两色纬线同时与经线交织，形成共口组织，在织物表面上产生混合的灰色调，以使图像层次过渡均匀柔和。但半点缎纹影光组织很少单独使用，主要是用在人像面部的明暗交界线、秋高气爽的晴空等处，使用面积不大。

此外，黑纬组织也有采用斜纹的，此种斜纹多采用经纬数成双数之单面斜纹，如1/3、1/5、1/7等，或者混用其他组织。[①]一般说来，影光组织的组织循环越大，其构成黑白色阶过渡越自然，色彩越丰富，但对织机的要求也更高（图3-50）。

图3-50 黑白像景局部

除以黑白两组纬线组成影光效果来表现景物外，为了增

① 黄希阁，瞿炳晋. 织物组合与分解［M］. 中国纺织染工程研究所，1935：171.

强其表现力，会对已织好的黑白像景特别是风景像景进行上色处理，衍生出一个新的像景品种——着色黑白像景。这种像景的上色由着色工人用手工操作，成批生产，在着色前，需要对画面的主题、用色、小样的成品过程有一定的把握，然后再按照先淡后深，先远后近，先建筑物后树木花草的规律进行操作，具有成本低而且色彩丰富的特点。但由于对所上颜色的道数的限制，因此在上色时力求抓住主色，用较少的色彩表现出丰富的画面。从现存的着色黑白像景织物来看，绿、蓝两色最为多用，其次是黄、红、褐等色（图3–51），所用颜料多以合成颜料为主。以中国丝绸博物馆所藏着色黑白像景《南屏晚钟》为例（图3–52），采用便携式X射线荧光光谱仪（XRF）检测所用颜料的成分，发现存在Pb、Fe、Cr等元素。辅以激光共焦显微拉曼光谱仪（micro–Raman）进行鉴别后，其黄色颜料的拉曼光谱图显示有一个很强的拉曼振动峰位于841 cm^{-1}，三个较弱的振动峰位于340 cm^{-1}—380 cm^{-1}之间（图3–53），根据同标准颜料拉曼光谱的比对，可以推测该颜料为铬黄（$PbCrO_4$），属于人工合成的无机颜料；

图3–51 着色黑白像景的主色调

图3–52 着色黑白像景《南屏晚钟》

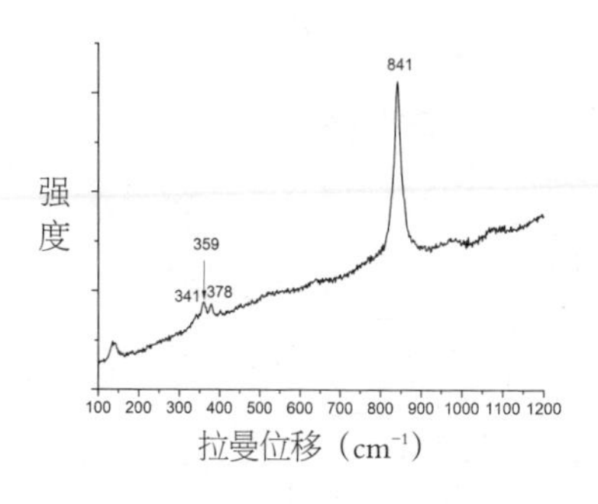

图3-53　黄色颜料拉曼光谱图

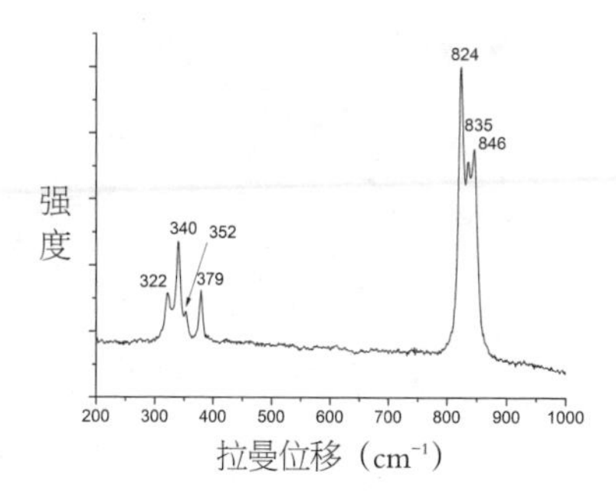

图3-54　橘红颜料拉曼光谱图

橘红色颜料的拉曼光谱图（图3-54）有4个振动峰与铬黄相似，另外还出现了322 cm^{-1}、824 cm^{-1}、835 cm^{-1}三个不同的振动峰，说明这是由两种成分混合的颜料，经过比对标准光谱图，推测为橘铬黄（$PbCrO_4 \cdot PbO$）。

3.3.4.2　彩色像景

纬多重织物彩色像景是在黑白像景织物的基础上发展形成的，[①]由两组经线（地经和接结经）和多组纬线交织而成的。其地经和接结经的排列比由经密决定，经密小时，常用的有3：1、4：1；经密大时则多用8：1、12：1；而常见的接结组织则有四枚变化斜纹、五枚或八枚缎纹。而使用的色纬通常有3、5、7……15组，有时甚至达到几十组之多，如民国二十四年（1935）都锦生丝织厂生产的一至八世班禅人像织锦，使用的纬线多达四十多种颜色，以至织成的织物厚如铜版，在这种情况下，织物在电力织机上生产具有一定的难

① 中国最早的丝织五彩像景《耄耋图》于1928年由都锦生丝织厂生产，由陈贤林设计意匠，徐根生设计纹版，项征羽织造。1930年，都锦生丝织厂的技术员莫继之在解剖法国产棉织油画风景原样，改进工艺的基础上，又设计并织造出了《北京北海白塔》《西湖风景》等四幅油画感很强的五彩棉织像景织物。

度，虽然仍使用贾卡提花龙头提花，但投梭过程则使用手工织造。

在组织结构的设计运用上，黑白像景中的影光组织和半点影光组织在彩色像景中同样有所使用，并使其出现类似我国传统织锦工艺中的晕裥效果，如可使蓝色纬花逐步过渡到由蓝红两色混成的紫色纬花，再逐步过渡到红色纬花，接着逐步过渡到由红白两色混合而产生的粉色纬花，最后又逐步过渡到白色纬花，即蓝－紫－红－粉－白五色的过渡。[①]而由于使用纬线颜色多少的不同，所产生的纬浮影光也不尽相同。

另外，除了利用各组色纬本身的颜色，彩色像景织物还可根据各段色彩的需要进行换道（换纬线）或者利用两种色纬并产生间色，如将红白两种颜色的纬线一起织入，织物表面则显现出由红白两色混合而成的粉红色，或者根据各段色彩的需要进行换道（换纬线）。因此能在不增加纬重数及梭箱数的条件下，尽可能地丰富织物表面的色彩层次，使之更为绚丽多彩（图3-55）。

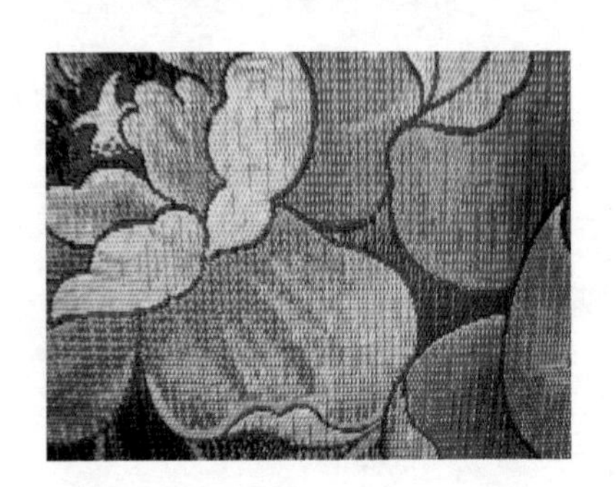

图3-55 利用两色纬线混合织入而形成的间色效果

3.4 绞经类丝织物

绞经类丝织物主要包括纱和罗两个大类，“凡转换经线之方向，

① 李超杰. 都锦生织锦［M］. 上海：东华大学出版社，2008：60-61.

而藉（借）其搦绞以织成网目现象”的织物都可以称为纱罗织物，[①]但在汉唐以前，常把透孔率大、经纬捻度较低的平纹丝织物称为纱，而把绞经织物称为罗，即所谓“椒孔日罗，方孔曰纱”。宋代前后，使用绞经组织的提花纱开始出现，元代薛景石《梓人遗制》中称“或织纱，则用白踏”，可见当时纱织物织造时都会使用起绞的绞综（即白踏），同时，具有横条（或竖条）表观效应的绞经织物渐渐被倾向于称为罗。明清时期绞经织物常被统称为纱罗，明《天工开物》中载“纱罗以纠纬（应为经）而见花”。[②]

纱和罗这两大类丝织物的最终分化和形成出现在民国时期，当时的组织学教科书中对两者的概念已有明确的定义和区别，其中具有“每隔一纬而予甲乙二经于左右之搦绞”，“表面具有网目之亮眼，组织较为简陋而软薄”特征的织物被定义为纱类织物，[③]而罗织物则被定义为“每隔三根或三根以上奇数纬线方始成绞者”[④]，其“表面突呈经线崎岖之搦绞现象，故组织较为复杂，质地亦较纱为厚重也”[⑤]。

由于纱罗织物的经纬密度稀疏又具有纱孔，质量轻薄，迎合了民国时期的服装强调人体曲线的趋势，特别是20世纪30年代服装对“透、露、瘦”的追求，成为最常见的夏季服用面料之一。同时，此类织物亦大量出口，特别是至朝鲜地区，在那里被称为“高丽纱”，仅民国九年（1920），苏州丝织业由邮局一次寄往朝鲜之货就共计398包，

① 蒋乃镛. 实用织物组合学［M］. 上海：商务印书馆，1937：319.
② 包铭新. 纱类丝织物的起源与发展［J］. 丝绸，1987（11）：42-44.
③ 蒋乃镛. 实用织物组合学［M］. 上海：商务印书馆，1935：321.
④ 黄希阁，瞿炳晋. 织物组合与分解［M］.［S.L.］：中国纺织染工程研究所，1935：129.
⑤ 蒋乃镛. 实用织物组合学［M］. 上海：商务印书馆，1935：322.

约值银3.98万两，可见其受欢迎程度之广。[1]而这个时期使用机器生产的纱罗织物在延续传统产品的基础上，也开发出了一系列新产品。

3.4.1 素纱罗类织物

不提花的素纱织物较少，主要是指由"纱组织与平纹混合织成"的素罗织物，其表面无花而具有等距规律的空路，根据其横向或直向的不同，大致可分为横罗和直罗（竖罗）两大类。

所谓横罗即是指具有横向空路的素罗织物，这种织物古亦有之，在元代已有三丝罗、五丝罗、七丝罗等名，其中又以杭州生产的罗织物最为有名，被称为"杭罗"。民国时期，以杭罗为代表的横罗在手拉机上仍被大量生产，但其横向空路的间隔较传统织物越来越大，据载当时横罗"最多者达到十三梭罗，而其中则以七梭罗与九梭罗最为普遍"[2]。但以实物分析所见，有部分横罗甚至达到了十五梭罗（图3–56），即其绞纱组织采用一绞一，每织入十五根纬线的平纹组织后经线绞转一次（图3–57）。纵横罗则利用空筘工艺创织出

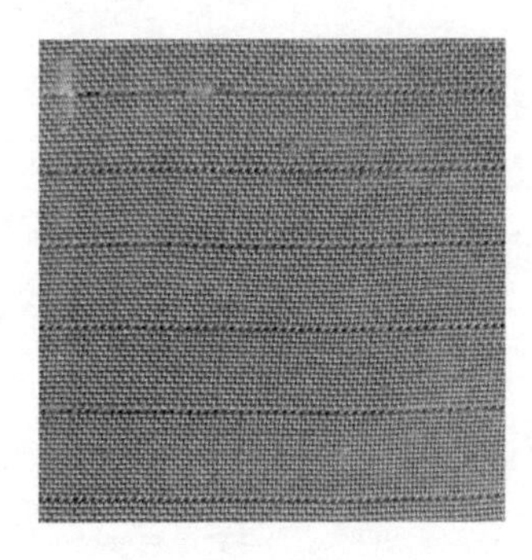

图3–56 杭素横罗

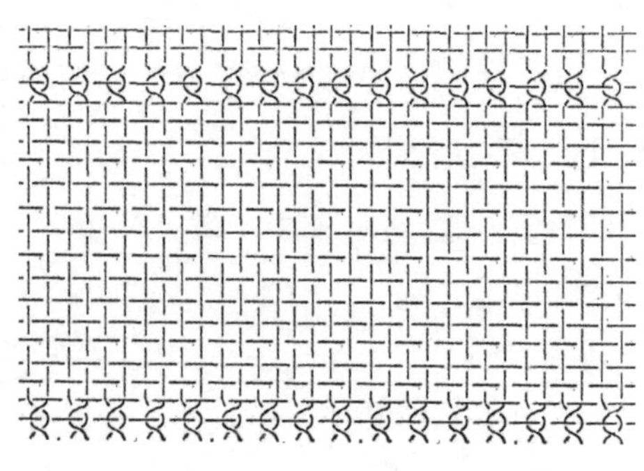

图3–57 横罗组织结构

① 王翔. 近代苏州丝绸业的对外贸易［J］. 丝绸史研究，1990（3）：13–21.

② 黄希阁，瞿炳晋. 织物组合与分解［M］.［S.L.］：中国纺织染工程研究所，1935：130.

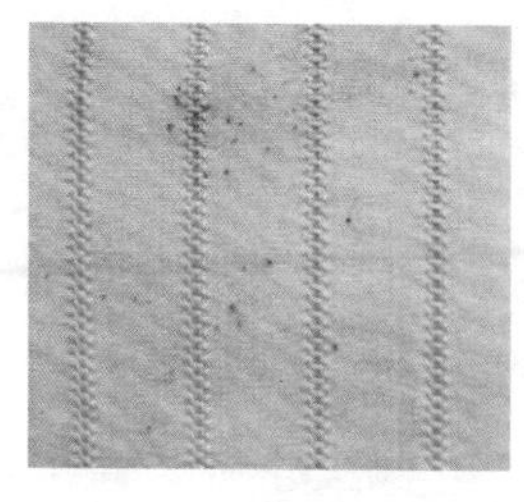

图3-58 加重华丝直罗

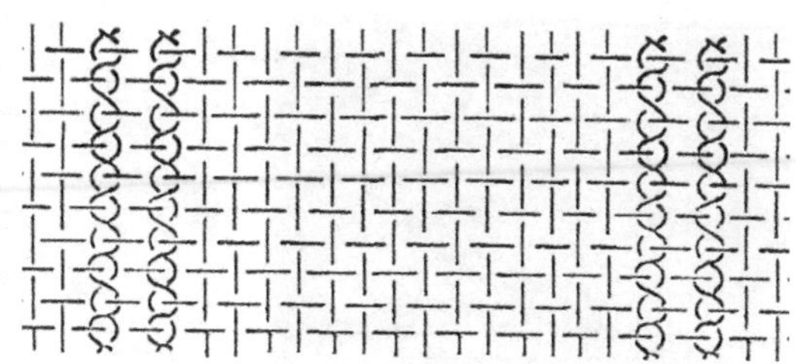

图3-59 直罗组织结构

的横罗衍生物，它利用绞纱组织在横向产生纱孔，同时在经线排布时采用空筘穿入的方法，使其形成纵向的空隙，从而使纵横两个方向都有空路，形成一种特殊的外观效果。

具有直向空路的素罗织物称为直罗或竖罗（图3-58），则是在经向形成连续的绞纱组织空路，即有若干组地经和绞经一直在绞转，而其间则相隔许多组与纬线交织成平纹的经线（图3-59）。为了使直向的空路效果明显，这类产品在织造时在绞纱组织两侧通常需采用空筘工艺，或空去二筘齿，或空去三筘齿，而直条的宽度则由地经和绞经的排列比来决定。但到20世纪40年代时，据日本人小野忍的调查，市场上所见的素罗织物都是横罗，直罗已基本绝迹。①

3.4.2　提花纱罗类织物

当时生产的大部分提花纱罗类织物以提花纱织物为主，按其花地间的关系可分为实地纱和亮地纱两个大类。

所谓实地纱是指在平纹地上以绞纱组织起花的提花纱织物，其中以组织结构较为简单的香云纱为代表（图3-60）。香云纱原名“响云纱”，《广东省志·丝绸志》中称因用其所制成衣，穿着行动时会

---

① 小野忍．杭州的丝绸业（续完）［J］．丝绸史研究资料，1982（4）：1-33.

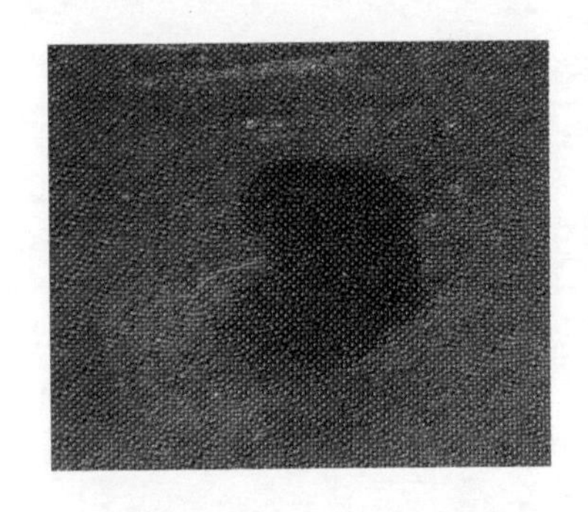

图3-60 香云纱背面

图3-61 华丝纱

沙沙作响而得此名，后人以谐音叫成“香云纱”，也有称其为莨纱、拷皮、香云纱拷的。这种在平纹地上以一绞一的绞纱组织显花织物，具有数百年的生产历史，是广东顺德、南海等地的名产，民国时期开始在电力织机上进行生产，也叫“电机纱”。其由于绸身爽滑，耐穿易洗，流行三十余年而不衰，是当时提花纱类织物中的大宗。香云纱的主要工艺特点在于后整理处理，即在下机后先将白坯纱绸练熟再水洗、晒干，洒（或浸）以薯莨液（含有易于氧化变性产生凝固作用的多酚和鞣质），反复洒晒（或浸晒）36—40次，再用含有铁盐的河泥覆于绸面，使泥质中的高价铁离子与鞣酸充分反应，产生黑色鞣酸亚铁，凝结在织物表面，呈黑色，背面则因鞣酸氧化变色呈棕红色。也有只晒晾不覆泥的，绸面则呈棕红色。由于香云纱绸表面的黑胶耐磨牢度差，容易脱胶露底，因此织物在设计时多选用满地图案，并以点梅、素万、人字等小几何纹图案为主，同时依所用原料的不同，香云纱又可细分为生香云纱（生经生纬）、熟香云纱（熟经熟纬）、绒纬香云纱（生经熟纬）三种。[①]华丝纱（图3-61）的前身可追溯到清代的春纱，其组织结构与香云纱相似，同样以平纹组织作地，但其图案内部亦采用平纹组织，而在花地交界部分以绞纱组织勾出图案的轮廓，故比香云纱在图案层次上更为丰富。

图3-62 窗帘纱

所谓亮地纱则是指在绞纱地上以平纹组织起花的提花纱织物，民国时期较为典型的织物有窗帘纱。窗帘纱（图3-62）兴起于20世纪30年代初，因常被用作高级窗帘而得此名，当时多用手拉机进行半机器化的制织，其组织采用一顺绞，一绞一，在绞纱地上起平纹花。由于窗帘纱使用的纬线较粗，为了防止因为粗纤度的熟桑蚕丝线蓬松，故常用湿纡[②]织造。织成后的窗帘纱地部呈现透明状，而平纹花部则呈现半透明状，以大型花卉图案为主。[③]

除可明确归为实地纱和亮地纱的织物外，当时还有一些利用绞纱组织与其他基础组织的配合和变化形成的提花纱罗类织物。其中有一类织物将绞纱组织与平纹组织在很小的区域中结合使用，犹如一种新的组织，芝地纱就是最为典型的一种。芝地纱（图3-63）在清代曾被广泛使用，民国时开始用手拉机等进行机器生产，这种织

① 徐铮.民国时期（1912—1949）丝绸品种的研究（梭织物部分）[D].杭州：浙江理工大学，2005：46.

② 即经过加湿处理的纬线，通常在织造前先将纡子浸泡在水中，使水易渗透到纡子内层，以达到纬线给湿的目的。

③ 钱小萍，胡芸.苏州丝绸传统品种的历史和现状[J].江苏丝绸，1982（3）：36-39.

物以显芝麻形小花纹的实地纱为地，平纹组织起花，其地纹根据绞组数量的不同又有大小之分，大芝麻地纹循环单位由6个绞组（12根经线）或8个绞组（16根经线）组成；小的则由4个绞组（8根经线）组成（图3-64），以一顺绞，一绞一为主，多在六角形地上起团花。鱼鳞罗（图3-65）的组织结构与芝地纱类似，其区别在于芝地纱的绞经与地经每隔三纬即绞转一次，而鱼鳞罗则在织入五梭平纹后，绞经与地经绞转一次。十字形罗（图3-66）则是在织入五梭平纹后，织入五梭的绞纱组织，同时将不同组的平纹和绞纱组织在经向实行二二错排，从而在织物表面形成十字形图案，因而得名。

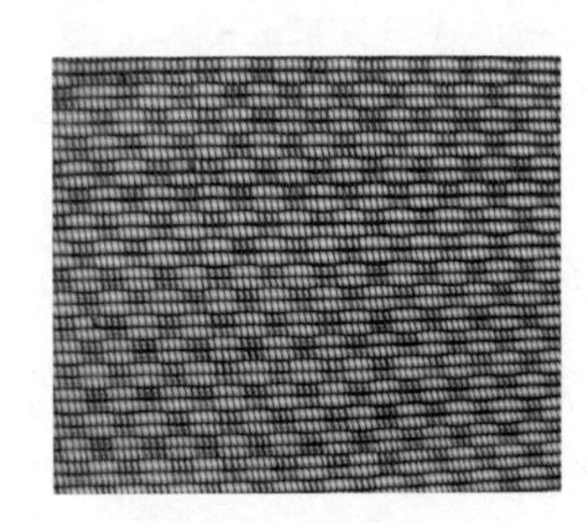

图3-63 芝地纱

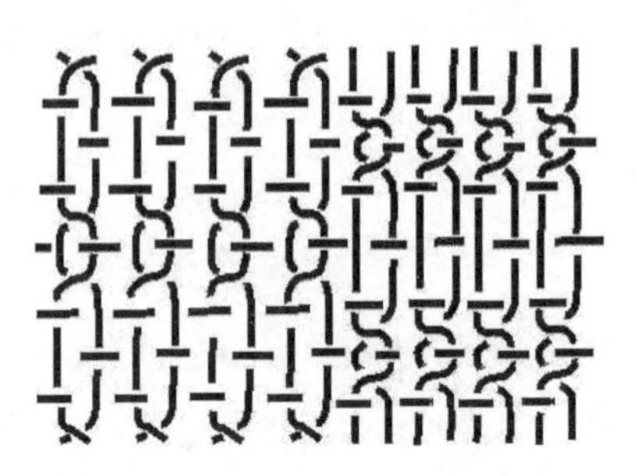

图3-64 芝地纱的地部组织结构

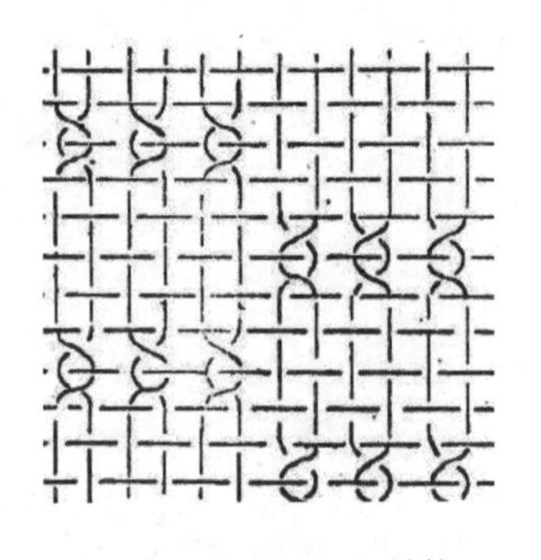

图3-65 鱼鳞罗组织结构

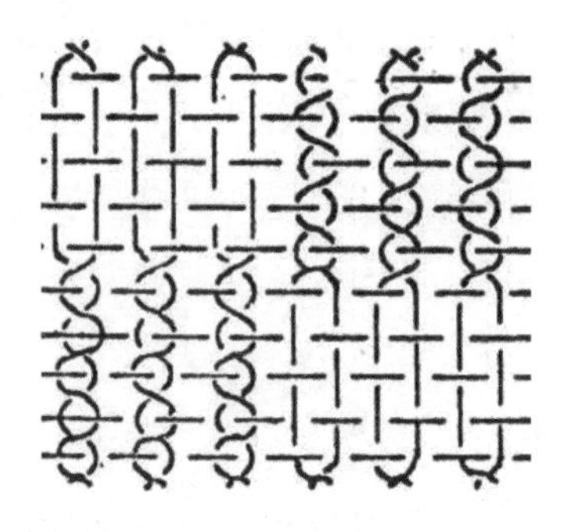

图3-66 十字形罗组织结构

此外，还有一些提花丝织物采用纱组织和缎纹组织相配合进行生产。如柳条纱、柳条胜利纱等，柳条的原意是指织物上条状的瑕疵，这里则是指条状图案，这种织物采用缎纹组织和绞纱组织间隔排列，其中缎纹部分的地组织采用五枚三飞经缎，以纬浮长起花，其浮长较长；绞纱部分则为一绞一，一顺绞，每织入两根纬线后经线绞转一次；每两组缎条以九、十三等单数对绞转的经线为间隔排列（图3-67）。另外，在民国年间出版的《盛湖杂录》中提到的一种缎条花纱，“缎条单工，花嵌空条，各色均有或嵌二色；有七丝、九丝、十三丝之分，幅宽二尺（约66.7厘米），匹长四十二尺（1400厘米）”。所描绘的织物结构特征与这种柳条纱相反，所谓“缎条单工，花嵌空条”即指其缎纹部分不起花，为素织，而在绞纱部分提织图案，“七丝、九丝、十三丝”则指每两组缎条间所隔的绞转经线的对数。此外，民国十三年（1924）的《盛泽绸绫产销及名目一览》中也提到有一种“缎条纱，阔尺六寸，长五丈，有铁机与木机两种”，指的也是这种织物，可见以这种组织结构配合生产的提花纱织物在当时十分流行。

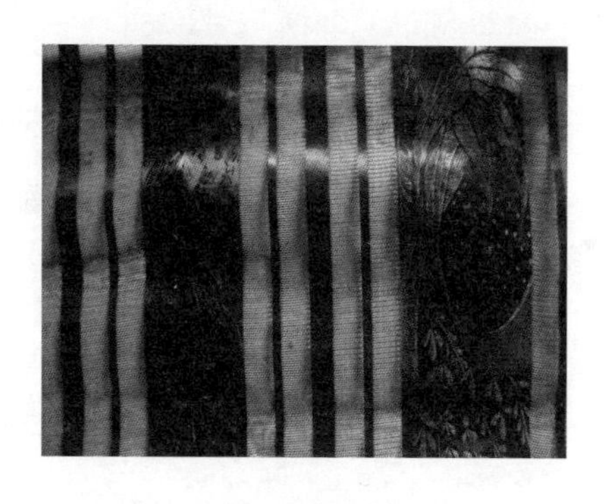

图3-67 柳条纱

纱罗类织物实例分析详见表3-13。

表3-13 纱罗类织物实例分析

品名	经线	纬线	组织	图案	出处	收藏地
香云纱拷	无捻，57根/厘米	无捻，55根/厘米	平纹地上起绞纱花	曲水纹	杭州天纶丝织厂样本	中国丝绸博物馆
新花华丝纱	无捻，68根/厘米	无捻，64根/厘米	平纹地上起绞纱组织花	小几何纹	杭州天纶丝织厂样本	中国丝绸博物馆
柳条纱	无捻，76根/厘米（缎纹部分），16.3根/厘米（绞纱部分）	无捻，18根/厘米	绞纱组织与缎纹地上起纬浮长花间隔排列	柳条状花卉纹	匹料	中国丝绸博物馆
团花芝地纱	S捻，34根/厘米	无捻，10根/厘米	芝麻纱地上起平纹组织花	团花	团扇面料	中国丝绸博物馆
杭素横罗	无捻，32根/厘米	无捻，26根/厘米	罗组织	素	杭州天纶丝织厂样本	中国丝绸博物馆
杭素横罗	无捻，32根/厘米	无捻，26根/厘米	罗组织	素	杭州天纶丝织厂样本	中国丝绸博物馆
加重华丝直罗	无捻，60根/厘米	无捻，44根/厘米	罗组织	素	杭州天纶丝织厂样本	中国丝绸博物馆

3.5 起绒类丝织物

起绒类丝织物是指运用组织结构或特殊工艺而使织物表面布满绒毛或绒圈的花、素织物。起绒结构在我国的起源较早，早在湖南马王堆汉墓和甘肃磨咀子汉墓出土的绒圈锦中就有发现，但其结构本质仍属于平纹经锦，[①]真正意义上起绒类丝织物的出现则要迟至元代的怯绵里。明清两代是古代绒织物发展的高峰时期，因产于福建漳州而得名的漳绒和漳缎，包括由其衍生出的建绒、卫绒等产品盛行一时。

进入民国以后，使用传统方法生产的绒织物日渐式微，特别是仍使用线制花本提花及手工织造的漳缎，由于成本高而产量低，服用者又寥寥无几，20世纪20年代后“殆已有渐归淘汰之像”。另外，随着织造技术的发展，一批应用新型起绒方法和动力织机生产的新型绒织物取而代之，其品种十分繁多，以著名的上海美亚织绸厂为例，在其二十多年的时间里就曾生产过直枪绒、金丝绒、拷花绒、烂花绒、乔其双层绒、织花双层阴阳绒、漳绒等五十余个绒织物品种，[②]可见绒织物在当时流行程度之广，但如以其起绒方法来划分，不外乎以下几个大类。

3.5.1　经起绒织物

所谓经起绒是指利用经线在织物表面产生绒圈及绒毛，当时大多数机器绒织物均是采用此种起绒方法生产的。而按经线绒圈的形成方法不同，这种类型的绒织物又可以分为以下几种不同的种类。

一种是杆织起绒法，即在织造时投入假纬（起绒杆）与绒经交织，织成后将起绒杆抽出即可获得绒圈，割开绒圈则产生绒毛。这种方法相对较为简单，在我国起源很早，马王堆汉墓所出绒圈锦采用的就是此法，而明清时期的漳绒与漳缎是使用这种方法的典型代表。民国时期以机器生产的漳绒（天鹅绒）等产品仍沿用了这种传

---

① 赵丰. 中国丝绸艺术史［M］. 北京：文物出版社，2005：69.

② 林焕文. 美亚丝织厂的每周新品［J］. 中国纺织大学学报，1994（3）：134-136.

统的起绒方法，其区别在于以钢针代替原来的铁线或竹竿作起绒杆。这种钢针装置（图3–68）的b端有刀，方便拔出时随即割断绒圈形成毛绒，同时a端与力织机上自动插入和拔出钢针装置相配合，[①]极大提高了生产效率，而绒圈的大小则由织入钢针的粗细来决定。

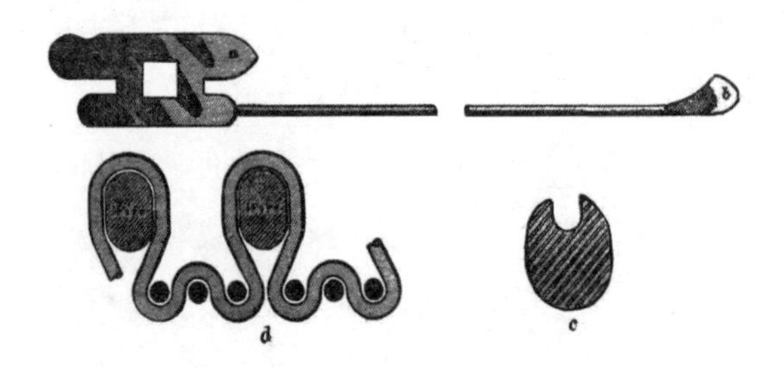

图3–68 织造漳绒的钢针装置

一种是浮长通割法，这是民国时期利用织物组织配合产生的新起绒法，使用这种方法生产的绒织物其绒经除与纬线交织成固结组织外，还以一定长的浮长浮于若干根纬线之上，下机后将绒经浮长割开便形成绒毛。这种类型的绒织物以金丝绒为代表，其绒经与地经比为3：1、2：1，在织造时由地经和纬线交织成平纹地组织，绒经在一个组织循环中与某几根纬线以“W”形固接，其余部分则为经浮长，织成的坯绒与普通经面缎纹织

图3–69 金丝绒

① 黄希阁，瞿炳晋. 织物组合与分析［M］.［S.L.］：中国纺织染工程研究所，1935：112；蒋乃镛. 实用织物组合学［M］. 上海：商务印书馆，1935：290–291.

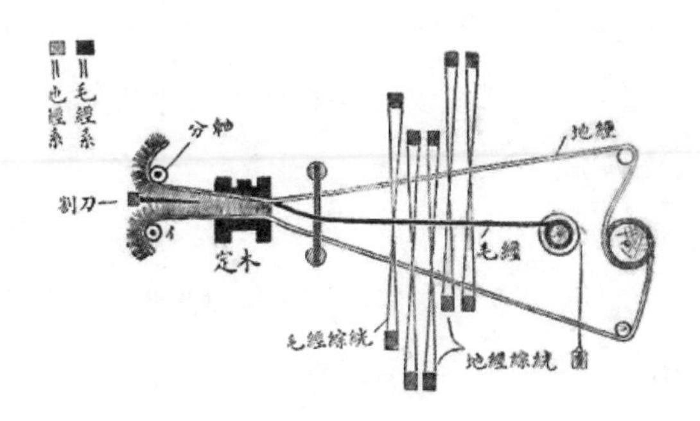

图3-70 双层绒织机

物相似。由于经浮长的长度有限，因此其表面的绒毛较短且稠密（图3-69）。

双层起绒分割法是当时机器绒织物生产中最为常用的一种起绒方法，这种方法的出现与绒织机的新发展不无关系。这种双层绒织机“可同时织绒，上下两幅，上下相距仅分厘或数分，以茸缕长短为断，先排上下底经，中排茸经缕，次则以纬缕织，织纬时两幅间所串之茸，经缕即为缝线入幅，两幅即联为一幅，遂以利刃插入其间剖开，便得绒两幅”[①]。由此可知，采用这种方法生产的绒织物在织造时使用三组经线和两组纬线，其中两组经线分别与纬线交织成上下地组织，另一组绒经位于两层织物间交替地与上下层纬线交织，然后把连接在上下两层的绒经割开，即形成两幅绒织物，而其毛绒的长短则通过安装在织机前方的定木来控制（图3-70）。利用这种新型绒织机和起绒法，通过经纬线原料和组织结构的变化，衍生出了一系列新品种。一般平素的双层绒、双幅绒织物其上下两层各

① 赴纽约领事兼国际丝绸博览会赴赛委员史悠明报告书（手稿）［Z］. 苏州市档案馆藏，1921：1.

以平纹或重平组织交织，绒经则多采用“W”形固结（图3-71）；如将交织成地部组织的经纬线改用为强捻丝线，使地部产生类似乔其绉的绉缩效果，即为乔其双层绒；提花双层丝绒的绒经只在花部与上下层地纬交织，不起花时则沉于下层地组织之下，经割绒后修建除去，织物下机后所得的两幅织物图案相同；而织花双层阴阳绒的绒经与上下层地纬交织的方法与普通的提花双层绒略有不同，其绒经根据图案要求，在上层需形成绒花时只与上层地纬交织，反之则只与下层地纬交织，经割绒后所得的两幅绒织物其图案互为正反效应，故得此名。

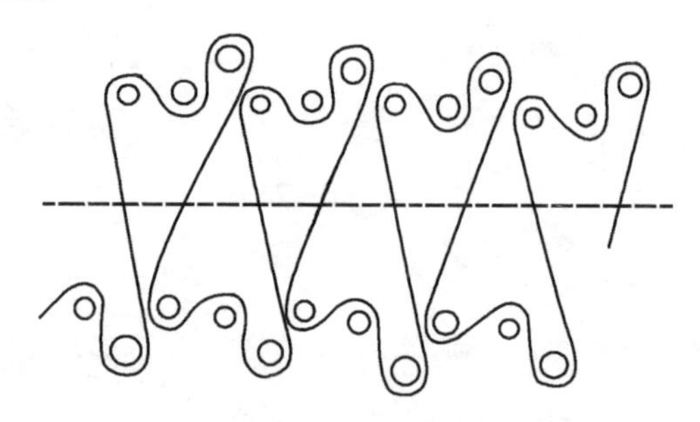

图3-71 双层绒织物经向剖面

3.5.2 纬起绒织物

纬起绒织物正好是经起绒织物的90度转向，在织造时使用一组经线、两组纬线（地纬与绒纬），并通过割断绒纬所起的浮长线来获得绒毛效果。相比经起绒织物而言，当时使用纬起绒技术生产的绒织物较少，主要有直枪绒、条子绒、灯芯绒等几种，其中又以灯芯绒最为常见。灯芯绒因其表面绒毛具有“若灯草形，整齐成行”的纵向凸直条纹外观而得名，其地纬与绒纬的排列比以1∶2、1∶3居多，在织造时由地经和纬线交织成平纹或2/1、2/2等简单斜纹地组织，[①]在一个组织循环中绒纬与某几根经线交织成固接点，以绒纬起浮长线浮于织物表面。坯绒在织造完毕后，其绒纬浮长成纵行排列，在切割时只需在每一绒纬浮长中央部分切开，即可产生纵向凸条效果（图3-72）。

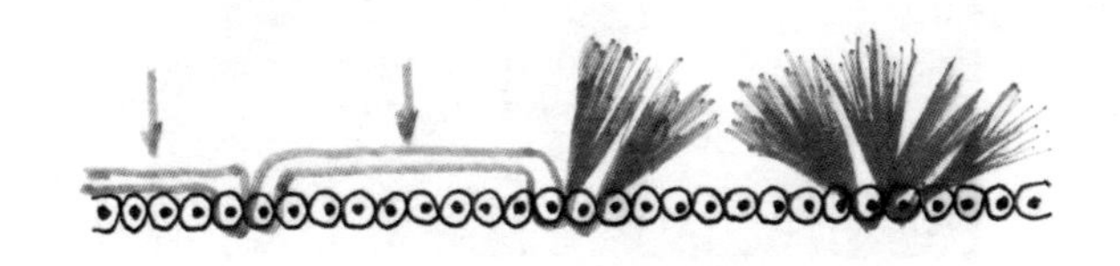

图3-72 灯芯绒织物纬向剖面

除单层纬起绒织物外，此类织物也有使用双层起绒法的，如鸳鸯绒纱等，其结构原理与提花双层阴阳绒等双层经起绒织物相似，由绒纬连接表里两层地组织，将绒纬割断使上下两层分离后便可得到花地相反的两幅绒织物。

3.5.3　特殊加工的绒织物

除了各种起绒纹织物外，民国时期的还有部分绒织物利用了各种特殊的后处理方法，在平素的绒织物上显现出图案。

其中最常见的加工方法是利用原料的不同性能，对其进行化学方法处理，烂花绒是使用这类方法形成绒织物的典型代表。[②]烂花绒的坯绒是一种经起绒织物，采用桑蚕丝做地经及地纬，人造丝作绒经，素绒下机后，将化学制剂（当时是一种调有硫酸的糨糊）印在所需图案以外的绒毛上，利用桑蚕丝耐酸不耐碱而人造丝耐碱不耐

① 徐铮. 民国时期的绒类丝织物［J］. 丝绸，2010（11）：36-38.

② 烂花绒由于价格昂贵，国内销路有限，大部分产品出口。太平洋战争以后，上海生产的烂花绒以出口西欧、印度为主。

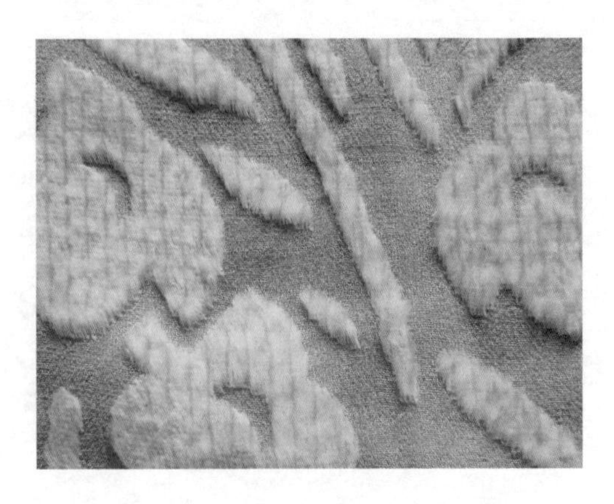

图3-73 烂花绒

酸的不同特性，经碳化作用烂去非图案部分的人造丝，露出由桑蚕丝交织而成的地部，这种化学处理方法即称为“烂花”。所存图案部分的绒毛经过漂洗、染色、整刷，最终形成烂花绒织物。在此基础上，烂花绒还有一些变化，如在设计绒经时，在无光人造丝中间隔使用有光人造丝，从而使织物图案部分显现出闪光竖细条纹(图3-73)。

利用高温对织物进行热轧处理是另一种常见的绒织物加工方法，这类绒织物以拷花绒为代表。绒织物的坯绒与烂花绒相同，也是一种经起绒织物，在素绒下机后，根据图案要求通过人工烫花处理使图案处的绒毛倾倒，形成卧绒和立绒两个不同的部分，利用绒面的起伏对比形成花地，但是通过这种热定型方法形成的图案较易变形。在中国古代也有以类似方法形成的绒织物，明朝时有一种抹绒，在织成后，透过花版将植物胶质印在绒毛面上，并将印有胶质糊料的图案绒毛抹倒一个方向，从而产生不同光泽的花纹，可能就是这种拷花绒的前身。

绒类织物实例分析详见表3–14。

表3–14　绒类织物实例分析

<table>
<tr><th>品名</th><th>经线</th><th>纬线</th><th>组织</th><th>图案</th><th>出处</th><th>收藏地</th></tr>
<tr><td rowspan="2">烂花绒</td><td>2S2Z织入，20根/厘米</td><td rowspan="2">3S3Z织入，32根/厘米</td><td rowspan="2">平纹地，绒根为W形固结</td><td rowspan="2">树叶纹</td><td rowspan="2">旗袍面料</td><td rowspan="2">中国丝绸博物馆</td></tr>
<tr><td>无捻，40根/厘米</td></tr>
<tr><td rowspan="2">烂花绒</td><td>2S2Z织入，22根/厘米</td><td rowspan="2">3S3Z织入，38根/厘米</td><td rowspan="2">平纹地，绒根为W形固结</td><td rowspan="2">花卉纹</td><td rowspan="2">旗袍面料</td><td rowspan="2">中国丝绸博物馆</td></tr>
<tr><td>无捻，44根/厘米</td></tr>
<tr><td rowspan="2">金丝绒</td><td>S捻，23根/厘米</td><td rowspan="2">无捻，80根/厘米</td><td rowspan="2">平纹地，绒根为W形固结</td><td rowspan="2">素</td><td rowspan="2">旗袍面料</td><td rowspan="2">中国丝绸博物馆</td></tr>
<tr><td>无捻，68根/厘米</td></tr>
</table>

3.6　小　结

20世纪上半叶的机器丝织物品种之多胜于历代，不仅纺绸、缎、纱、罗等大量传统品种得以延续生产，而且又开发出呢、葛、绨、像景等新型织物大类。在组织结构设计上，这个时期的机器丝织物较传统木机织物有大量创新，出现了绉组织、泥地组织、影光组织等众多新型组织，同时改变了传统木机织物以单一或两种基本组织为主的现象，大量采用重组织结构，而新型织机、原料等生产工艺因素的发展使得这种创新设计成为可能。

3.6.1 组织结构的多样性变化

20世纪上半叶的机器丝织物在组织结构设计上较传统木机织物有大量创新，呈现出多样性的变化，主要表现在以下三个方面。

一是众多新型组织的出现。首先出现了利用组织起绉这种古代中国没有的新型起绉法，创造出大量绉类织物新品种，并且这类组织还被引入到大纬呢、博士呢等呢类丝织物的生产中，以获得仿毛效果，这是这个时期在丝织物品种设计中的一个创举。另一个重要的新型组织是影光组织，它的出现和运用促使了像景这个新织物类型的产生，同时这种组织也是机器丝织物独有的新型结构。这是因为传统木机生产的提花织物通常使用一根提花扦来控制多达六七根经线的运动，而机器生产的提花织物由于采用了贾卡龙头和棒刀装置，每一根经线都可以自由与纬线交织，使织出细小的影光组织成为可能。

二是重组织结构的大量使用。与传统木机产品相比，使用重组织结构的机器织物品种更加多元，出现这种情况的原因在于，首先是随着人造丝与桑蚕丝交织品种的大量出现，为实现原料间差异性的利用，在织物设计中必须要采用多组经线或纬线的重组织结构。另外，共口组织在局部的运用使织物的图案部分经（纬）重数较多，图案突出、明显，而地部的经（纬）重数较小，从而降低了织造难度和生产成本，促使重组织结构的采用。此外，双面多梭箱织机和双层绒织机的使用也使得重组织结构在织物生产中的使用较以前更为便利。

三是多种组织的配合使用。以代表中国传统木机织造技术最高水平的锦类织物为例，其基础组织通常只是缎纹等单一组织，但这个时期的机器丝织物如巴黎葛、安琪绉等较多地采用缎纹、平纹、浮长组织等多种组织进行配合织造，是其在品种设计上的一大发展。这是因为传统的木机通常使用地综提织基础组织，线制花本来控制起花部分经线的提升，而采用贾卡式提花龙头进行生产的织机通常装有把吊和棒刀装置，通过两者的配合运用使得用少数竖针即可管理倍数之经线，不仅为大花纹织物的产生和发展提供了技术支持，而且通过棒刀装置的不同穿吊方法，可避免纹针与棒刀的在提升不同组织上的冲突，使多种组织的配合使用成为可能。

3.6.2　经纬原料的差异性利用

利用不同原料间的性能差异，通过后处理工艺取得不同的外观效果，也是20世纪上半叶的机器丝织物品种设计的一个特点。

这其中最为突出的表现是对人造丝与桑蚕丝性能差异的利用。一方面，人造丝是植物性纤维经过化学加工再造出来的长纤维，与动物性蛋白的桑蚕丝对染料的亲和力不同，可使织物在练染后呈现双色，从而促进了天香绢、花软缎、克利缎、鸳鸯绉等一系列采用生织套染的双色或三色新品种的开发；同时，也促进了重组织结构在织物设计中的运用。另一方面，利用桑蚕丝耐酸不耐碱而人造丝耐碱不耐酸的不同特性，针对人造丝使用的烂花工艺被引入织物品种设计，促进了烂花绒、烂花绡等轻薄型织物的创新设计。此外，由于人造丝，特别是有光人造丝在光泽上较桑蚕丝亮度更高，与桑蚕丝的交织色泽鲜艳，可达到推陈出新的效果，在一定程度上促使人造丝与桑蚕丝交织品及全人造丝产品品种的大量出现。

此外，对原料不同的纤度利用，特别是在素织物品种的设计中，利用纤度较粗的棉线、毛线等与纤度较细的桑蚕丝、人造丝进行交织，通过经细纬粗的设计手法，使织物呈现出平纹罗背的外观效果，创织出绨、葛等织物大类。

3.6.3 传统产品的提升性继承

除了运用组织和原料创新开发的新品种外，20世纪上半叶有相当部分的传统品种也逐渐实现了利用手拉机和电力织机织造的机器化生产。这些产品与用手工木机织造的同类型产品虽然在组织结构上并无大的变化，但在外观、性能等方面都进行了提升，从而衍生出一系列新品种，可称之为“提升性继承”，或者说是“不变中的改变”，同时此项特点也是判断具有相同组织结构的同类型织物是否为机器生产的重要依据之一。

这项特点的首要表现为织物门幅的扩展。这是因为织物要“放宽门面，非用力织机不可，盖四五十吋宽之绸，手织颇为不易”，而采用半机器或机器作动力驱动的梭子，在织口中一次抛投可行进的距离更远，因而所织成的织物门幅更宽，“即（手织）能织亦货少而价因之贵，不如用力织机之省工也”。[①]以使用最基础的平纹组织织制的素纺绸织物为例，传统使用木机生产的盛纺等土绸，以人手抛投为动力，其门幅较窄，一般为一尺五寸（50厘米）到一尺六寸（约53.33厘米）左右；使用手拉机生产的洋纺，因为使用飞梭装置进行投梭，门幅可扩至二尺（约66.67厘米）以上；而使用电力织机生产的电力纺门幅又扩至二尺四寸（80厘米）以上，较土绸的门幅扩展了近二分之一。

其次是与木机生产的传统织物相比，其变化表现在使用动力织

---

① 清华学校留美学生王荣吉关于国内丝绸业改良之研究报告（手稿）[Z].苏州市档案馆藏，1921.

机织造的织物其组织更为均匀，表面更为光洁细腻。产生这种变化的原因有两点：一是传统品种多采用手工缫制而成的土丝或干经作经纬线，存在丝线匀度不均、纤度不够的先天性缺陷，而使用机器化生产的产品多改用机器缫制的厂丝为原料，在匀度和纤度都有所改善和提高；二是以人手抛投为动力进行投纬，无法达每一梭投纬具有完全相同的力度，而机器化生产则可改变这种情况，同时代替竹筘出现的钢筘，具有更大的筘齿密度，增加了织物的经密，并使之排列更为均匀。

另一个值得注意的特点是，在20世纪上半叶，特别是江浙沪地区，随着机器化生产程度的日益增加，一些不能适用于机器化生产的传统品种如漳缎、妆花、妆金等，虽然在小范围内还有生产和使用，但由于生产成本高，耗时耗工，在当时的商业化环境下无法与机器丝织物竞争，而处于被日渐淘汰的境地。

第四章　20世纪上半叶机器丝织物的图案研究

4.1　近代染织设计体系的引进和建立

4.1.1　“图案”概念的引进

在古代中国并无单纯的“设计”的概念，传统丝织物的生产“工艺”往往是指具有丝织技艺的人（主要是工匠）所从事的创造活动，这种活动是设计和制作的统一，也是技术和艺术的统一，设计对制作的影响很小。而与制造分离的近代染织设计萌发于欧洲各国资本主义初步发展的阶段。19世纪中后期欧美国家及日本等利用机器大工业生产的产品在中国市场的不断扩大，带动了中国近代丝织业的发展，特别是在江浙沪地区，传统的丝织手工业逐渐解体，转变为机器大工业的生产方式。由于市场销售和机器化生产的需要及欧美日本等的影响，染织设计逐渐从丝织物制造中分离出来，成为一个相对独立的门类，出现了专门的图案设计师和机构。

中国近代染织设计的发轫直接源于日本的影响，主要表现为引进了“图案”“实用美术”“工艺美术”的概念。但事实上，从日本引入这种“图案”的概念，包括从技术、纹样到专业词汇等，究其源头仍是受到西方设计理论的影响。日本在明治维新后积极向西方学习，逐步完成了丝织业的机器化生产，在实现制作和设计逐渐分离的同时日本也引进了西方的设计理论，提出了“图案”“实用美术”“工艺美术”的概念，这些概念在强调设计的功能意义外，也同时强调了它与传统美术创作间的联系。而在20世纪上半叶的中国，对来自欧美的“设计”“艺术设计”等外来词也沿用日本的译法，称之为“图案”。一般说来，狭义的“图案”概念指装饰纹样，广义的“图案”概念已经具有“设计”的内容，在当时被看作“美术设计”的代名词。李朴园在《中国现代艺术史》中写道：“所谓图案，就是我们预备说明的工艺美术。这类艺术，在英文里，称Industrial Art（工业艺术），Applied Art（应用艺术），Minor Art（小工业美术）或Decorative Art（装饰艺术）……至于图案一词，则是日本学者从欧文翻译出来，我国人从而沿用的名字。”[①]民国十五年（1926），美术史家、画家俞剑华（1895—1979）编著的《最新图案法》“总论”中也写道：“图案（Design）一语，近始萌芽于吾国，然十分了解其意义及画法者，尚不多见。国人既欲发展工业，改良制造品，以与东西洋抗衡，则图案之讲求刻不容缓！上至美术工艺下迨日用什器，如制物，必先有物之图案，工艺与图案不可须臾。”该书序言认为“所谓图案者，为实用美术之一”，指出：“国货之图案不知改良，懵于社会之心理耳。研究图案，即为改良之基础，亦即杜绝外货输入之良法，制作家不应急起直追，对于图案稍加注意乎？”[②]在这里

① 李朴园，等. 中国现代艺术史［M］. 上海：良友图书印刷公司，1936：3.
② 转引自：陈瑞林. 中国现代艺术设计史［M］. 长沙：湖南科学技术出版社，2002：8.

“图案”的意义已经与“艺术设计”大致相同，甚至接近“工业设计”的含意。

而“图案”这个词语在整个民国时期都有被沿用，当时的许多美术学校都开设了图案系科，如国立杭州艺专等，通过图案课程开展设计教育。而当时的不少专业设计丝织物图案的机构也以“图案”或与之类似的名词命名。如中国近代染织图案设计的开拓者——陈之佛于民国十二年（1923）学成回国在上海福生路德康里二号开办的设计丝织物图案的机构，即命名为“尚美图案馆”（图4-1）。而苏州振亚厂的股东之一娄凤韶也成立了凤韶织物图画馆（最初称为“三益纹工绘图社”）（图4-2），专门为苏州振亚厂及上海云林系的各丝织厂绘制丝织物图案小样，审定通过后即交各厂依样织造。

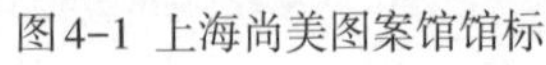
图4-1 上海尚美图案馆馆标

图4-2 凤韶织物图画馆设计的织物图案集

因此可以说，在中国丝织业的近代化过程中，“图案”概念的引进标志着近代丝织物大机器生产中设计和制造的分工，作为亘古未有的一件新事物，接近于“工业设计”概念的染织设计开始出现，而色的三要素等色彩概念以及单独形、连续形等图案归类原理等相关设计概念的引入，则使染织设计更趋于合理化、系统化。

4.1.2　机器生产对染织设计教育体系的需求

古代中国和古代欧洲、日本一样，并没有现代意义上的“设计教育”，在中国传统丝织业中担任设计的通常是“匠人”或者“工匠”，工匠们所在的手工作坊是主要的丝织生产机构。而人才培养的主要方式则是“师徒相授”，即由师父通过手把手的方法教授徒弟绘制图案、编织花本等技巧。这种传授知识的方法因人而异，不仅时间长、效率低，而且有时师父为防日后徒弟对自己造成威胁，在传授时常有所保留，因而不但在技术上缺少创造和变革，还时常面临技术倒退的境地，但是由于受到生产力的限制，这种传统的传授模式能够基本满足社会的日常需求，从而延续了上千年的时间。

清末，随着西方传教士的活动、通商口岸，尤其是租界的设立和洋货的倾销，西方的近代染织设计通过各种渠道影响了中国社会，特别是江浙沪的广大社会阶层，造成了一种广泛倾慕“西洋美术”和“西洋工艺”的风气，对丝绸产品设计产生了较大影响。特别是在民国时期，由于西方近代工业革命的影响，中国传统丝织业逐渐解体，开始逐步实现了规模化的机器生产，从而使丝织物设计风格的决定者由传统的手工工匠或宫廷贵族转变为新兴的丝织工厂业主；而为了获得更大的利润，工厂业主必须添置更多的机器，以更高的生产效率运作及时迎合市场多变的需求，因此丝织工人只需会操作机器而不需艺术方面的培训。另外，随着艺术家地位的不断提高，为工厂进行产品设计已不是他们的主要目标。这一系列的变化对传统生产方式中设计与生产两者结合的关系造成了强大冲击，导致两者间的隔离，而旧有的人才培养方式具有很强的保守性和封闭性，且“一意固持旧套，墨守成规，……非但与时代精神相违，甚且愈传而法愈失，而制品愈觉卑下，终至不堪入目”[①]，因而已明显不适应新生产方式的需求，出现了专业染织设计人员匮乏的局面，成为制约行业进一步发展、繁荣的突出问题。当时各丝织工厂需要图案、意匠图，往往只能向日本人购买，从而使日本商人大发横财，因此发展出一套近代染织设计教育培养制度。培养出适用于机器批量生产的专业设计师成为迫在眉睫的需求。

4.1.3 留学生对近代染织设计风格的影响

19世纪中期以来的两次鸦片战争，不仅使中国在军事上遭受失败，而且由于舶来品的冲击，包括丝织业在内的传统手工业逐步陷入危机。为了扭转这种局面，“师夷长技以制夷”“自强御侮”的洋务思潮和洋务运动得以流传和开展，自此直至民国出现了一股近代留学热潮，其中就包括了大量学习近代染织设计的学生。这些留学生学成回国后，一部分继续从事染织图案设计，另一部分则投身于染织教育，积极引进西方先进的染织教育制度和理论，为中国近代染织教育制度的构建和染织人才的培养做出了重大贡献。

总的说来，中国向外派遣留学生可分为两个阶段。在早期，日本是政府派遣留学生的首选国，究其原因，甲午战争的惨败使中国朝野开始探究与中国国情相近的日本迅速强大的原因，认为向日本派出留学生可以获得其经过挑选加工、去粗取精、中西结合的知识。此外，与留学欧美相比，留学日本所需费用较低、中日文字接

---

① 陈之佛. 现代表现派之美术工艺［M］//陈之佛. 陈之佛文集. 南京：江苏美术出版社，1996：15.

近易于通晓、大量西方书籍已有日本翻译等客观原因也造成了“留学日本蔚为风气，极一时之盛，其规模之大，人数之多，前所未有”[①]的现象。而美术学生亦多赴日本学习，如李叔同、陈树人等人，都在日本专门或涉猎艺术设计的学习。当时的日本为加速追赶西方近代化步伐，重视技术和实践，强调以实用为目的培养设计师，其中创建于1887年的日本东京美术学校开设有为近代机器生产服务的图案科，在20世纪初期培养了许多中国的染织设计人才，对中国近代染织设计产生了较大的影响，其中最值得一提的当属中国近代染织图案设计的开拓者——陈之佛。

陈之佛（1896—1962）（图4–3）毕业于浙江省立工业专门学校机织科，毕业后留校担任染织图案、铅笔画等课程的教师，后有感于国内染织图案设计落后的现状，就将专业由织造工艺转向了图案设计，并于民国八年（1919）考入东京美术学校工艺图案科学习染织图案设计的新方法。民国十二年（1923），陈之佛毕业回国后在上海开办了“尚美图案馆”（图4–4），结合生产实际为丝织工厂设计大量丝织图案，业务兴盛，深受各厂的欢迎，如当时杭州虎林公司织造的产品，其图案设计就多出自尚美图案馆之手。[②]此外，图案

图4–3 尚美时期的陈之佛

① 刘艳玲. 近代日本对中国高等教育发展的影响初探［J］. 日本问题研究，2007（1）：38–40.

② 夏燕靖. 陈之佛创办“尚美图案馆”史料解读［J］. 南京艺术学院学报（美术与设计版），2006（2）：160–167.

图4-4 陈之佛的染织图案设计

图4-5 图案构成法

馆中还设有专门的训练班，为丝织厂家培养适应机器化生产的图案设计人员，效果显著，深受厂家欢迎。因此，尚美图案馆的创办在中国是一件从未有过的新事物，体现着一种全新的设计思想以及现代工业生产中设计与制造的分工。此外，陈之佛还长期在上海、南京等地的高等院校担任图案设计教学，先后编写了《图案讲义》、《图案设计ABC》、《中学图案教材》、《图案构成法》（图4-5）、《图案教材》、《表号图案》等书和教材，将日本、欧洲国家的图案设计介绍到中国，对近代中国染织设计体系的建立和发展颇有影响。

除日本外，当时的法国、意大利、美国等也是机器染织业发达的国家。早在民国四年（1915）时，农林部就曾致函工商部协商派生赴意大利学习染织提花的事宜，称“制丝染织有辅车相依之关系，若不改良染织，纵有最精良之生丝，亦难收美满之效果。……制丝改良在本部，而染织提花系属工科专门，应由贵部提倡。嗣后贵部如有派生肄习染织提花学科者，请与吴代表接洽”[①]。到了20世纪20年代中期以后，由于日本在经济、政治以及军事等方面对中国的侵略，随着大量留日学生罢课、归国，日本染织教育对中国的影响逐渐减弱。赴欧美国家学习美术和设计的人员逐渐增多，而国内教育部门也认识到“日本学制本取法欧洲各国”，应“兼采欧美相宜之法”，[②]除了官方仿效美、法等国进行染织教育课程和学制的改革外，法国巴黎也进而取代日本东京成为学习设计的学生的首选之地。其中位于欧洲丝绸生产重镇的里昂美术专科学校，是欧洲丝绸图案设计的创意中心，它在课程设计中将绘画、雕塑系与建筑、装饰系融为一体，学生既要掌握难度较大的人物素描，同时也要学会处理纺织品纹样这样的装饰问题，这种将艺术家培养和工业教育相结合的教育模式，为学生提供了良好的基础艺术修养，从而保证了丝绸图案设计的艺术质量。

20世纪二三十年代，接受了欧洲文艺复兴时期古典设计和19世纪后期20世纪初期西方“艺术和手工艺运动”“新艺术运动”“装饰艺术运动”等艺术设计影响的欧美地区的留学生相继回国，他们以中国机器工业生产的实际需要为导向，改变了已往中国的设计多受日本影响的状况，进一步促进了中国近代染织艺术设计的发展。其中就有上海美亚织绸厂图案设计室主任李有行（1905—1982），他毕业于深受日本设计教育影响的北平国立艺术专科学校，民国二十五

① 农林部致工商部函（派生赴义国学习染织提花）[M]//袁宣萍，徐铮. 中国近代染织设计. 杭州：浙江大学出版社，2017：343.

② 蔡元培. 全国历史教育会议开会词 [M] //高平书. 蔡元培全集（第二卷）. 北京：中华书局，1984：262-265.

年（1936）赴法国里昂美术专科学校学习染织艺术设计，并获学校毕业设计奖，毕业后曾在巴黎维纳丝织公司担任图案设计师，[①]民国二十年（1931）回国后进入美亚织绸厂主持丝绸设计工作，历时八年，所设计的百余种丝绸产品风靡东南亚市场。有欧美留学经历的柴扉、常书鸿（图4–6）、黎能法、刘既漂等人虽然是画家或从事其他艺术设计，但仍有染织设计图案供厂家选择投入生产。而与李有行同年回国，有类似教育经历的雷圭元，回国后担任了国立杭州艺术专科学校的图案教学工作，不仅致力于中国传统图案设计的研究，而且也将西方的艺术设计教育理念引入了中国（图4–7）。

图4–6 常书鸿染织设计作品

图4–7 雷圭元染织设计作品

① 钟茂兰. 一代大师李有行［J］. 美术观察，2011（1）：118–119.

4.1.4　中国近代染织教育的兴起

中国国内的近代染织设计教育萌芽于清末，当时面对国力衰败的现实，废科举、办新学、发展实业成为社会主流。光绪二十九年（1903）由洋务派官员张之洞等人参照日本学制厘定了《奏定学堂章程》，并于次年颁布施行，从章程看，高等学堂13个科目中有染织和机织，中等工业学堂的10个科目中也有染织，目的是“全国工业振兴，器物精良，出口外销货品日益增多为成效”。也在同年，张之洞身体力行，在他所开办的湖北工艺学堂中开设染织科，是中国最早开设染织科的学校。[①]此外，在清末新政中创立的京师高等实业学堂、直隶高等实业学堂（前身即北洋工艺学堂）、天津北洋大学、苏州中等工业学堂、浙江中等工业学堂等官办学校也都开设了染织科，[②]而染织科由于提花、染色等专业的需要，往往也开设绘图、画稿、意匠、色彩等课程，从而为中国的近代染织设计教育打下了基础。

相比以挽救国家民族危亡为目的的清末染织设计教育萌芽而言，民国时期的染织设计教育是伴随着丝织业逐步实现机器化生产的过程发展而来的，其正规性、完整性、科学性、专业性等各方面都趋于完善，“图案教育、手工教育、工艺教育已经构成了一个相对完整的体系，高、中、低等教育层次基本齐备，专业教育、职业培训、业余教育、师资培养等各种办学形式初步完整”[③]。特别是第一

① 《中国近代纺织史》编辑委员会. 中国近代纺织史（上卷）[M]. 北京：中国纺织出版社，1997：236.

② 袁宣萍，徐铮. 中国近代染织设计 [M]. 杭州：浙江大学出版社，2017：255.

③ 袁熙旸. 中国艺术设计教育发展历程研究 [M]. 北京：北京理工大学出版社，2003：37.

次世界大战之后，随着资本主义工业和商品经济的进一步发展，市场对设计人才的需求更加迫切，认识到“当夫欧战告终，世界和平。而国际之竞争与商战之剧烈更触目皆是。是以改良工业，实为今之要务，而机织之业尤占其重要焉！每观近来工厂之机织商肆之织物皆购诸西欧东瀛，实则彼国数年前之旧货陈腐老朽之花纹耳。所谓新式机械时样花纹，又何来哉？是故吾求织物之优良，必自行改造花样”[①]。这也使得学校的教学目标更明确，课程设置更合理，规模更扩大，促进了染织设计教育的飞速发展。

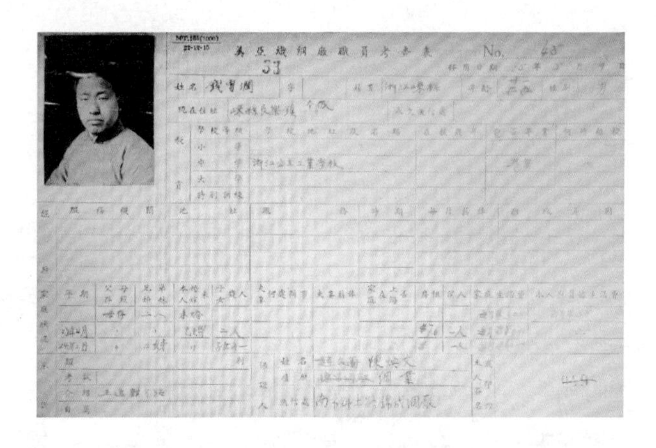
美亞織綢廠職員考查表 No.
姓名 錢雪潤
小學
中學 浙江公立工業學校
大學

图4-8 担任美亚织绸厂美术部绘图员的工校毕业生钱雪润

以浙江官立中等工业学堂（后改名为浙江省立甲种工业学校，简称工校）为例，这所学校始建于宣统三年（1911），设有机织、染色、机械等科，是中国最早从事染织图案设计教育的学校之一，民国年间为上海美亚织绸厂等近代机器丝织企业培养了大批人才（图

① 转引自：袁宣萍. 从浙江甲种工业学校看我国近代染织教育［J］. 丝绸，2009（5）：48.

4-8)。一方面，该校在教学上强调教育的实用主义，学校设有较为完善的实习工场以配合教学，让学生通过心、手、脑的并用在实践中掌握设计的原理；在课程设置上，由于机器织物图案的表现依靠原料和意匠等工艺的配合，一般画家如未受过相关的技术训练，其设计的图案极有可能在实际生产中并不能实现。因此，除了英文、国文等基础课程外，专业课兼顾了水彩、图案等艺术课程，并与织物解剖等专业工艺课程相结合，以达到对学生相对全面的专业能力培养（见表4-1)；另一方面，学校与丝织企业间有着密切关系和联动，工校染织科主任朱光焘、蔡谅友等人创办了近代著名的纬成、

表4-1　浙江省立甲种工业学校染织科民国九年（1920）课程表

<table>
<tr><th>年级</th><th colspan="2">课程科目</th></tr>
<tr><td>预科（全校不分科）</td><td colspan="2">化学、物理、几何、代数、铅笔画、几何画、英文、国文、修身、算术、体操、实习、随意画（国技）</td></tr>
<tr><td>一年级（染织不分科）</td><td colspan="2">机织法、织物解剖、原料、投影画、水彩画、三角、几何、代数、英文、国文、修身、体操、物理、化学、实习、国技选修</td></tr>
<tr><td rowspan="2">二年级</td><td>机织</td><td>机织学、织物解剖、机械制图、英文、国文、修身、体操、图案、水彩画、纹织、实习</td></tr>
<tr><td>染色</td><td>染色学、有机化学、机械学、机械制图、英文、国文、修身、体操、图案、水彩画、实习</td></tr>
<tr><td rowspan="2">三年级</td><td>机织</td><td>棉纺、毛纺、丝纺、麻纺、力织、织物解剖、意匠、英文、国文、修身、发动、体操、实习</td></tr>
<tr><td>染色</td><td>捺染、色素化学、整理、染色机械、配色及混合色、交织物、浸染、英文、国文、修身、发动、体操、实习</td></tr>
</table>

注：资料来源：袁宣萍. 浙江近代设计教育（1840—1949）[M]. 北京：中国社会科学出版社，2011：60.

虎林等公司，毕业生进入美亚相关企业发挥关键作用，达到了现代意义上的“产、学、研相结合”。这种理论联系实际的教育模式取得了很好的成绩，在民国十年（1921）校庆十周年展览上，学生的“铅笔画、水彩画、小样图案意匠、风景织意匠、照相织意匠等五光十色，（参观者）咸谓织物花样前均购自外国，今灿烂若是，可以杜塞漏卮矣”[①]。

民国时期学校正式染织设计教育的建立，突破了传统手工艺师徒制的陈规，摆脱了师徒间的依附、雇佣关系，将专门化的设计教育与一般性的技能培训相分离，为机器工业生产输送了不少专业设计人才。同时，学校式的教育博采众长，在借鉴国外办学经验的同时，引进国外先进的设计思想和流行时尚，拓宽了学生的视野，使之突破传统的固有模式而更具创新意识，对丝织物图案设计及其风格都产生了很大影响，从而提高了丝织物图案设计的水平。

4.1.5 机器丝织企业对图案设计的重视

古代中国丝织图案的使用更多地侧重于功能性而非装饰性，因而同一种图案可长期盛行，与此不同，民国时期由于封建服饰制度的废除，图案不再是地位等级的标识，而更多地受到人们对时尚喜好的影响，流行文化成为丝织物图案发展的加速器，其流行周期变得越来越短，这在客观上刺激了图案设计迅速地更迭变化。另外，随着近代机器丝织业的兴起，工业化的批量生产，使得一般平民使用丝织物的机会增多，而近代商业贸易的繁荣也使丝织物图案的设计更贴近市场的需求，流行势力和消费者市场而不再是统治者的趣

---

① 浙江公立工业专门学校十周年纪念展览会报告［M］//袁宣萍. 浙江近代设计教育（1840—1949）. 北京：中国社会科学出版社，2011：67.

味成为决定图案设计风格的关键力量。因此为了追求更多的商业利润，厂家十分重视丝织物的图案设计，认为“织物品质的高低和在社会上受人欢迎与否，关系在原料方面的不过十之一二，而关系在花样的，要占十之八九。故花样的好坏，实在能影响到营业的盈亏”[①]。

一般来说，机器丝织企业获得设计图案的途径有以下几种。一是一些大型工厂设有自己的设计机构，如上海美亚织绸厂，将各分厂的踏花机、纸版和纹工设计人员集中成立美章纹制合作社，以促进丝织物纹样的革新，民国十九年（1930）又成立了美亚织物试验所（图4-9），专门为总厂及分厂研究开发各种新织物，鼎盛时期提花纹织设计和纹工专业人员就有78人，[②]几乎每周都有新品推出。二是独立图案设计师或设计机构，如陈之佛的尚美图案馆，及常书鸿、叶浅予、张光宇等人设计出图案后，出售给厂家，由其挑选、购买后投入生产，如当时颇有名气的杭州虎林公司织造的产品，其图案很多就出自尚美图案馆之手，而振亚丝织厂与云林系的丝织厂则均由凤韶织物画图馆提供图案小样，依样织造。三是向社会公开征集，如上海美亚织绸厂就曾在《申报》上登载《悬赏征求织物图案启事》，邀请刘海粟等5位名画家作评委，评出杨雪玖的《连环形之圆圈与齿轮》为一等奖，并把各获奖图案作品用于夏季式样紕缦绉时装面料的生产中（图4-10）。[③]

另外，近代机器丝织企业也十分注重市场调研，以便“按照行

① 崔峴圃. 织纹设计学［M］. 上海：作者书社，1950：127.

② 周宏佑. 近代上海丝织产品花样演变［J］. 丝绸史研究，1992（2）：19-21

③ 陈正卿. 早期的广告创意与电影［N］. 上海珍档，2008-10-15（B20）.

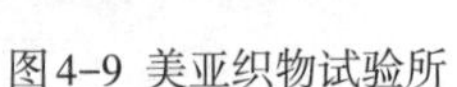
图4-9 美亚织物试验所

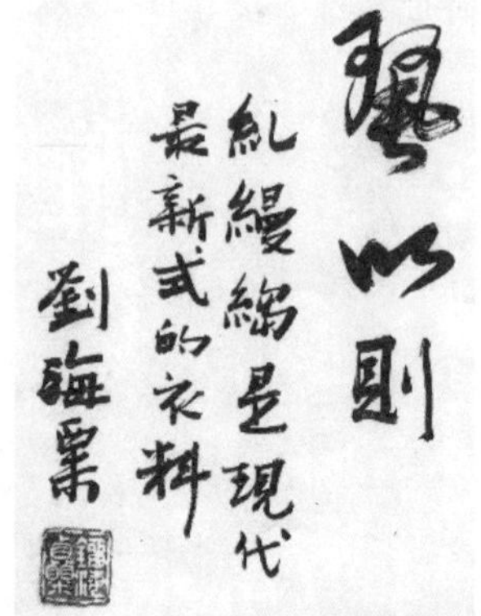

图4-10 刘海粟对紈缦绉的评语

销区人民好尚，锐意改良，务使制品易于推销”。如民国二十年(1931)，苏州的丝织业界对国外各丝绸行销较盛之地的时尚、丝绸品质、纹样及色泽等方面进行了详细考察，得出越南“于丝织品好尚，色以黑、白二色为主，花纹宜小或素身者”，菲律宾“当地人民无分老幼，均喜着颜色鲜艳、花样新奇之质料”，在檀香山“卖与西人者，花色要旧；卖与华侨者，花色要新”的结论，并据此对丝绸产品“着意改良，以投其所好”。[①]杭州云裳丝织厂的老板谢启元时常出入上海四大公司和舞厅，实地观察、收集国内外丝织图案，为工厂生产提供设计素材。并将小批量的新产品试样送至有业务往来的商店征求意见，根据反馈进一步修改后批量生产，最后投放市场。这种在追逐商业利润驱使下对图案设计的重视，虽然在一定程度上造成偷工减料、粗制滥造现象的出现，使图案流于粗疏、单调，但另一方面也使其图案风格更倾向于生活化和平民化。

① 调查国外丝绸品征税率及当地人民对丝绸好尚表（手稿）[Z]．苏州市档案馆藏，1931-04-20：1.

4.2　自然图案

此处所指的自然图案是指天地间原本就存在的自然生成物的图案，主要有植物图案和动物图案两大部分，此外还包括日、月、星、云等自然界中的原有物体，花卉图案是其中最为重要的组成部分。

4.2.1　传统植物图案的沿用与创新

4.2.1.1　花卉图案

长期以来，植物特别是花卉题材在丝织物图案中占了相当大的比例，很多明清以来的传统图案在民国时期的机器丝织物中被延续下来，并在此基础上进行更新和再创造，以适应人们生活方式和审美观念的改变，从而以一种新的形式继续流行，其中又以牡丹、菊花图案最为常见。

原产于中国的牡丹因其花大、形美、色艳、香浓，被誉为“花中之王”，不仅象征富贵荣华，而且还有“国运昌时花运昌”之说，因此广受人们的喜爱，被广泛用于传统丝织物图案中。在明清时期牡丹图案主要以缠枝、折枝或独枝的形式出现，花头被变形放大，并使用双梗，叶子则刻意缩小。民国时期机器丝织物中的牡丹图案基本上沿用了传统造型（图4-11、图4-12、图4-13），但其花与叶的比例开始缩小，表现手法更趋于写实化，风格也趋于清新和自然。

此外，由于受到西方设计艺术的影响，撇丝影光等表现技法也被运用到传统牡丹中，使其造型更为立体化（图4-14），特别是凤韶

图4-11 缠枝牡丹图案

图4-12 折枝牡丹图案

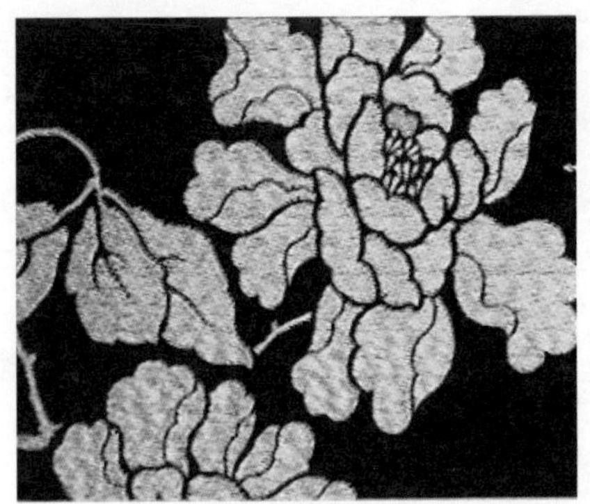

图4-13 独枝牡丹图案

图4-14 撇丝影光法的牡丹图案

图画馆设计的两款牡丹图案借鉴了19世纪80年代兴起的点彩画技法，以疏密有致的圆点取代线条和明暗面，使观者依靠视觉作用来体会图案形体的变化（图4-15）；也有将牡丹图案最美的花瓣部分加以夸张提炼、块面等方式表现，其造型简练概括（图4-16）。在牡丹花朵的造型上，一般所见都为完全绽放状，其中又以侧视为主，此外也有花瓣呈聚拢状（图4-17）。

图4-15 点彩法的牡丹图案

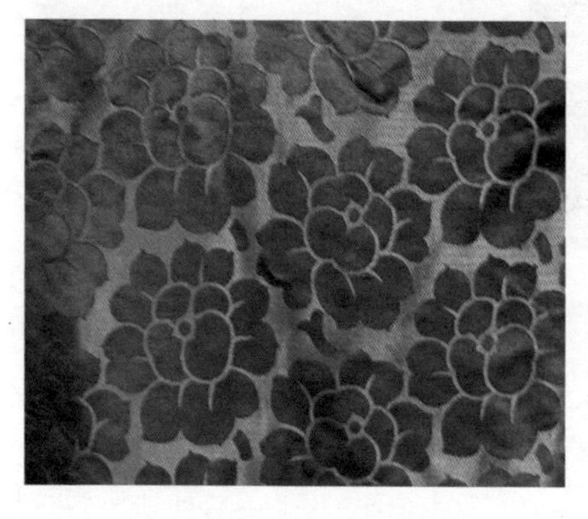

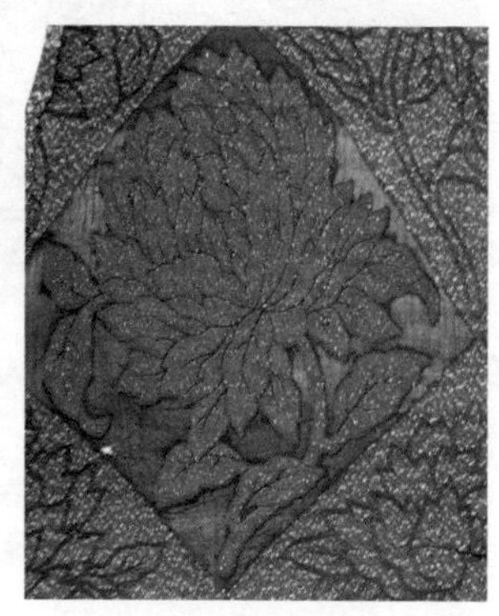

图4-16 块面表现的牡丹图案　　图4-17 花瓣聚拢的牡丹图案

菊花是中国的十大名花之一，象征长寿、吉祥，是这个时期机器丝织物，特别是织锦缎和古香缎织物中最流行的传统花卉题材之一。有别于沿用传统设计为主的牡丹图案，这个时期的菊花图案除了在造型上更趋向立体化写实外（图4-18），还出现了很多新变化。首先，传统的缠枝、串枝等造型已较少使用，多采用独朵的菊花图案（图4-19），不同于表现翔实的花朵，其叶子和茎干部分往往较为

图4-18 写实的菊花图案

图4-19 独朵的菊花图案

图4-20 不规则排列的菊花图案

图4-21 管瓣的菊花图案

简练概括；在排列方式上，传统连缀排列法的使用逐渐减少，以采用散点或不规则排列法较为多见，穿插自由（图4-20）。其次，以花瓣形状分，管状的菊花图案造型较为多见，其中又以卷曲发丝型的花瓣最常见（图4-21），其花型大中小三种皆有；平瓣的菊花图案其花瓣较为宽大（图4-22），花型较小。再次，除了常见的侧面花型外，也有许多以正面放射状花瓣为基础的变化造型，如图4-23中的菊花图案为配合菱格骨架，整体呈菱格状的变形样式，具有较强的视觉冲击力；凤韶图画馆设计的一款菊普云林纱，图案以花心为发端，构成花瓣的凸圆形呈级数不断向外扩张（图4-24）；而受到崇尚

图4-22 平瓣的菊花图案

图4-23 呈菱格状的菊花图案

图4-24 呈级数扩张状的菊花图案

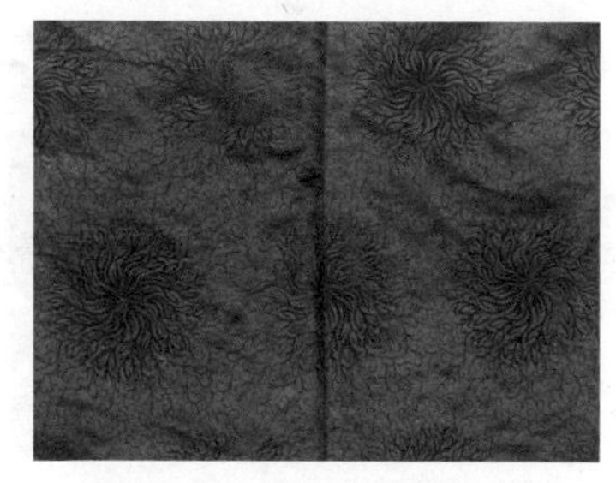

图4-25 呈漩涡状的菊花图案

曲率变化的新艺术风格的影响，某些正面花瓣还出现了呈漩涡状的曲线型变形样式（图4-25）。

此外，梅花、兰花、海棠、茶花等图案也是常见的被这个时期机器丝织物所沿用的传统花卉题材。

4.2.1.2　皮球花图案

皮球花，日本称之为“丸文”，是团花图案中一种具有特殊排列方式的小团花图案，与一般的团花图案相比，皮球花的外形较小，排列方式不刻意求平衡，较为自由活泼，这也是它不同于一般团花图案的最大特点。皮球花的起源较早，商代青铜器和白陶上就有类似的回旋云纹出现，[①]晚至唐代，皮球花开始出现在丝织物上，如在敦煌莫高窟晚唐196窟舞伎乐所着的上衣上所见图案即是此种，其种类有呈放射状分裂的小团花，也有联珠四瓣小团花，形式较为简洁（图4-26）。到了明清时期，皮球花图案再度兴盛，当时的缂丝、漳缎、暗花缎等织物中都有皮球花图案出现，与唐代相比，团形中的题材种类更为丰富，有梅花、葫芦、瓜果、荷花、兰花、竹子等各种不同的内容。

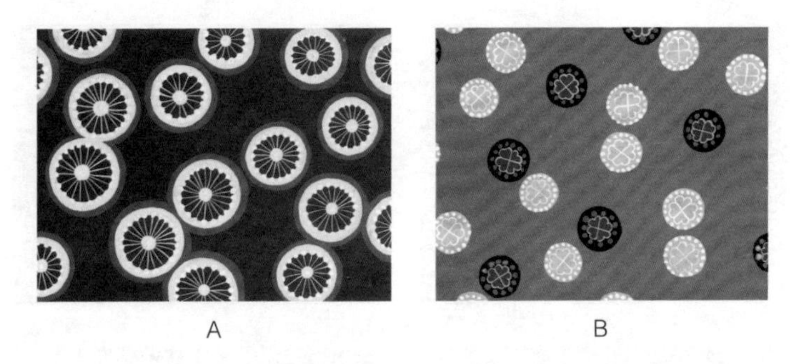

图4-26 敦煌莫高窟晚唐196窟舞伎乐上衣上的皮球花图案

20世纪上半叶，皮球花图案在机器丝织物中依然十分流行，特别是多见于三四十年代的面料中。根据是否有添加地纹，当时的皮球花图案又可分为清地和满地两大类。所谓清地皮球花是指除花之外，并无其他的地纹装饰（图4-27），这在早期的织物中较为多见；而满地皮球花则是指除花之外，在地部空隙处铺满了各种细纹（图4-28），所见三四十年代的面料中多为此类。一般常用的地纹有以下几种：一是泥点、曲线等小几何图案（图4-29A），一是朵花和树叶

① 沈从文. 谈皮球花［M］//沈从文. 花花朵朵坛坛罐罐. 南京：江苏美术出版社，2002：191-192.

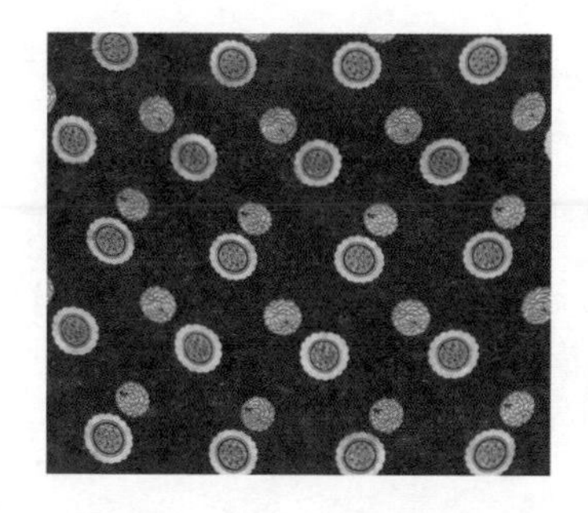

图4-27 清地皮球花图案

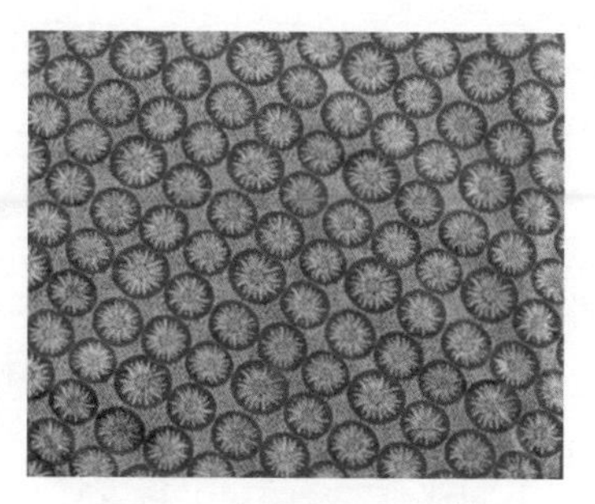

图4-28 满地皮球花图案

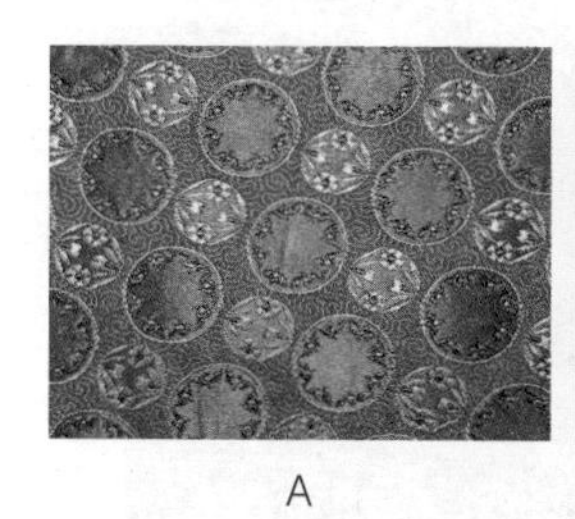

A

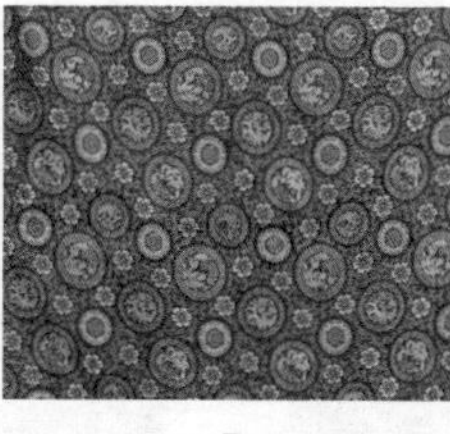

B

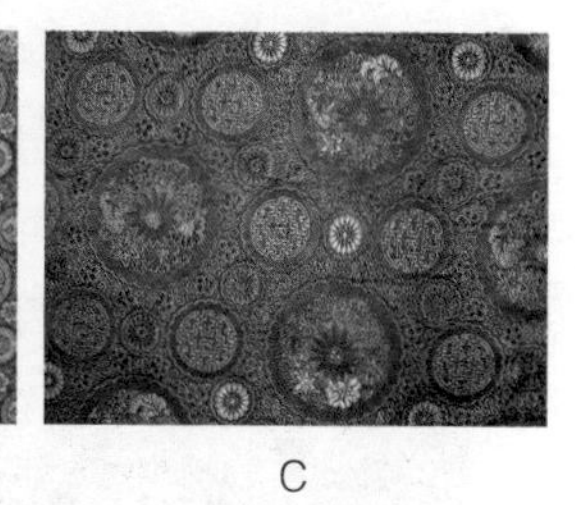

C

图4-29 满地皮球花图案的各种地纹

图案（图4-29B），另一些则将前两者组合在一起形成地纹（图4-29C）。

皮球花图案的排列方式有单个（图4-30）、两个相叠（图4-31）、三个相叠、多个相叠（图4-32）等多种，有人亦将这种排列方式称为“么”“二么”“三么”等，或许和骰子牌九有关系。在团形中的题材方面，虽然也有类似图4-29A中的变形图案，但仍以花卉图案为主，不如明清时期的题材丰富，因此在

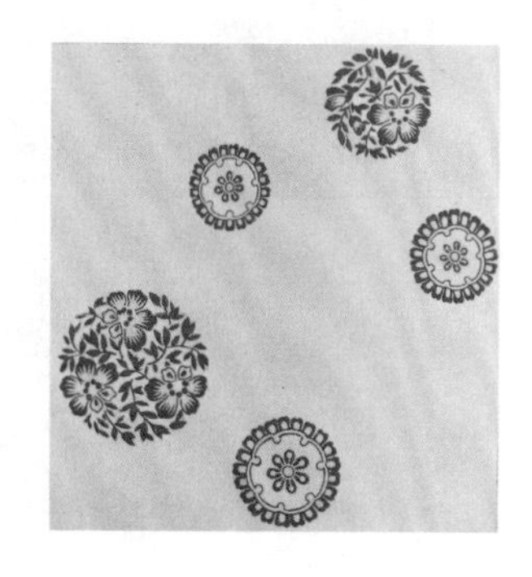

图4-30 单个皮球花的排列方式

设计时充分利用了纬线排列的多样性来增强图案的变化感。如图4-33中的皮球花纹织锦缎共有三组纬线，其中绛红和米白两色纬线常织，第三组纬线则以浅紫、橙色、浅蓝、红色、蓝色、浅蓝、粉红的顺序分区换色，因此虽然图案的经向循环仅为8厘米，但同色同图案间的经向距离达到了35厘米，从而扩大了视觉上的经向循环。另一件织物在未完成一个完整图案时就更换织入的纬线颜色，出现了部分图案较为强烈的上下异色效果（图4-34）。这种设计法可以用较少的纹版织出图案，通过较为简单的分区换色方法，利用多梭箱织机织出丰富的织物表观，大大提高了经济效益。

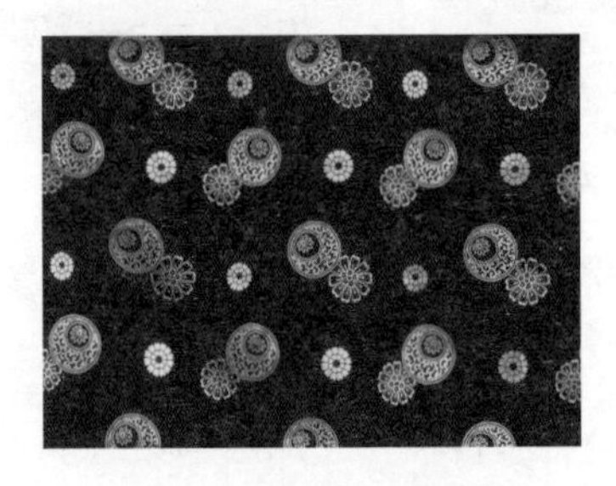

图4-31 两个皮球花相叠的排列方式

图4-32 多个皮球花相叠的排列方式

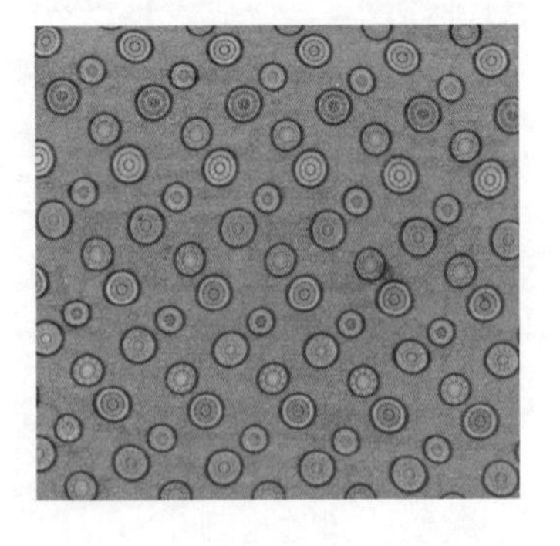

图4-33 分区换色的皮球花图案

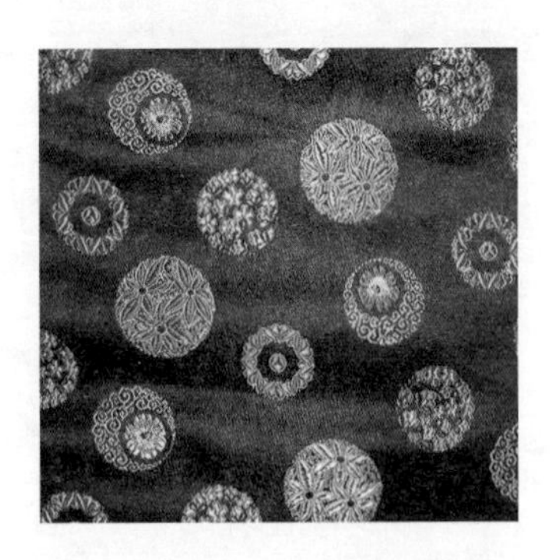

图4-34 上下异色的皮球花图案

4.2.1.3　其他植物图案

除了花卉图案外，还有其他一些植物图案在这个时期的机器丝织物中也有沿用，竹图案是其中较为常见的一种，这是因为竹是对中国文化影响最深的植物之一，被认为是正直、虚怀、性坚的象征，广受文人雅士的喜爱，形成了独有的竹文化。出现在机器丝织物中的竹图案主要有两种形式。一种有竹竿、竹叶，以整枝竹子的形态出现，风格较为写实（图4−35）。另一种则略去竹竿，只以竹叶为表现对象，或与其他图案组合出现，相对前一种而言，变化较为多样，装饰意味也比较浓：如图4−36所示用寥寥几笔表现出几手竹叶，充分显示了竹的淡雅与高洁，风格写意；而图4−37中所示的竹叶以聚拢的团花为核心，由大到小，绵绵不绝地向周边辐射开去，具有较强的韵律感。

图4−35 整枝的竹子图案

图4−36 简洁的竹叶图案

图4−37 装饰性的竹叶图案

与竹合称“岁寒三友”的松与梅也是当时常见的传统植物图案，其图案组合形式较多，有单独的（图4−38、图4−39），有其中两种或三种共同出现的（图4−40），也有与团寿等图案相结合的（图4−41），是当时机器丝织物图案中最具文人风格的一种。

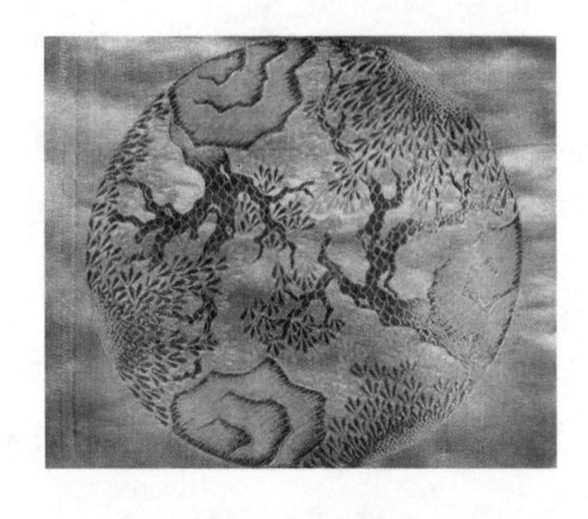

图4-38 松图案

图4-39 梅图案

图4-40 梅竹图案

图4-41 与团寿相结合的梅图案

此外，还有一些富含吉祥寓意的瓜果图案，如石榴，因其籽粒丰满，象征多子、丰产和金榜题名而深受喜爱，有“榴者，天下之奇树，九州之名果”之誉，在丝织物图案中常以切开一角，露出里面累累果实的形象出现。石榴上托童子，称“榴开百子”，反映出人们对子孙繁衍、绵延不断的祈愿，或与佛手、桃子等图案一起使用，象征多子多福多寿等。民国机器丝织物上的石榴图案大部分沿用了传统开裂露子的写实造型（图4-42），也有用抽象的手法以块面造型表现其廓型的（图4-43），有的甚至只突出中心饱满的石榴籽颗粒，而将裂开的外皮变异成棕榈叶形（图4-44），同时背景也点缀有一串串小石榴。同样象征多子多孙的葡萄图案在机器丝织物中也有较多出现，有单独使用的，也有与花卉等其他题材图案一起使用的（图4-45）。

图4-42 沿用传统的石榴图案

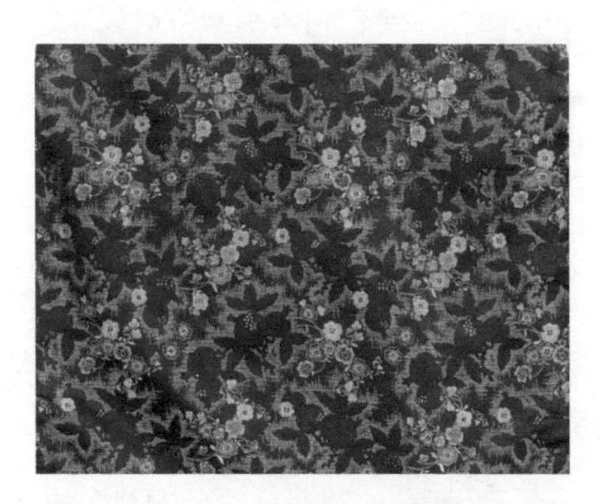

图4-43 抽象造型的石榴图案

图4-44 变异造型的石榴图案

图4-45 葡萄图案

4.2.2 外来植物图案的应用

4.2.2.1 玫瑰图案

玫瑰虽然原产于亚洲地区，但因其“嫩条丛刺，不甚雅观，花色亦微俗，宜充食品，不宜簪带”[①]，不符合传统中国文人的审美趣味，因此在古代花卉中的地位远低于牡丹、梅、兰、菊等，极少被用于丝绸图案等装饰用途。但与之相反，在西方文化中，玫瑰象征爱情，被誉为是“地球在我们现在的气候条件下产生的至美之物”[②]，是欧洲纺织品图案中常用的母题，无论是在洛可可风格、帝政样式、新艺术风格，还是装饰艺术风格的丝织物中都可以看到玫瑰图案的使用（图4-46）。随着传教士大量进入中国，玫瑰图案在清乾隆时期的丝织物上已经开始出现，其造型和构图都与同时期欧洲的洛可可风格极为相似（图4-47），是典型的西方设计，但从其所用金银线材料、组织结构等来看，这些织物无疑是西方的进口产品，[③]而非由中国本地机坊生产的。

图4-46 欧洲织物中的玫瑰图案

图4-47 清代织物中的玫瑰图案

① 文震亨. 长物志校注［M］. 南京：江苏科学技术出版社，1984：56.

② 玛莉安娜・波伊谢特. 植物的象征［M］. 长沙：湖南科学技术出版社，2001：267.

③ 赵丰. 中国丝绸艺术史［M］. 北京：文物出版社，2005：195.

清代晚期，随着上海等地被划为通商口岸、设立租界，西方人在徐家汇花园等租界花园内遍植中外花木，并定期开设赛花会，“花蕊倍大于中国”的西方玫瑰也随之进入中国，开始受到国人的喜爱。民国时期，由于新青年对自由恋爱和婚姻的追求，在西方文化中象征美好爱情的玫瑰也因此成为新爱情观的标志而广受推崇，地位陡然上升，在小说、电影、歌曲、瓷器等各种艺术形式中都出现了大量以玫瑰为主题的作品，同时玫瑰题材也被引入国内机器丝织物图案的设计中，成为当时最为盛行的花卉图案之一。

民国时期机器丝织物中玫瑰图案的表现十分多样。从花朵的造型来看主要有两种，分别展示了玫瑰花生长过程中的两个不同阶段。第一种是花蕾造型，通常以含苞待放的花骨朵的形式出现，其花型较小，并常采用侧面的造型（图4–48）。第二种造型中的玫瑰已发育成熟，其花瓣完全绽放，花型较大，有正视（图4–49）和侧视（图4–50）两种；从表现手法上看，则有写实、抽象和变形等几种。写实的玫瑰图案如图4–51所示，忠实地表现出重瓣玫瑰花瓣层层叠叠的外形。抽象的玫瑰图案则仅用简单线条勾勒出花型，如图4–52所示，用多边形表示花朵的外轮廓，以螺旋曲线表示层叠的花瓣，粗直线表示花茎。变形玫瑰则是指在写实图案的基础上，根据图案需要将其进行拉伸、压缩、夸张或错位等处理（图4–53）；从构图方式上看，则有清地（图4–54）和满地两种，其中满地玫瑰图案常以叶子或几何图案作为地纹（图4–55），较为常见。此外还有组合的玫瑰图案，即将多朵玫瑰花组合形成花环的式样（图4–56）。

图4-48 花蕾造型

图4-49 正视的绽放式玫瑰造型

图4-50 侧视的绽放式玫瑰造型

图4-51 写实玫瑰图案

图4-52 抽象玫瑰图案

图4-53 变形玫瑰图案

图4-54 清地玫瑰图案

图4-55 满地玫瑰图案

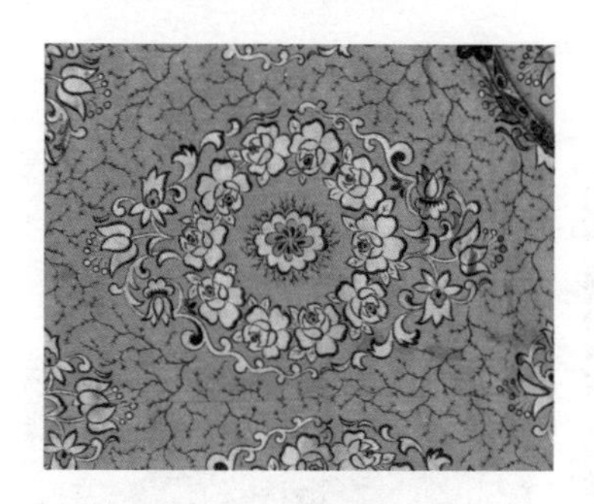

图4-56 组合玫瑰图案

4.2.2.2　郁金香图案

郁金香图案是另一种由西方传入中国，并且极具代表性的花卉图案。郁金香原产于中东地区，16世纪时由荷兰商人引入欧洲，很快一场郁金香热由荷兰席卷整个欧洲地区，很多人认为“没有郁金香的富翁不算真正的富有”。到了17至18世纪甚至出现了两次抢购郁金香的骚乱，可见其受欢迎程度之广，这也促进了郁金香图案在西方纺织品设计中的应用。在中国，虽然古诗中有“兰陵美酒郁金香”[①]之语，但其所指的是用郁金草泡制的鬯酒，而非郁金香花，而

① 出自唐代诗人李白《客中行》。

就目前所知，郁金香图案直到民国时期才开始出现在中国的丝织物上。与玫瑰图案相同，这也与当时西方人及其生活爱好和西方花卉、丝织物等的传入有关。

由于根茎较长，民国时期机器丝织物上的郁金香图案多以折枝花的形式出现，并以侧视图案的为主（图4-57）。在表现手法上，写实的郁金香图案翔实地表现了花蕊、花瓣经脉等细节部分（图4-58），写意的则用精练之笔勾勒出郁金香的外型（图4-59），有些则仅以块面方式来表现花朵，并与卷叶等相结合组成心型骨架（图4-60）。所

图4-57 侧视的郁金香图案

图4-58 写实的郁金香图案

图4-59 写意的郁金香图案

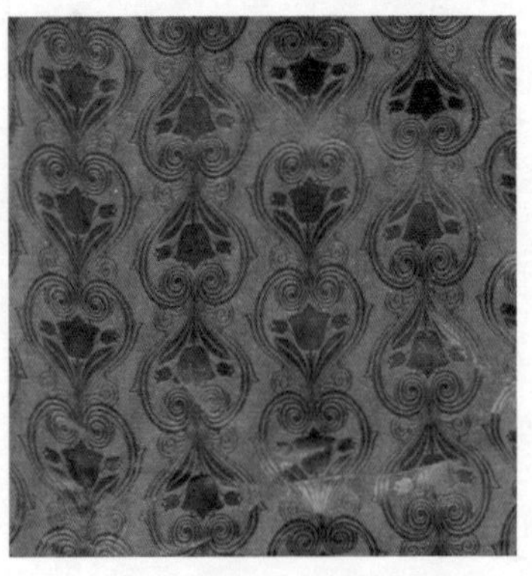

图4-60 块面化郁金香图案

见有一幅黑白设计稿的郁金香图案较为特殊，其构图与图4-60相似，但在花朵的造型上使用了纵剖面的表现方式，将雌蕊、雄蕊、子房等郁金香花的内部结构与花瓣展示在同一平面上（图4-61）。除了作为主题图案外，有时郁金香图案也会作为辅花与其他花卉图案同时出现，起点缀作用，一般而言此种郁金香图案的花型较小（图4-62）。

图4-61 纵剖面郁金香图案

图4-62 作为辅花的郁金香图案

4.2.2.3　佩兹利图案

佩兹利图案是一个流传很广的丝织物图案，得名于工业革命时期英国纺织中心之一的佩兹利市（Paisley），但在不同地区它有不同的名称，如火腿纹、勾玉纹、腰果纹、巴旦姆纹等等。关于佩兹利图案的起源众说纷纭，其中一种说法是其起源于印度克什米尔地区生产的披肩图案，其原型结合了西亚的枣椰纹、松果纹、波斯的水滴纹及森穆夫（Simurgh）的尾部形式，[①]再与印度莫卧儿时期的花草图案相结合而产生的，此后在伊斯兰装饰风格的影响下，以花枝

① 曲欣欣. 佩兹利纹样的流变与应用研究［D］. 苏州：苏州大学，2011：10.

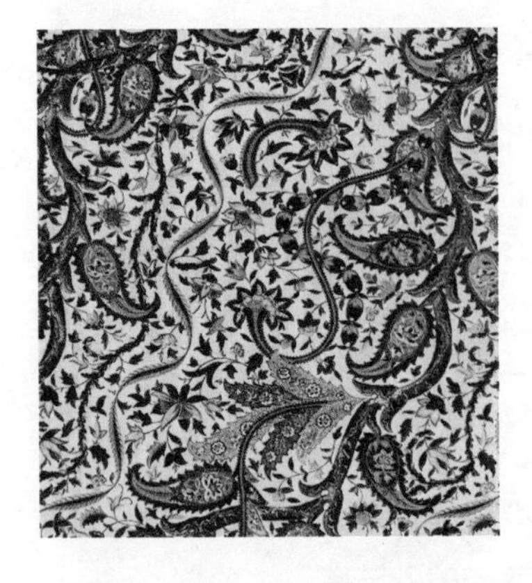

图4-63 19世纪欧洲佩兹利图案

为基本要素的佩兹利图案出现了几何化的倾向。随着克什米尔披肩在欧洲的流行，18世纪时欧洲各地出现了大量仿制的机器织造工场，其中以英国的佩兹利市最为有名，佩兹利图案的发展也受到了欧洲洛可可风格的影响，形成了目前所见头圆尾尖程式化形式，以及外形细长、内部饰满花卉或几何图案的类型（图4-63）。

在中国古代丝织物中，佩兹利图案主要流行在新疆地区，当地的维吾尔族人将其称为巴旦姆图案，故宫博物院收藏有乾隆时期作为贡品进贡的佩兹利图案的艾德莱斯绸和回回锦（图4-64）。但真正在内地生产的丝织物上出现和流行是在民国时期，这个时期的佩兹利图案以涡旋形为基本形，将长椭圆形和微卷起的细尖尾部相结合，具有纤巧的弧度曲线，涡旋形内则填有风格各异的花草和几何图案。

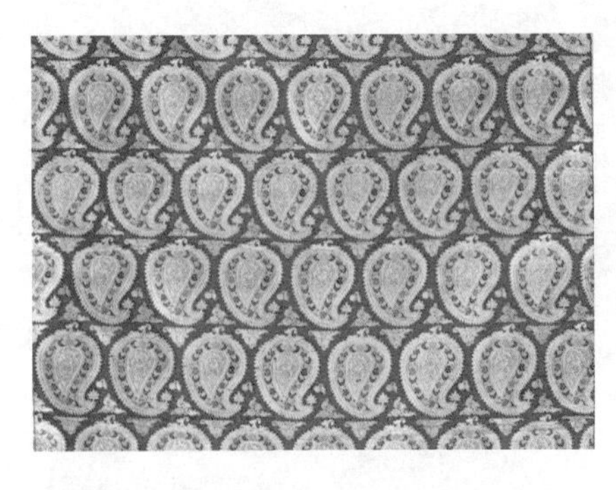

图4-64 清代回回锦中的佩兹利图案

图4-65 单一式佩兹利图案

按图案造型，民国时期机器丝织物上的佩兹利图案主要可以分为以下几种：一是单一式，指一个佩兹利图案单体的单独构图、独立使用，有些则别出心裁地将轮廓线由一般的光滑曲线改为波形曲线（图4–65）；二是组合式，即将两个或两个以上的佩兹利图案进行组合，或与其他图案相结合形成一个新的图案样式，其变化较为多样。如图4–66A中的两个佩兹利图案头部或尾部进行或正或反的相切，图4–66B则在此基础上将两个头部相切的佩兹利图案置于花瓣之上，并在尾部结合处装饰朵梅纹，使图案更为华丽。有些则十分简洁概括，与曲线等线条进行穿插组合（图4–66C）。有些则与直线等其他图案进行叠加组合，各元素之间有一定位置的重叠，具有层次感（图4–66D）。有些组合则要满足新的外廓型，成为对外轮廓的

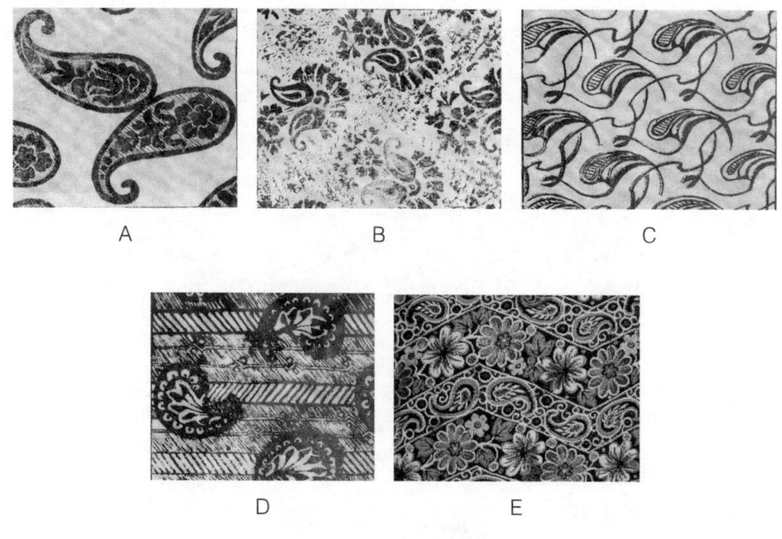

图4–66 组合式佩兹利图案

填充，形成一个适合图案（图4-66E）。

4.2.2.4 蔓草图案

以蔓草为主题的图案在中国古代丝织物上就已出现，魏晋时期，各种植物图案经由丝绸之路传入中国，其中产于地中海一带的莨苕蔓草早在古希腊、罗马时期的装饰中就曾发挥巨大作用，此后东传至印度，经由西域传入中原，并渐渐被用于丝织物图案，形成了卷草图案，并在唐代达到极盛。但在这种图案中蔓草起的是连接花卉的作用，花卉才是其表现的主体，并且程式化极强。

而与中国卷草图案侧重花卉的寓意不同，在西方象征“对复活之憧憬”的蔓草图案被认为具有波形线条的所有装饰优点，能为设计师提供充分的发挥空间，特别是随着19世纪末20世纪初新艺术风格的流行，线条自由的蔓草图案成为西方染织图案中的重要题材。受此影响，20世纪上半叶，在中国的机器丝织物中出现了与传统蔓草图案迥然不同、前所未见的新样式。其叶片造型多为羽毛状，有对称形和单边形生长两种形态，总的说来这个时期的蔓草图案可分为以下几个类型。

一是单一式蔓草图案，即一个图案单体的单独构图、遍地散布，形成类似折枝花的构图效果（图4-67）；二是聚合式蔓草图案，即有多个蔓草单体聚集成束或以某圆点为中心呈扩散型（图4-68）；三是组合式蔓草图案，即以多个蔓草图案单体重新组合形成新的图案样式，或与花卉等其他图案题材结合成为新图案的某个部分，或形成层叠效果（图4-69）。

图4-67 单一式蔓草图案

A

B

图4-68 聚合式蔓草图案

A

B

C

图4-69 组合式蔓草图案

与传统卷草图案相比，这些受到新艺术风格影响的蔓草图案呈现出一种动感强烈的开放曲线型外观，没有卷草图案程式化的局促感，在充分展现自身形态的基础上进行了大胆的发挥，变化多端而富于幻想。

4.2.3　动物图案

与形态各异、变化多端的花卉图案相比，20世纪上半叶机器丝织物中的动物图案种类并不多，使用也并不十分广泛。整体而言，此类图案以沿袭传统设计为主，并常用来表达吉祥的寓意，但受到

图4-70 单个的孔雀图案

图4-71 孔雀图案与其他祥禽的组合

欧美纺织品设计风格的影响，在细节和造型上也有所发展和创新。

鸟类题材是其中最为多见的一种，传统的祥禽仍是主要的表现对象。如孔雀，被认为有颜貌端正、声音清澈、行步翔序、知时而行、饮食知节、常念知足、不分散、不淫、知反复这“九德”，是文明和才华之鸟，因而曾被用于明清两代文官的补子图案。同时作为佛教中佛母大孔雀明王菩萨的坐骑，孔雀也被视为吉祥的象征，以单个或组合的方式出现在丝织物中（图4-70），如台湾创价协会收藏的一件20世纪三四十年代的织锦缎旗袍，孔雀与凤鸟、蝴蝶、蝙蝠等传统祥禽，使整件织物的图案充满了吉祥意味（图4-71）。而变化丰富、造型柔软弯曲的孔雀羽毛也是新艺术派艺术家喜爱的题材，1882年新艺术大师阿瑟·赫吉特·马克莫多（Arthur Heygate Mackmurdo）设计了一款孔雀纹印花布，孔雀被抽象变化为循环的骨架，并放大了尾羽的装饰作用，“被公认为是新艺术样式的先驱作品”[①]。受此影响，单独的孔雀图案也开始出现在民国时期的机器织

① 温润. 二十世纪中国丝绸纹样研究［D］. 苏州：苏州大学，2011：108.

物中，凤韶图画馆设计的一款爱俪纱将孔雀羽纹变化成树状造型，羽毛犹如枝叶（图4–72），另一幅设计则将孔雀羽有规律地排列成扇形，并旋转组合成一组对称图案，颇具韵律感（图4–73）。

此外，喜鹊（图4–74）、仙鹤、锦鸡等传统具有吉祥寓意的图案在该时期的机器丝织物中都比较多见，并多数与花卉、风景等一起出现，同时也出现了海鸥（图4–75）等新题材。

图4–72 树形的孔雀羽图案

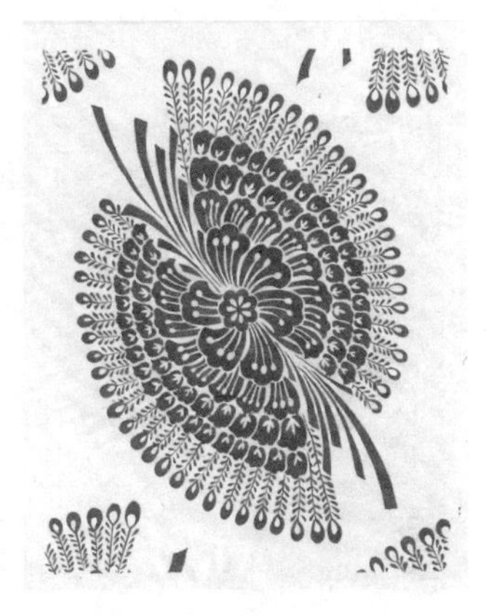

图4–73 扇形的孔雀羽图案

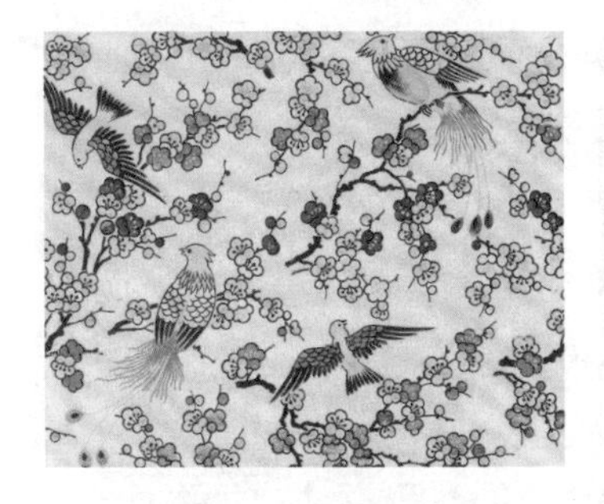

图4–74 喜鹊图案

图4–75 海鸥图案

蝴蝶图案是另一类常见的动物图案，经常与花卉图案配合出现，如将蝴蝶穿插于缠枝牡丹中，以牡丹象征富贵，寓意“捷报富贵”或“富贵无敌”（图4-76）；或与折枝梅等组合，取“蝶恋花”之意，用来象征爱情和婚姻的美好（图4-77）；有些与象征子孙绵延的瓜瓞组成小团花（图4-78）；还有部分织物仅有单一的蝴蝶图案，并无其他素材组合（图4-79）；甚至有的只取材蝴蝶的半只翅膀，衬搭蓝地黄色波点的底纹，色彩绚丽（图4-80）。这些图案虽然在构图形式上有所不同，但均较多地沿袭了传统蝴蝶图案表达吉祥寓意的设计。

图4-76 捷报富贵图案

图4-77 蝶恋花图案

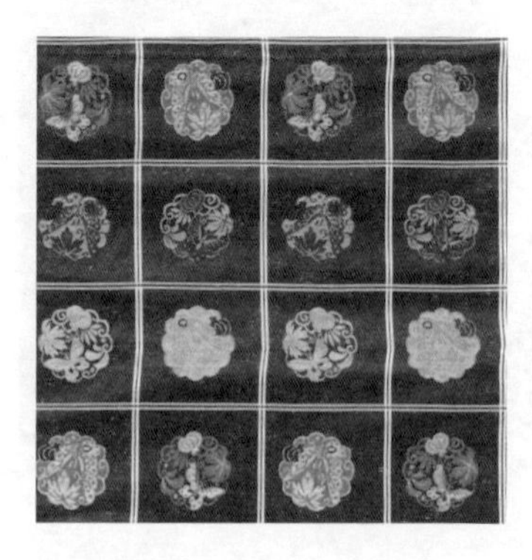

图4-78 团花蝴蝶图案

图4-79 单一蝴蝶图案

图4-80 蝴蝶翅膀图案

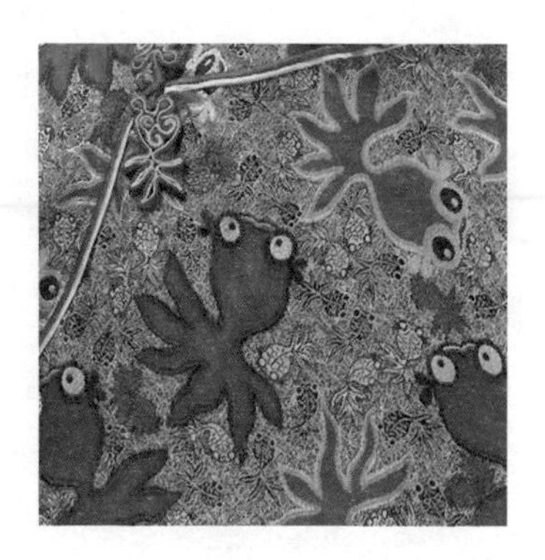

图4-81 金鱼图案

此外，寓意金玉满堂、吉庆有余的金鱼图案在民国时期依然很受欢迎，常与水藻组合出现，英国维多利亚与艾伯特博物馆收藏的一件20世纪40年代旗袍虽然仍以金鱼为题，但较一般图案在设计上别具匠心（图4-81），其地纹部分由姿态各异的各色小金鱼取代了传统的水藻，形成了大鱼在小鱼间游戏的情境。另有一种鸭子类的动物，其在织物中的形象也较为多变，有写生意味浓厚，类似传统花鸟画的（图4-82），也有作拟人状，颇带有些卡通色彩的（图4-83）。

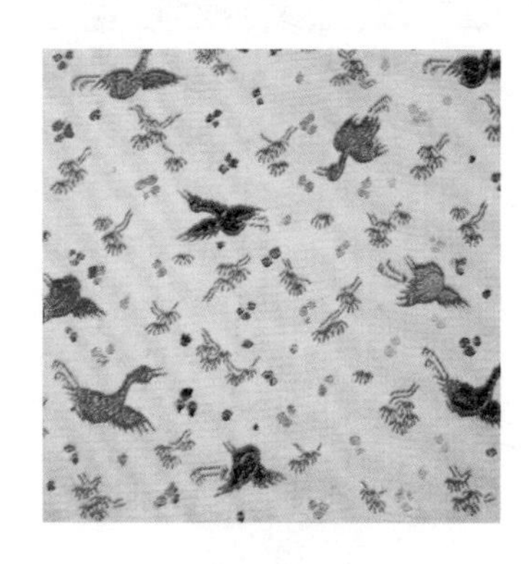

图4-82 写生型鸭子图案

图4-83 卡通型鸭子图案

当时在此类型的动物图案中还出现了一种较为别致的构图方式，即将花树和鸟或其他动物相结合，以梅花或松树等的枝干构成一个类团窠骨架，但与传统团窠的封闭和相对独立不同，其主题图案的某些部分如枝干、花朵或是鸟的羽毛等常呈一线形结构向左右或上下方向延展出团窠之外，事实上形成了一种线与圆相交的构图，打破了团窠原有的平衡布局，或可称其为破团窠结构（图4-84）。因此，虽然其主题图案依然是喜鹊登梅、梅鹤、松鹿等传统吉祥题材，但较传统程式化的团窠动物图案更为生动，同时在动物图案的表现上也更为写实。这种类型的结构多为清地图案，并呈二二错排，相邻两行间的结构各不相同，常见的排列方式主要有两种（图4-85）。

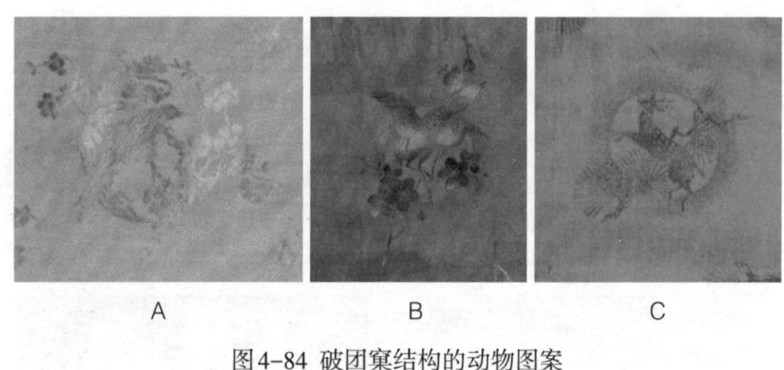

图4-84 破团窠结构的动物图案

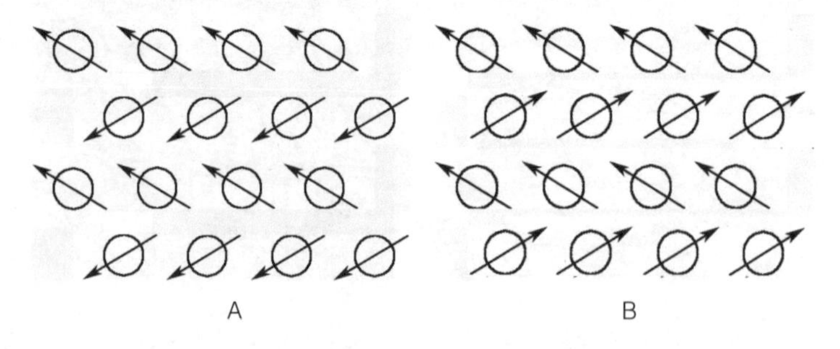

图4-85 破团窠结构的排列方式

除了上述这些自然界中原本就存在的动物外，民国时期机器丝织物中的动物图案题材还包括一些由人想象和创造出来的动物形象，龙凤图案是其中最有代表性的一种。龙凤图案曾是统治者专属身份与权威的标志，但随着封建帝制被推翻，其作为地位象征的标志性功能被削弱到零点，成为一种纯粹的具有吉祥寓意的动物图案出现在普通人的生活中。民国时期机器丝织物中的龙纹不如明清时期有过肩龙、行龙、正龙、升降龙、子孙龙等多种不同的形式，最为常见的是以圆形或团形架构呈现的团龙图案。这种图案在造型上十分相似，多是侧身的单独盘龙，团龙采用散点式排列，并常与云纹组合出现，其中有些龙纹在细节刻画上较多地承袭了明清时期的升降龙图案，有清晰的五爪，神情威武凶猛（图4-86）；有些龙纹表现较为简略，龙身在云纹间半隐半现，并不完整，配以飘带造型的云纹，不见威仪而更富装饰性和灵动感（图4-87）；还有一些虽然龙纹本身简略，但在团龙之外复装饰有由变形如意纹构成的外窠，在构架上接近于传统簇四骨架的团窠动物纹，只是将传统的十字宾花

图4-86 云龙图案

图4-87 云龙图案

图4-88 团龙图案

图4-89 元代的凤穿牡丹图案

图4-90 凤穿牡丹图案

图4-91 凤穿牡丹图案

改成了团形篆字（图4-88）。凤纹则常以与牡丹图案穿插组合的形式出现，这种在遍地花卉中穿插鸟禽瑞兽的图案布局在唐末五代时已见端倪，宋元时期更为发展，在文献中有百花龙、穿花凤、百花孔雀等名称，宋代《宣和画谱》中称“花之于牡丹、芍药，禽之于鸾凤、孔翠，必使之富贵”。因此当时的织物中已有凤与牡丹的组合图案出现，用以来表达“富贵吉祥”的主题（图4-89），这种图案也被统称为凤穿牡丹图案。民国时期机器丝织物中的这类图案基本上延续了传统的设计，并无大的变化，仍然是以缠枝牡丹纹作骨架，然后在其中置入鸾凤（图4-90），上下两行之间鸾凤的飞翔方向通常相反，有些甚至在细节表现上更为简略（图4-91）。

4.3　几何图案

几何图案在民国时期的机器丝织物中占有重要的位置，所谓几何图案是应用几何学中的点、线、面、体而合成的花样，而在几何图案中又以条格图案的使用最为广泛。

4.3.1　条格图案

4.3.1.1　条格图案的分类

机器丝织物中的条格图案虽然主要是通过组织结构变化来表现的，多是线条的集积，但利用线条的粗细、间隔的变化、色彩的跳动与过渡、与其他图案的组合等手法，仍具有丰富多变的表现形式。按其风格可以分为以下几类。

第一类是条形图案。条形图案的形式主要有直条、横条、斜条、波形等几种，其中直条和横条主要是依靠不同色经的排列或不同色纬的织入来获得的，因此织造方法简便而价格相对低廉，较为常见。配色最简单的条形图案为同色，通过利用不同组织间的对比，以产生条形效果（图4-92）；配色复杂的条形图案如30年代杭州震旦丝织厂生产的一款彩条织物（图4-93），以粗细不等的浅蓝、黑、白、橙、黄、大红等色色条间隔排列，通过相邻线条间的强烈色彩对比，来表现图案跳跃的节奏感。斜条图案则按斜线方向的异同可分为同向斜条和异向斜条两种（图4-94）。

图4-92 单色直条图案

图4-93 多色直条图案

图4-94 异向斜条图案

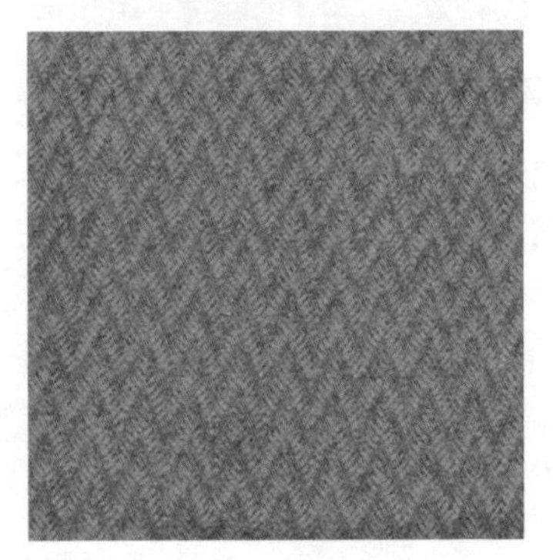

图4-95 折线图案

波形条纹图案包括折线和曲线两个类型。折线图案由多段直线构成，多有尖细的锐角，风格硬朗（图4-95）。而曲线图案线条平滑，具活泼轻松的动感，其变化较多，有单一曲线图案，或为平行的各段曲线，或在整幅内首尾相接成一连续曲线（图4-96）；也有组合曲线图案，即将相同或不同类型的曲线条作穿插、层叠或组合设计，如图4-97所示首先将粗细不一的单一曲线组合成一复合曲线，再将各复合曲线作无规律交错，看似凌乱，实则颇具韵味。

图4-96 单一曲线图案

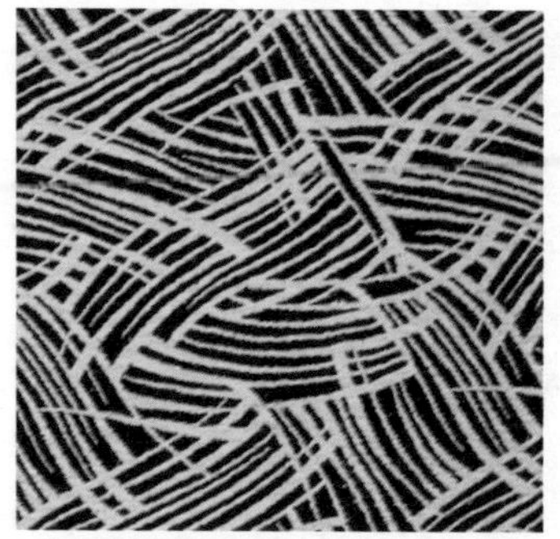

图4-97 复合曲线图案

第二类是格子图案。相对于条形图案，格子图案的变化更为多样，总的说来可分为均匀格子和非均匀格子两个大类。所谓均匀格子是指每个格子单位图案的大小相等、内容相同，其构成的方法有以下几种：一是通过条形的等距相交来形成方格或菱格图案，格子间有明确的交接线（图4-98A），有些更采取不同颜色的条形相间排列，以增强图案的变化性；二是以同等大小的方格或菱格相邻排列，格子间并无明确的交接线，相邻方格或菱格可为不同颜色（图4-98B），如为同色的话，则通过不同组织对光折射率的不同来产生格子图案；三是并无直接的方格或菱格，而是通过相邻骨架中肌理

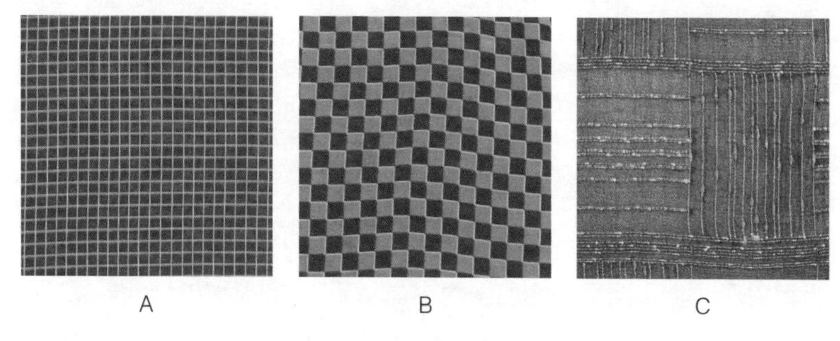

A　　B　　C

图4-98 均匀格子图案的几种形式

图4-99 非均匀格子图案

或图案的不同对比来形成格子效果（图4-98C）。

所谓非均匀格子是指每个格子单位图案并不完全相等或其中所填的图案并不完全相同，其构成的方法与均匀格子相同，只是在格子的大小、间隔排列等方面变化较为自由（图4-99）。总体而言，前者变化统一，排列均匀，风格严谨，而后者变化自由，排列多变，风格更具艺术化。

第三类是复合条格图案。大部分的条格图案仅由简单的条、格等几何元素构成，但也有部分图案“锦上添花”，在设计中加入了花卉、动物等其他图案元素，本书将其称为“复合条格图案”。其组合方式大致有以下几种。

一是以条格图案为骨架，在其中或填入抽象的小几何形图案，或填入变形的花卉图案，或直接将花卉图案以连续线形排列，等等。这些构图方式在传统的如条格图案中也可以看到，如某些在格子中填入花卉、动物图案的设计，与隋代方格兽纹锦十分相似，只是其中威武的猛兽已被换成了憨态可掬的卡通动物（见图4-83），而在彩条中填入花卉图案则可看作对唐代晕繝宝花锦的继承（图4-100）。

二是将条格图案作为一种地纹，在其上添加花卉、动物等其他图案，形成上下两个图案的层次，类似于明清时期的“添花锦”或“天华锦”。但与“天华锦”等将卍字纹与牡丹组合来表示万世富贵

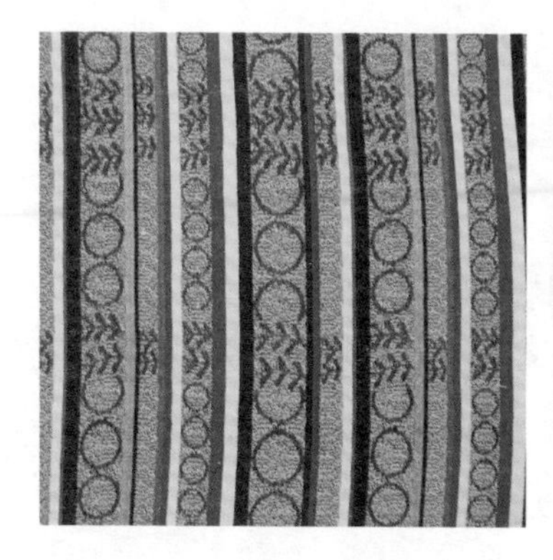

图4-100 复合条格图案形式一

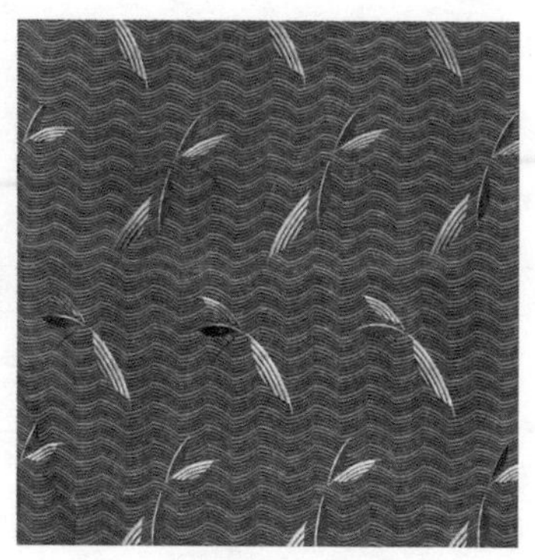

图4-101 复合条格图案形式二

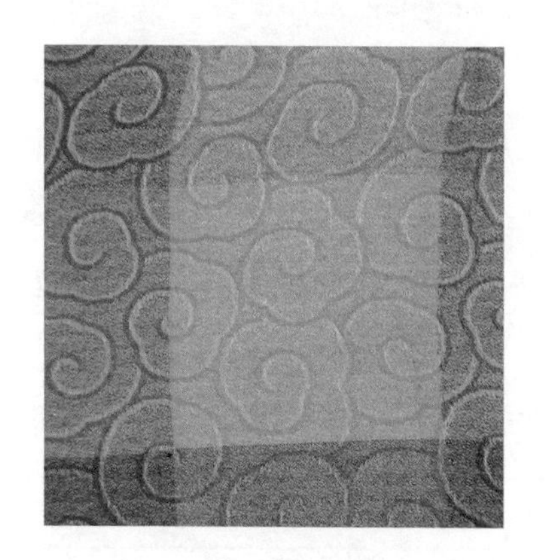

图4-102 复合条格图案形式三

等的寓意目的不同，这种设计以装饰为首要目的，本身并没有太多吉祥含义（图4-101）。

三是跳出条格图案框架的局限，以花卉、动物等其他图案元素为主体，而在经纬线排布时则借鉴条格图案进行设计，形成两个层次的相互交融。与图案形式一相比，这种设计中的花卉、动物等图案并不局限在条格骨架内，而是在整块织物中具有连续性；与组合方式二相比，这种设计并没有明显的地纹，它的运用更多是为了丰富图案的色彩变化，而非增加图案的层次感（图4-102）。

4.3.1.2 组织设计在条格图案中的运用

与花卉、动物等其他图案相比，条格图案的最大特点在于其图案的获得相对较为简单，同时组织，包括经纬线的设计是其外观效果的决定因素，因此本书特设一节进行讨论。

利用色经色纬是其中最为常见的方法，一般来说，只使用色经（纬）排列，而与之交织的纬（经）线只使用单色，则可得直（横）条纹，如同时采用色线排列则可织出格纹（表4-2）。同时色经色纬的排列也具有多种变化，色线的排列方法只有一种的，称为单式色线排列法，如2根黑经、2根白经、2根黑经、2根白经；色线的排列方法有两种或两种以上，或虽然只有一种排列方法，但变化各部分经纬线内色线起点的，称为复式色线排列法，如2根黑经、2根白经、1根黑经、1根白经。[①]使用单式排列法，可以在织物表面形成均匀的条纹或格纹（图4-103），如采用复式排列法，则条格的图案变化更为丰富（图4-104）。

表4-2 色经色纬的排列与三原组织配合的效果

	平纹	经面斜纹	纬面斜纹	经面缎纹	纬面缎纹
色经	直条纹	直条纹		直条纹	
色纬	横条纹		横条纹		横条纹
色经色纬	格纹	格纹	格纹	格纹	格纹

① 陶书平. 实用机织学［M］. 上海：中华书局，1947：143.

图4-103 采用单式排列法所得的条格图案

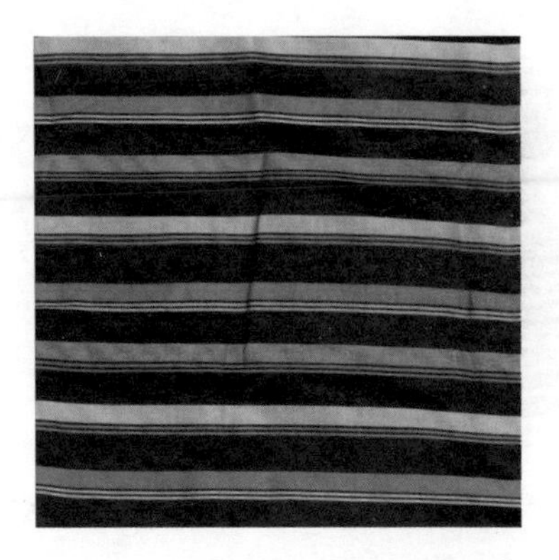

图4-104 采用复式排列法所得的条格图案

利用经纬线原料的不同变化，包括其粗细、外观、捻向和捻度的变化也是取得条格图案的主要方法，如使用花式线（图4-105）或采用挂经技术，在局部织出条纹后，在织物背面将多余部分修去（图4-106），等等。

图4-105 采用花式线所得的条格图案

图4-106 采用挂经技术所得的条格图案

利用不同组织间的外观、缩率等的不同和对比，将不同的组织进行间隔排列或组合使用也是取得条格图案的另一个重要的手段，其组织设计方法的变化十分多样。在单层织物中将不同组织间隔排列是常见的组织设计方法，如图4-107A将绞纱组织和缎纹组织间隔排列形成条纹；图4-107B则以平纹为基础，采用表里换层组织，使不同的经纬线在不同区域交织，形成格子图案，并通过练染后不同的经纬线的缩率不同，加强不同格子间的对比，在织物表面呈现出特殊肌理效果；有些则别出心裁，如图4-107C所示，其基础设计是色经的复式排列与经缎组织相结合，形成简单的不均匀直条图案，在此基础上巧妙地在局部利用银色纬线起花，产生视觉上的银色斜条，以达到彩色直条与银色斜条相交的特殊效果。

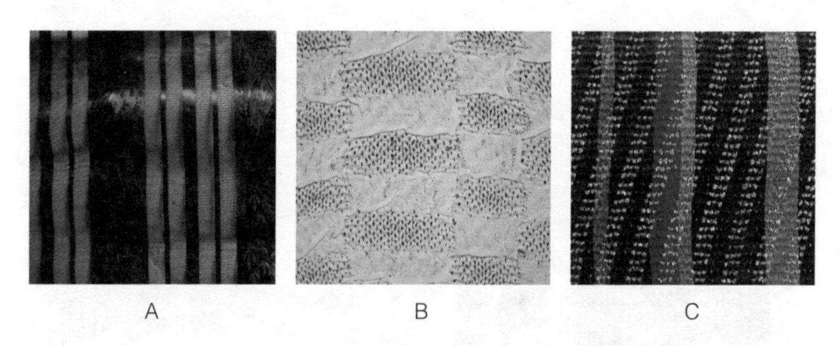

图4-107 利用组织设计所得的条格图案

4.3.1.3 条格图案流行的原因

事实上，条格图案在中国古代就已经出现，在唐代彩条图案被称为“繝”，宋时则称为“间道”，所谓“间”的意思是指颜色相间，“道”则指条纹，格子图案则被称为“綦纹”或“棋盘纹”。[①]目

① 包铭新. 间道的源与流［J］. 丝绸，1985（6）：6-8.

前史料中发现最早的彩条织物是汉代《释名》中所记载的“其彩色相间，皆横终幅”的长命绮，实物中较早的则是吐鲁番出土公元4世纪的彩条织物；格纹织物在文献记载中最早的是《释名》所载的“棋纹绮”，实物在唐代亦有发现①。此后，这种条格图案的丝织物虽历代都有生产，如回回锦、月华锦、晕繝绫等，但一直并非图案设计的主流。

然而到了民国时期，特别是在20世纪30年代，条格图案在丝织物中的品种和使用频率急剧增加。以清华大学美术学院收藏的30年代的机器丝织物样品为例，条格图案的织物有21件，占总数的26%，仅次于花卉图案的54%，与花卉图案一起成为机器丝织物中最重要和最基本的丝绸图案（图4-108）。此外，民国时期流行的条格图案并不是对中国古代条格图案的简单延续，它跳脱出了后者的程式化框架，变化更为丰富、不拘一格，特别是与后者以表达吉祥寓意为重要目的不同，美观才是其设计的主旨。究其产生这种大转变的原因，主要有以下几点。

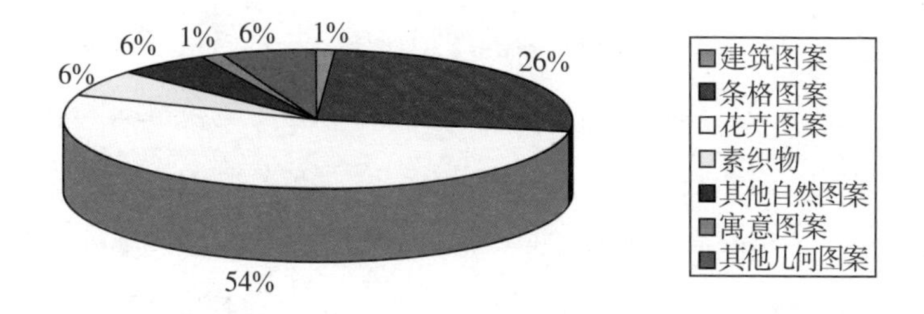

图4-108　清华大学美术学院20世纪30年代丝织样本中各种图案题材的分布比例

① 赵丰. 中国丝绸艺术史［M］. 北京：文物出版社，2005：57.

首先是因为受到西方设计思想的影响。与中国相反，条格图案在西方传统中并不受欢迎，特别是条纹被看作“表现社会犯罪、魔鬼等罪犯、妓女的记号”[①]，但到了20世纪初，随着崇尚几何造型的立体主义、抽象主义和构成主义的流行，图案本身的含义不再是设计的重点，从而使条格图案突破了传统思想的偏见，其在织物图案中所占的比例直线上升，并被大量用于衣料（图4-109）。随着30年代欧美留学生的回国执业，西方设计思想对中国的影响不断深入，符合西方审美的条格图案在丝织物中被大量运用。另外，舶来条格面料的倾销也促进了这种图案的流行。

图4-109 被大量用于西方衣料的条格图案

其次，对西式服装和中式服装里的旗袍而言，条格图案的织物更能表现服装的款式和服用者的理想形象。这不仅是因为竖线条有助于使身材显得修长，而且还在于使用在旗袍上的条格图案会根据女体结构由直线转变为曲线，在凸起部位形成外向的弧形，虽然曲率不大，但足以通过透视原理来凸显女性的身体曲线。[②]另外，与繁复的花卉图案相比，条格图案在简洁沉稳中略带变化，有助于突出女性服用者文静与娴雅的气质，因而备受青睐，这点可以从当时

① 城一夫. 东西方纹样比较［M］. 北京：中国纺织出版社，2002：140.

② 温润. 二十世纪中国丝绸纹样研究［D］. 苏州：苏州大学，2011：116.

大量的传世老照片中得到印证（图4-110）。

图4-110　20世纪30年代身穿条格纹旗袍的女性

另一个值得注意的原因是，民国时期条格图案的主要载体由传统的锦等厚重型织物转变为绉、缎、纱等轻薄型织物，其组织结构也从传统的重组织转为以单层结构为主，甚至于只需简单的经纬线排列变化就可得到多变的外观效果，因此对纹版的要求较低，生产时间和成本也相应缩短，同时动力织机和厂丝等新原料的使用则保证了其质量较传统织物更为细腻，对消费者而言以较为低廉的价格就可购得质量和外观均佳的产品，因而广受欢迎。

4.3.2　其他几何图案

除了条格图案外，其他各种以点、线、面、体合成的几何图案也是当时的流行主题，根据图案的组合形式，它们可以分为单独几何图案和连续几何图案两个大类。

所谓单独几何图案是指独自成型、独立使用的，其花型较小，包括圆点、菱形、矩形、三角形等各种样式，多以散点排列的方式进行排列（图4-111）。

所谓连续几何图案是指运用一种或者多种几何图案为单元纹样，并将其按一定的格式进行连续排列后形成的新图案，变化较多。

传统琐文图案是最为常见的一种，琐文在宋代丝织物上就已十分流行，一直延续到明清时期，到了民国时期，在机器丝织物上又

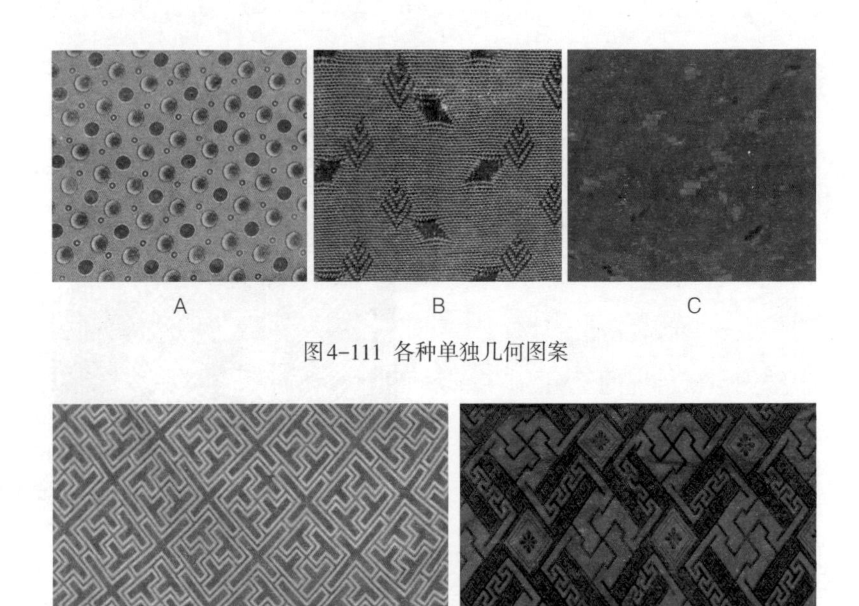

A　　B　　C

图4-111 各种单独几何图案

图4-112 卍字图案

图4-113 组合曲水图案

有了继承和进一步的发展。其中较为简单的有曲水图案，即用直线正交构成的几何图案，包括卍字（图4-112）、工字、王字等多种类型，还有些则将几种曲水图案组合在一起，使形式更为丰富（图4-113）。琐子图案则是将Y形、S形、小多边形等图案环环相扣、遍地相连（图4-114）。与之相似的球路图案变化较多，有的以四圆相交，如连钱形状；有的以三

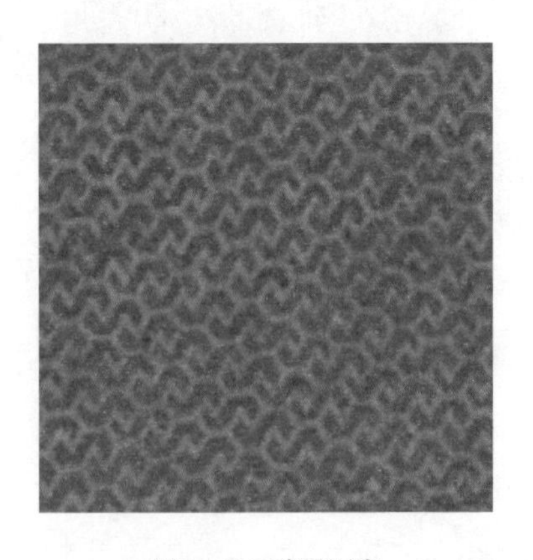

图4-114 琐子图案

圆相交，亦可称为簇六球路；有的以八圆相交，并通过两种不同组织或色线的使用使之成为两个相交四圆的叠加，以增加图案的层次感（图4-115）；有的则在传统图案基础上有了进一步发展，在圆形相交处填入花瓣，形成花朵状的视觉效果（图4-116）。还有以圆环与直线相结合的图案，如四出（图4-117）、六出等，有的还在线条的交叉点上装饰以方形、圆形或者多边形的框架，再在框架内填以各种几何或小花图案，类似于明清时期的八达晕图案（图4-118）。

图4-115 联环图案

图4-116 变化联环图案

图4-117 四出图案

图4-118 类八达晕图案

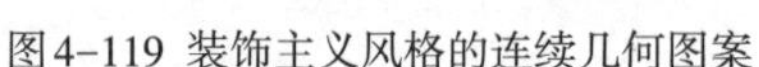

图4-119 装饰主义风格的连续几何图案

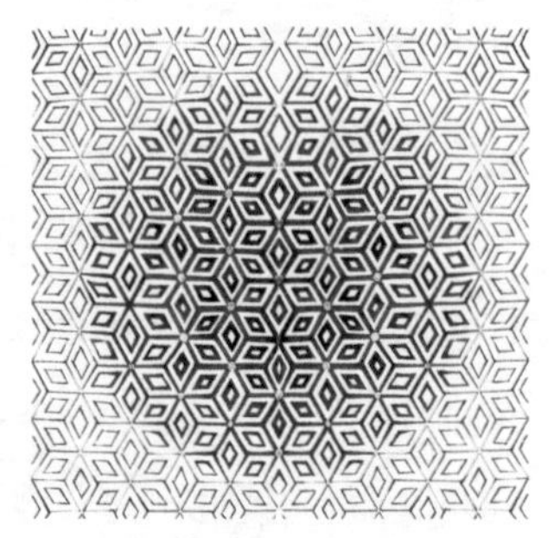

图4-120 立体主义风格的连续几何图案

另一些连续几何图案明显不同于传统的琐文风格，而更多地受到了西方装饰主义及立体派的影响，将三角形、正方形、圆形等基本几何图案进行多次组合或复合化处理，以不同的形态反复循环、穿插、重叠，其结构精巧，线条韵律感极强（图4-119）。如凤韶图画馆设计的一款华丝葛，将一个个大小一致的双菱形组成具有立体效果的立方体，并在重复的排列中，通过绿色线条由内到外粗细的渐变，在视觉中心上形成一个圆形（图4-120）。[①]

4.4 人物风景图案

4.4.1 人物图案

人物图案在中国传统丝织物图案中出现的时间较早，在汉代的织锦中就有人物形象出现，但多与神仙题材有关，此后又有童子、骑士、胡人、舞人、仕女等题材的出现，但并不是图案设计的主流。

① 李胜菊，月月. 五彩彰施：民国织物彩绘图案［M］. 上海：东华大学出版社，2019：268.

20世纪上半叶的人物图案仍非当时十分流行的题材，主要集中在丝织被面、织锦缎、古香缎等一类的产品中，其中又以童子题材的“百子图”最为多见。受佛教的影响，晚唐丝织物中出现了以磨喝乐为原型的童子攀莲图案，辽宋金西夏时期的织物中此类图案更为多见，被统称为“婴戏图案”。到了明清时期，童子图案又演化出了更为世俗化的“百子图”，以众多童子在一起捉迷藏、摔跤、骑竹马等游戏活动来象征多子多孙的吉祥寓意，但因为图案循环较大，受到花本等技术要求的限制，所以多见于缂丝和刺绣作品。民国时期，随着贾卡龙头和动力织机的使用，在机器丝织物特别是丝织被面中也出现了“百子图”图案，如上海美亚织绸厂出品的鸿禧葛被面，利用引进的阔幅织机，研制出有一万多张纹版提花的独幅百子图被面，受到顾客的欢迎。[1]民国早期的“百子图”虽然人数并未达到一百个之多，但无论是在图案布局还是人物形象等方面都较多地沿袭了传统设计，如在凤韶织物图画馆民国十二年（1923）设计的一款名为“子孙和乐”的丝织被面中（图4-121），童子们身穿四衩衫，下穿长裤，均梳“鹁角”发式，即只留前发和两侧头发，其余剃去，并将头顶的前发用彩缯束起，童子

图4-121　20世纪20年代被面设计稿中的百子图

① 徐善成. 上海近代丝绸史二论［J］. 丝绸史研究，1994（2-3）：64-72.

图4-122 定陵出土绣百子暗花罗方领女夹衣上的百子图

们有作荡秋千状、有作抖空竹状，还有三个童子围绕鱼缸观鱼，这些人物的装扮和场景设计都与明定陵出土万历孝靖皇后绣百子暗花罗方领女夹衣上的童子图案十分相似（图4-122）。

到了三四十年代，“百子图”图案有了进一步发展，虽然其表现主题仍为众多儿童嬉戏，但在设计上加入了更多时代的元素，其中最大的变化是一改以往“百子图”图案只有男童的现象，出现了女童的身影（图4-123）。此外，在人物形象、场景设定等细节方面，也更为贴近当时的大众生活，如将儿童们的发型由剃发的鹁角改为西式的短发，衣着也由衫裤换成水手服或连衣裙，而在现实生活中广受欢迎的三轮童

图4-123 20世纪三四十年代被面中的百子图

车也取代了传统的竹马，成为孩子们的新玩具（图4-124）。

仕女图案也是当时另一种常见的人物题材，中国传统丝织物中的仕女图案常以仙女的形式出现，如寓意长寿的“麻姑献寿”在明清时期十分流行，多与当时的道教神仙思想有关。民国时期的仕女图案则以游乐图为主，早期的如凤韶织物图画馆设计的“秉烛夜游”被面，表现的是几名古装女子在庭院中吹箫赏乐的场景，无论人物的勾画、装扮以及图案的布局都与传统的工笔仕女画十分相似（图4-125）。类似的图案在织锦缎和古香缎中也有出现，但由于此两种织物的图案循环比真丝被面小，并且不像后者通常以大面块的组织显花，而是利用长度受到限制的纬浮长显花，因此虽然仍是以仕女游园、抚琴赏乐为题，但在图案表现上不同于后者的块面平涂

图4-124 民国时期骑三轮童车的男童

图4-125 20世纪20年代被面中的仕女图案

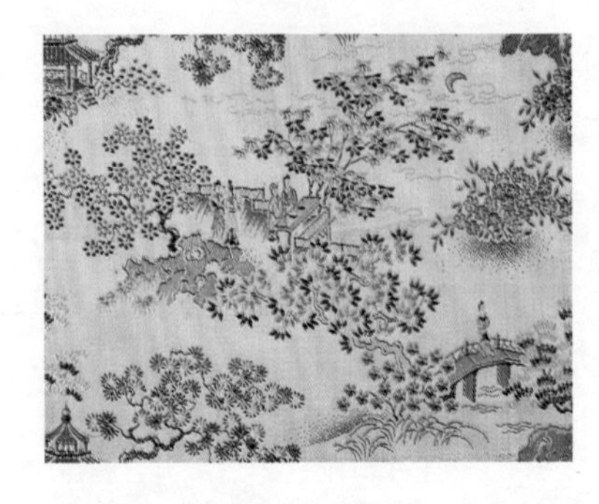

图4-126 20世纪40年代古香缎中的仕女图案

法，而是将人物的五官、衣饰的纹样、器物的细节等部分均略去，仅用简洁的线条勾勒出图案的概貌，较为抽象，更似一幅写意画（图4-126）。此外，还有一些突破传统的仕女图案设计，如在一件20世纪40年代晚期的古香缎旗袍上，虽然还是表现女子的游玩场景，但所织的女子身穿短至膝盖处的旗袍，这正是当时最为流行的女装款式，但已不是传统的古装仕女了，而图4-127中古典的宫灯也为现代的路灯所代替。

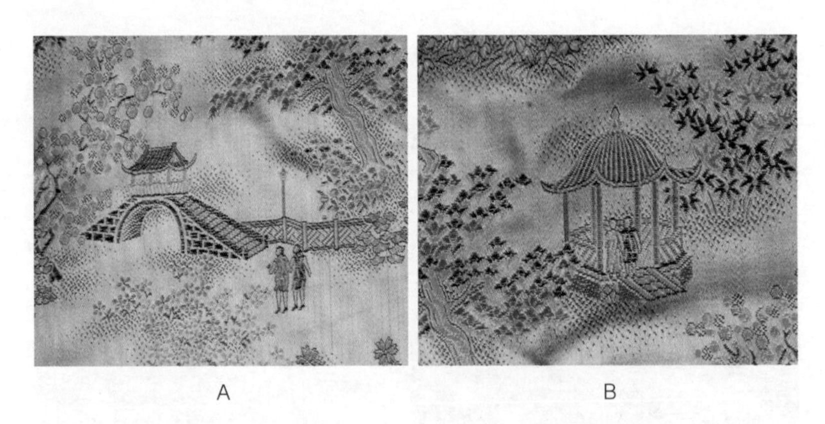

A B

图4-127 20世纪40年代晚期织锦缎中的仕女图案

而在某些织锦缎或古香缎等重纬织物上，仕女们则以乘坐新型交通工具——人力车在亭台、山树、繁花间游览的形象出现（图4-128）。所谓人力车是一种用人力拖拉的双轮客运车辆，又因发源于

A　　B

图4-128 织锦缎中的黄包车与车夫

日本而被称作东洋车，其英文名“Jinricksha”也源于日文。清同治十三年（1874），法籍商人米拉为在中国经营人力车交通运输业，将其从日本引入。民国初年人力车为了突出其经营性，车身一律漆上桐油或黄色的油漆，因而得名黄包车。[①]其因机动灵活、随叫随到，并可深入僻街小巷，在20世纪上半叶十分流行，是人们的主要代步工具（图4-129）。由此可见，将传统题材与时下日常生活中出现的新事物紧密结合，以新形式表现传统主题是当时机器丝织物图案设计一个较为重要的创新手段。

图4-129 民国时期的黄包车与车夫

在民国机器丝织物中较为特殊的一类人物图案出现在像景织物

① 嵇果煌. 风行七十多年的黄包车［J］. 交通与运输，1994（5）：45-46.

图4-130 缂丝曼陀罗中的元明宗

图4-131 黑白像景孙中山

图4-132 像景设计稿中的耶稣

中，这类图案以写真肖像照片的形式出现，在某种程度上并不能被称为“图案”，但因其具有一定的代表性，本书亦将其列入研究范围。类似的题材在中国古代也有出现，如元代以缂丝织制的皇帝肖像，称为“织御容”，在美国大都会艺术博物馆收藏的一块缂丝曼陀罗上就可见元文宗和元明宗帝后的肖像（图4-130）。但由于织造技术的限制，此类写真性质的人物图案在梭织物中仅见于缂丝织物，并仅为帝后或佛像。民国以后，一方面因为贾卡织机的应用，使用提花的方法生产人物肖像成为可能；另一方面，由于西方影光处理方法的传入和阴影组织的使用，像景织物中的人物图案一改传统缂丝中采用的块面平涂表现法，侧重于人物受光的明暗层次和色调变化，表现效果也更为丰富和立体（图4-131）。孙中山、蒋介石、班禅活佛等当时重要政治人物、历史名人的肖像都是人像像景最为主要的表现题材。此外，西方宗教人物也是一个重要内容，见于像景织物的有耶稣圣母、耶稣牧羊、耶稣祈祷、耶稣升天、耶稣为我等题材（图4-132）。但与“织御容”为皇家的特权不同，当时的都锦生、国华等像景丝织厂还向社会推出了定织丝织人像的业务，普通人只要提供照片并支付一定费用，就可以在像景织物中展现自己的形象了。[①]

4.4.2　建筑风景图案

建筑风景图案在民国时期的机器丝织物中出现的亦不多，其中最具代表性的就是像景织物，并且这种图案多见于黑白像景织物或者是织后上彩的着色黑白像景织物，而绝少见于五彩像景织物。这些像景织物多以建筑风景的照片为底稿进行图案设计，西湖全景、平湖秋月、三潭印月、雷峰夕照等西湖风光更是其中最为常见的题材。此外，杭州的本地风光、国内各地的美景，甚至一些国外的著名景点如美国黄石公园等都是当时像景织物图案的选题对象。早在20世纪30年代时，都锦生丝织厂就曾向社会有奖征集风景名胜照片，国华美术丝织厂也曾征求全球名胜照片，并对录用者给予一元至几十元不等的奖励。[②]事实上，这种将风景织入丝绸的产品在清代就已出现，如文献中曾记载有一种名为“西湖景”的织物。但传世的实物并不多，且常见于马面裙的马面处，多用妆花或织锦的工艺织造，这些图案所用线条十分简洁，造型上只表现出建筑、风景等的大致轮廓（图4-133）。而使用新型织机生产的民国像景织物，

图4-133　清代织锦中的风景图案

---

① 徐铮，袁宣萍. 杭州像景［M］. 苏州：苏州大学出版社，2009：63-64.

② 徐铮，袁宣萍. 杭州像景［M］. 苏州：苏州大学出版社，2009：55.

图4-134 黑白像景《平湖秋月》

由于棒刀、多梭箱装置和提花龙头等的运用，其图案几乎是黑白或彩色照片的真实再现，十分写实和逼真（图4-134）。

除像景织物外，在当时机器丝织物中表现建筑风景图案的以织锦缎、古香缎居多，特别是古香缎中的一类，因其所织的图案以山水风景和亭台楼阁为主，而被称为“风景古香缎”（图4-135）。这些图案较多地延续了清代织物的风格，以线条和块面平涂的方法来表现湖山风景，但是其图案较清代妆花和织锦织物更为细腻，并且可

图4-135 风景建筑图案

图4-136 风景建筑图案

图4-137 织有英文的风景建筑图案

图4-138 风景建筑图案

以较为清晰地表现出后者较难表现的门帘、雕花等建筑物的细部（图4-136）。有趣的是凤韶图画馆设计的一件古香缎，图案主题是传统的龙舟竞渡、小桥流水，却在图案的空白处织有“SHANGHAI-HONGKONG CALLING”等英文字母，也算是中西合璧（图4-137）。

当时还有些织物中的风景建筑图案其风格介于一般写意性质的织锦缎、古香缎和写真性质的像景之间。如图4-138中这件20世纪30年代由苏州东吴丝织厂生产的织锦缎，以苏州的著名景点虎丘剑池为表现对象，在虎丘塔、石碑、门楼等处着重突出了建筑的阴影效果，以及树林的层次感，虽然不如像景织物般仿佛照片再现，但仍具有一定的写实性。

4.5　器物图案

20世纪上半叶的机器丝织物中也沿用了一些传统的器物图案，

这些器物图案通常具有吉祥的寓意，其中最为常见的就是博古图案。所谓“博古”是指古物之多，有集古之意，据学者研究丝织物上的博古图案不会早于清乾隆年间。[①]这个时期机器丝织物上的博古图案仍延续了传统，其题材包括青铜器（图4-139）、瓷瓶等器物以及其中所插的古画、古书或者花盆瓜果等（图4-140），多为清地，也有在满地花卉上再添加博古器物图案，并与孔雀等祥禽同时出现的（图4-141）。

图4-139 博古图案

图4-140 博古图案

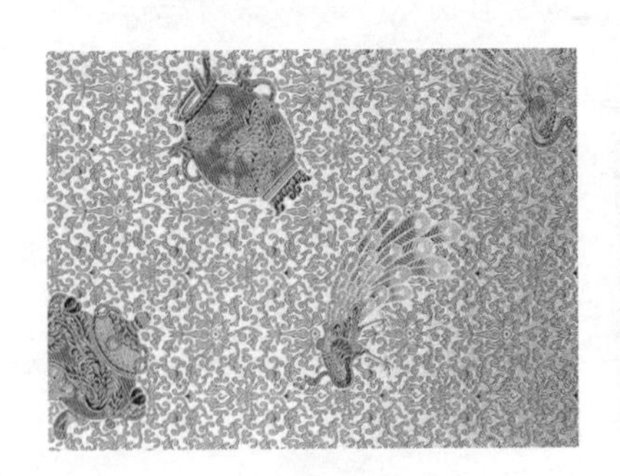

图4-141 满地博古图案

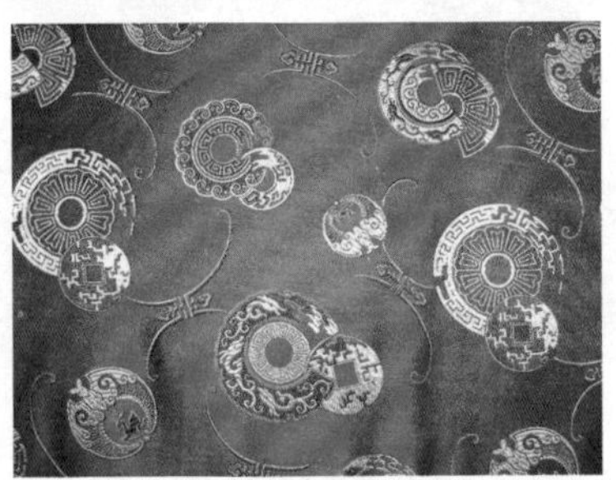

图4-142 长寿玉佩图案

① 赵丰. 中国丝绸艺术史［M］. 北京：文物出版社，2005：188.

中国有“君子无故，玉不去身”的传统，所以玉饰件在丝织物图案设计中也是常见的主题，早在魏晋时期的织锦上就可见连璧图案，将玉璧、玉玦等玉饰件与长寿字相结合，则是民国时期机器丝织物中较为新颖的一种图案题材配搭。如图4-142中的长寿字造型上较传统更为纤细，同时一改传统的四平八稳，而将一些笔划作蜿蜒卷曲状穿插于玉佩图案间，使得整体图案的设计更富灵动感。

除了传统器物图案外，作为生活领域的一部分，人们衣食住行中出现的各种新器物也成为高度商业化下的机器丝织物图案设计的一个重要素材来源，例如当时被广泛用作台布、盘布、杯垫、靠垫、窗帘、手巾等日用品的抽纱绣品（图4-143）。抽纱绣工艺起源于欧洲，随着传教士的传教活动进入中国，首先“发轫于烟台”。清光绪年间，英国传教士“马麦兰女士遂设教会手工学校于烟埠，所授之艺，则为镂花。……历年以来，借此艺为生活之妇女，即烟台一埠已以千计”[①]。此后，抽纱工艺又从山东流传到上海和浙江、江苏等地。其中常熟抽纱绣品发源于20世纪初，以雕绣法见长。而浙江萧山抽纱工艺则由上海商人传

图4-143 民国日常生活中的抽纱绣品

① 陈瑞林. 中国现代艺术设计史［M］. 长沙：湖南科学技术出版社，2002：81.

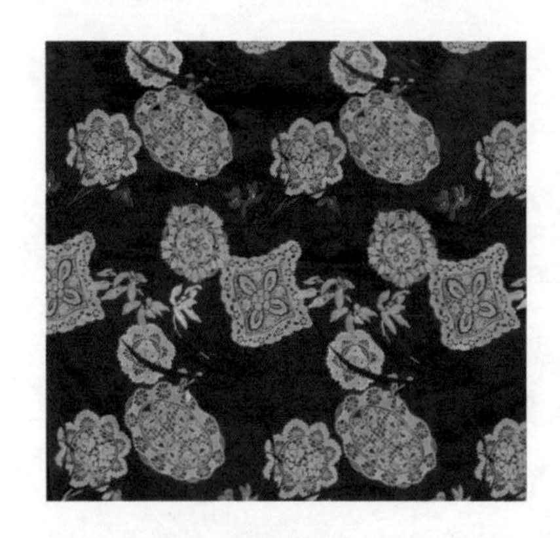

图4-144 抽纱绣品图案

入，又被称为“万里斯”或“万缕丝”，在制作时，根据图案要求将绣品划分成各个小块分别进行加工，完成后再拼缝成完整的作品。这些绣品图案大都取材于花卉，各种花形间既能相对独立，又与整体紧密联系，因此十分流行。作为当时生活中常见的日常器物，在织锦缎等机器丝织物中也能见到以抽纱绣品作为表现主题的图案。如图4-144所示的织锦缎，其主体图案为各种式样、大小不一的抽纱绣品，同时以中国传统的兰花图案作点缀，体现了在中西方文化交流下的图案新题材。

网球与网球拍也是当时机器丝织物中较为常见的新型器物图案，网球是一项舶来运动，在19世纪末由西方侨民带入中国，华人的网球运动首先在教会学校中流行开来，继而沿着沿海大城市逐渐向四川等内陆地区推进，成为上流社会的一种运动，并且是身份的标志。到了20世纪20年代，网球运动已在全国各地开展起来，在民国十八年（1929）国民政府公布的《国民体育法》中，要求“各自治之村、乡、镇、市必须设置公共体育场”，并规定球类项目场地包括网球场。这对推动网球运动的发展起到了良好的作用，上海、北京等大都市相继出现网球会和俱乐部组织，而参加这项运动的以学生和教师居多，还有外侨及当地社会上层人士（图4-145）。作为一种流行事物，网球运动也出现在三四十年代的机器丝织物图案设计中，如由杭州九豫丝织厂生产的衣光绉（图4-146），不仅将舶来品网球拍作为主题图案，而且还将其与中国传统的吉祥花卉牡丹组合在一起，花的叶、萼等细节部分被省略，茎干部分则被抽象为一条宛转的细曲线，并在局部采用了影光处理使之更具立体感，无论从题材选取还是表现手法上都十分新颖。

图4–145 影星胡蝶在打网球

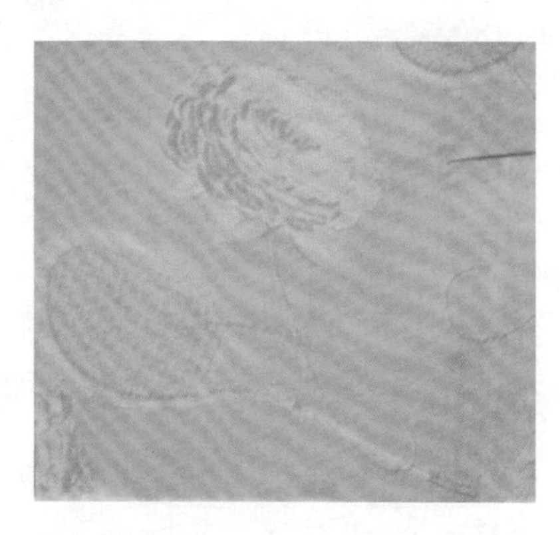

图4–146 衣光绉中的网球拍图案

4.6 小　结

这个时期的机器丝织物图案，在题材上虽然以花卉和条格图案为主流，但总体呈现出多元化趋势，一方面大量直接使用、模仿和改进外来图案，另一方面，传统题材虽在数量上有所减少，但仍有大量图案被沿用下来，各种不同风格的图案在织物上并行不悖。同时，通过泥地影光、撇丝影光和排列影光等手法的运用，开始出现大量侧面受光，以阴影明暗来表现不同层次的图案，在造型上表现出与传统图案截然不同的立体化写实效果。在表现形式上，这个时期的机器丝织物图案呈现出多样化，自由、灵活、无规则的构图取代传统对称、平衡、单一的构图规则，成为主要表现手法，反映出当时人们审美趣味的转变。

4.6.1 题材风格多元化

20世纪上半叶机器丝织物在图案题材上呈现出多元化，各种不同风格的图案并行不悖，主要表现在以下几个方面。

一是传统题材虽在数量上有所减少，但仍有大量包括花卉、寓意等图案被沿用下来。出现这种现象的原因在于虽然机器丝织物的主要产地在江浙沪等受西方影响较大的地区，但西北、西南等内陆地区和广大农村地区仍是其重要销售市场，而即使在沿海地区，不同年龄层次的消费者对图案也有不同的要求，这部分人受传统文化和思想的影响较深，"固守旧德"，更重视织物的耐用性而非图案的新奇性，传统的图案题材更适合他们的审美观，但随着时代和生活方式的改变，在细节和造型等方面有了新发展和创新。另一方面，由于织造工艺的改进和新型织机的使用，一些原来只能用缂丝、刺绣、妆花等工艺来表现的传统题材，也开始在机器丝织物中出现。

二是受到外来文化的影响，对外来图案的直接使用、模仿和改进是这个时期机器丝织物图案演进的重要内容。这种影响可以分为两个阶段。早期由于从事图案设计的多为留日学生或受日式染织教育的学生，同时流行于欧美的新艺术（Art Nouveau）样式也深受日本浮士绘等东方艺术的影响，因此在丝织物图案中表现出较为强烈的和式风格，以弯曲线条为基础的花草植物是这个时期的常见题材。20世纪20年代中期以后，随着大量留日学生为抗议日本的侵略而罢课、归国，和式风格对机器丝织物图案的影响逐渐减弱，同时随着大量接受欧洲艺术设计影响的欧美留学生相继回国，出现了许多受到欧美迪考主义（Art Deco）也就是装饰主义风格影响的图案，玫瑰、漩涡和几何图案等都是这个时期机器丝织物上常用的题材，并且“自廿一年起，欧美美术的风气吹来，花样渐变粗大，轮廓渐变简单，故常为单调的直线与弧线所组成”[①]。

三是近代以来，随着西风东渐，出现了许多新事物，特别是辛亥革命之后，这种中西文明的相互影响与撞击日趋强烈，一些国外的生活方式被引入国人的日常生活。与以往的图案题材注重“图必有意”不同，作为生活领域的一部分，高度商业化下的机器丝织物图案设计将人们衣食住行中出现的各种新用品作为一个重要素材来源，并加以改良创造，这是当时图案设计的另一大特点。

四是在题材的种类方面，传统丝织物中常见的动物、寓意图案大量减少，以花卉图案为代表植物题材一直占据着机器丝织物图案设计的主要地位，虽然各阶段在风格、造型、表现形式等方面有所变化，但其流行时间贯穿于整个民国时期。而受到西方设计思想、服饰制度改革、审美趋势等因素的影响，条格图案从20世纪30年代起在机器丝织物图案中的使用频率急剧增加，与花卉图案一起成为最主要的图案题材（图4-147）。

① 崔崐圃. 织纹设计学［M］. 上海：作者书社，1950：128.

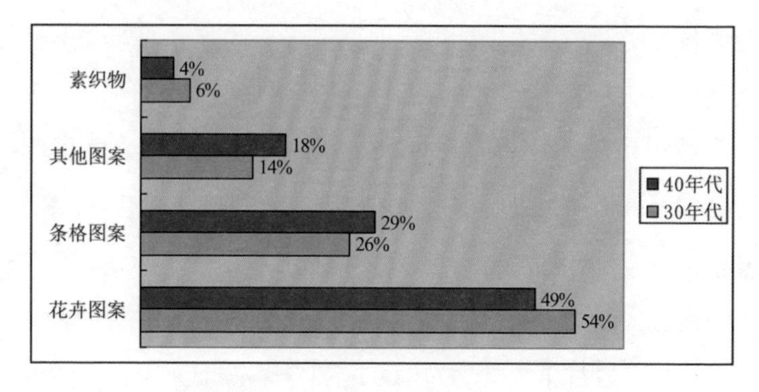

图4-147 清华大学美术学院20世纪30年代至40年代丝织样本中各种图案题材的分布比例

4.6.2 写实造型立体化

这个时期机器丝织物的图案在造型上的另一大特点是呈现出立体化，特别是在写实花卉图案的表现上。丝织物图案的写实化倾向在唐代就已开始出现，随着宋代以来写生花鸟画的盛行，这种写实的表现风格与程式化的装饰风格一起流行于图案设计中，特别是到了清代的独枝花图案，于文雅之中见秀丽，是古代写实花卉图案发展的顶点。但总体而言，传统丝织物的写实图案用块面来表现对象，并多以正面受光为主，即使有些采用了晕色方法，但其色彩界限分明，缺少纵深感，是一种平面化的写实。

到了民国时期，除继承传统外，大量侧面受光，以阴影明暗来表现不同层次的图案开始出现，其色彩过渡自然，成为一种立体化的写实。这种立体化效果主要通过以下几种方法来实现。

最为常用的是泥地影光和撇丝影光两种，前者通过大小不一的点子由密到稀的排列顺序来产生影光效果。一般来说，光暗处的点子数目越多，间隔越小，光亮处则相反直至完全消失（图4-148）；

图4-148 泥地影光法

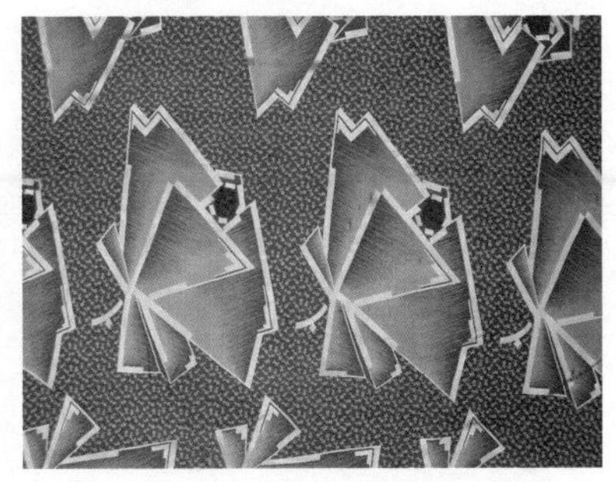

图4-149 撇丝影光法

后者则通过横、直、斜的细线条由密集到疏松排列来实现色彩间的过渡，相比传统图案中利用块面分层排列的方法，这种利用线条相互穿插渗化的表现法更为自然和均匀（图4-149）。与撇丝影光相似的有燥笔，即通过花形的浓淡枯润来形成立体效果（图4-150）。

图4-150 燥笔法

图4-151 单边强调法

此外还有排列影光法，即将不同大小的花型块面通过疏密排列产生影光效果。通常光暗处的块面较密、花型较大，反之则较亮，这种方法多见于几何类图案。单边强调，即在勾勒轮廓线时强调花型的单边，[1]有时还画出明暗交界线，通过轮廓线粗细的变化来表现花型的凹凸感，等等（图4-151）。这些新造型手法的使用使得机器丝织物中的图案表现出与传统图案截然不同的立体效果。

影响这种写实造型立体化现象出现的原因有二。一是受到西方绘画的影响，西风写实绘画的核心是焦点透视法，强调明暗对比和光影关系，在二维平面上创造出三维空间。民国以来，随着大量美术留学生的回归，西方绘画的技法和造型被带入中国，对丝织物图案的风格产生了很大的影响。二是贾卡提花龙头等新型机械的使用为丝织物图案的立体化提供了技术支持，实际上清末西方的明暗法就已进入中国，但由于传统提花织物通常使用一根提花扦来控制多达六七根经线的运动，受到织造工艺的限制，只在沈寿、杨守玉等人的刺绣作品中有所体现。而民国时期的机器丝织物由于采用了贾卡龙头和棒刀装置，每一根经线都可以自由与纬线交织，并且利用机器设备缫制的丝线原料较土丝纤细，因此织物的纬密更大，可以织出细小的影光组织，使之成为可能。

4.6.3 表现形式多样化

除了写实手法外，这个时期的机器丝织物图案，特别是植物图案，在造型上还发展出了多种新的表现手法。如写意表现法，这种方法的造型比较简练概括，根据图案需求选择其中某部分加以夸张提炼，从而表现出图案对象最美的地方；加工变形法，即在写实图案的基础上，根据图案设计的需求进行取舍与变形，如用螺旋型的圆形（图4-152）来表现重瓣花卉等等，这种表现手法虽不符合自然

① 温润. 二十世纪中国丝绸纹样研究［D］. 苏州：苏州大学，2011：122.

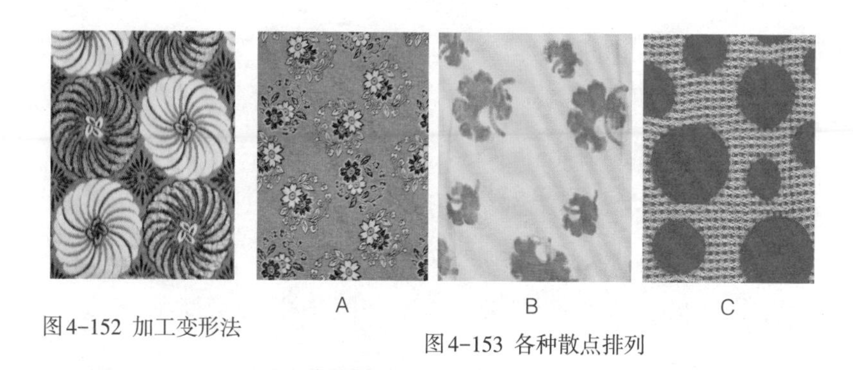

图4-152 加工变形法

图4-153 各种散点排列

规律，但造型优美且具浓重的装饰色彩。

在排列方式上，除条格等特定图案，一般小型图案以散点状排列为主，或大小相间，或紧或密（图4-153）；一些大中型的图案以蔓草、树叶或花卉等为主，则采用不规则排列，穿插自由，不受排列规律的限制（图4-154）；而传统题材或造型相对简单的图案则多以连缀排列为主，即图案单体间相互连接成一体。总的来说，前几种方法较传统，更为灵活、自由。出现这种转变的原因在于：民国时期的服饰改革，特别是对女性身体美的认同和追求，使服装款式趋向立体化，在这种情况下自由的散点状排列方式不会因为剪裁的关系而损伤其完整性和美感，更为符合新款式的需求，也反映出当时人们审美趣味的转变。

图4-154 不规则排列

当时机器丝织物图案在表现形式上的另一个特点是在构图上多使用重叠法，使画面产生双层或多层效果，使图案的主次更分明、层次更为丰富。这种方法往往以小花图案或小几何图案铺满底面，再在上面加以散点排列的中型或大型花卉如玫瑰等（图4–155）。也有织物采用平纹等光泽较差的组织织出地纹，以表面光泽较好的缎纹、浮长等组织显主花，形成明暗两种图案之间的层次和对比，与前者相反，其地纹花型较大，主花花型较小（图4–156）。这种构图方式对织机的要求较高，如前者虽然地纹的单体较小，但其循环极大，必须使用贾卡提花龙头才能织造。

图4–155 地小花大的重叠构图

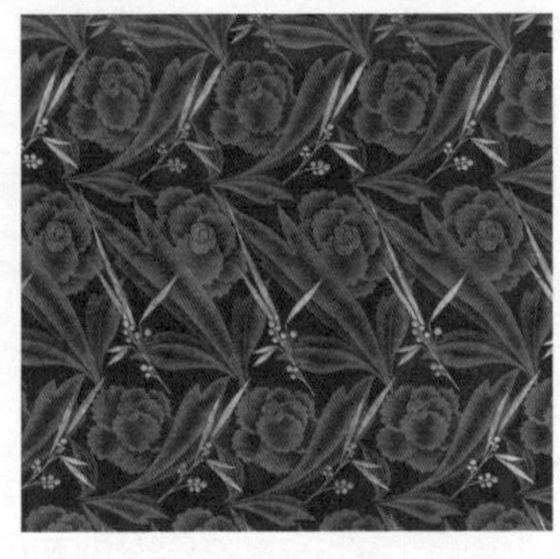

图4–156 地大花小的重叠构图

第五章　20世纪上半叶机器丝织物的字牌研究

5.1　字牌与物勒工名的传统

5.1.1　字牌的概念

所谓“字牌”，是指商家为了宣传产品，扩大影响，同时也为了让消费者监督产品质量，防止以假乱真，而在绸缎上所标明的生产厂商、产品名称及注册商标等内容，多用梭织的方法制成，是20世纪上半叶机器丝织物产品中一个不可分割的重要组成部分。

关于它的名称，也有研究者沿用古代丝织物中的称呼，将其称为“织款”[①]，或因为其经常出现在织物的织造时最初的部分，而统称为“机头”的。实际上，在这个时期的丝织专业书籍中其被称为“字牌”，而在当时的纹制构造单（图5-1）中也可以看到专门的“字牌格式”设计，同时这种称呼在现当代的丝织物中也依然沿用。[②]因此，在本书中将此类这个时期在丝织物上出现的，以宣传产

① 刘丽娴，王靖文. 中国古代丝织品的织款及其图形构成［J］. 丝绸，2011（7）：50.

② 沈干. 丝绸产品设计［M］. 北京：中国纺织出版社，1991：179.

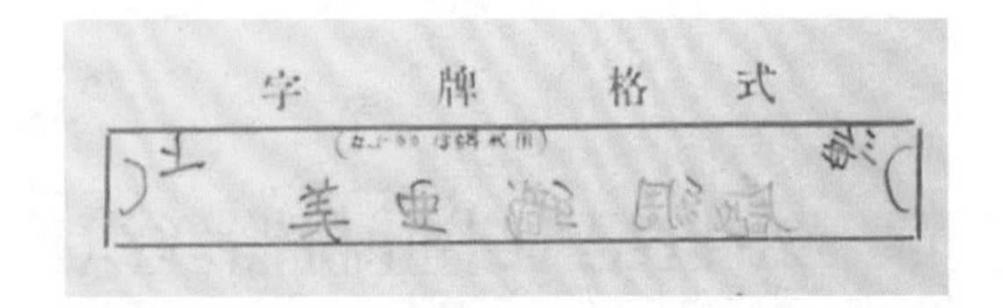

图5-1 美亚织绸厂纹制构造单中的“字牌”设计

品、防止伪造等商业性目的为主的内容统称为“字牌”。

5.1.2 丝织物中物勒工名的传统

字牌在丝织物中的应用具有其延续性，最早可以追溯到中国旧有的物勒工名的传统。这种制度发端于春秋战国时期，早在《礼记·月令》中就有“物勒工名，以考其诚，工有不当，必行其罪，以究其情”的记载。到秦汉时期这种制度被以法律的形式确定下来[①]，规定生产者需在产品上打上自己的名字，以防以次充好和仿冒行为，一经发现必须进行改进，如有再犯则“举族连坐，豪产抄没，充盈府库”[②]，成为官方加强对手工业产品主要是官营作坊产品监督的必要措施。

作为古代手工业的重要一环，丝织业中也有在产品上标明生产工匠姓名作为责任人的传统，其中以织造的方法最为常用，因此也有学者将其称为“织款”。[③]早在战国时期湖北江陵马山1号楚墓出土的衣衾绢里分别发现有两处墨书文字，湖南左家塘44号楚墓出土的锦边上也墨书有“女五氏”等处，这些墨书题记和朱砂印记，可能就是工匠留下的所谓“工名”。汉晋时期的织锦中也出现了“韩仁

① 徐国富. 试述“物勒工名”制度［J］. 科教文汇，2007（3）：167-168.

② 陈朝志. 物勒工名·物勒官名［J］. 中国纺织，1995（3）：38.

③ 赵丰. 中国丝绸艺术史［M］. 北京：文物出版社，2005：35.

绣”锦名，据推测可能和织工或者订货人有关，但此类文字与其他的吉祥文字一样，出现在云气动物纹中，还并不是真正意义上的织款。

真正的织款要到明代才开始出现，在明神宗定陵出土的大红织金缠枝四季花卉缎（D72）的机头延纬线方向织有“杭州局”三字，一幅之内共有六个循环。[①]类似的织款在美国费城艺术博物馆收藏的一件明代绿色花罗经皮子上也有发现（图5-2），这是目前所见最早有织款的官营作坊产品。不过，明代的物勒工名主要还是以墨书形式出现，到了清代以织造形式出现的织款更多，目前所见大部分出于江南三织造，在其生产的织物中有不少均织有某地织造臣某某的款识，如“杭州织造臣文治”“苏州织造臣毓秀”“江宁织造臣七十四”等等。

图5-2　明代经皮子上的“杭州局”织款

图5-3　明代头巾上的“张梦阳”织款

随着明代民间丝织业的发展，织款也逐步出现在由民间作坊生产的丝织物中，如宁夏盐池出土的明代嘉靖年间张梦阳松竹梅纹头

① 中国社会科学院考古研究所. 定陵（上）［M］. 北京：文物出版社，1990：44.

巾（M2:S8）上就有一条宽约2.5厘米的织款，目前保留下来六个循环，每个循环中均织有“张梦阳”的作坊名（图5-3）①。中国丝绸博物馆收藏的一块出土于江西九江明末万黄氏墓的缎地折枝花卉纹头巾上则织有“伍德昭自造”五字织款②，排列形式及组织结构均与前者相似。与官营织造中使用织款的目的在于实行责任追踪不同，民间作坊使用织款的主要目的在于宣传作坊和产品，类似于近世的广告作用。同出于万黄氏墓的另一块龙纹暗花缎头巾，织有“南京局造”“声远斋记”“清水”三款③（图5-4），前两款说明这是由南京局委托民间机坊生产的。而江浙一带的绸缎有“粉货”与“清水”之分，粉货是将染色的丝线浸以麦粉浆液，待干燥后再织造，其目的在于增加绸缎重量，质量较差，清水则是直接用染色丝线织造，耐洗而不变色，是为佳品，④因此“清水”织款就是其对产品质量的标榜。此外，据称贵州曾发现一件有“良货通京”织款的头巾，⑤也可看作是此类性质的词语。

图5-4 明代头巾上的“南京局造”织款

清代，随着官营织造中“买丝招匠”制度的确立，特别是乾隆以后，江南三织造的经费被大

① 宁夏文物考古所，等. 盐池冯记圈明墓［M］. 北京：科学出版社，2010：57.

② 金琳. 云想衣裳——六位女子的衣橱故事［M］. 香港：艺纱堂/服饰出版，2007：30.

③ 赵丰. 织绣珍品［M］. 香港：艺纱堂/服饰出版，1999：276.

④ 徐新吾. 近代江南丝织工业史［M］. 上海：上海人民出版社，1991：102.

⑤ 包铭新，赵丰. 中国古代织绣品鉴赏与收藏［M］. 上海：上海书店出版社，1997：71.

幅度削减，朝廷所用绸缎多向民机定织或在民间购买。有时织款中既有织造官员名也有民间作坊名，而商业性质的织款也逐渐增多，如“杭州万隆安字号本机”“浙杭悦昌锦记本机选置”“张沄记”等等（图5-5）大量涌现。

图5-5 清代龙袍匹料上的“张沄记”织款

5.2 机器丝织物中字牌的沿用和特点

5.2.1 字牌的沿用

20世纪上半叶的机器丝织物继续沿用了字牌的形式，但其功能由原来的产品监督和追踪问责完全转变为宣传和防伪。究其原因在于，当时由于随着舶来丝织物的大量输入以及国内丝织业逐步实现机器化后的大批量生产，如想在竞争激烈的市场上不被淘汰，必须要对本企业的产品实行专利和品牌保护。当时的丝织业者在提交工商部的呈文中指出“即有一、二商人不惜资本，创造新品，即无政府之保护，每遭莠商之破坏，设有创造精良，销行适用，彼仿造、冒牌者接踵而起，贬价滥售，以伪乱真，遂致同货名誉一蹶不振。往者即贻噬脐之悔，来者咸有裹足之虞”[①]。因此，生产厂家对字牌

① 缎商杭祖良为请给丝织新品华哔叽专利凭证致工商部呈（手稿）[Z]. 苏州市档案馆藏，1912-11.

的织造也极为重视，甚至在织工守则针对此项设立专门条款，规定“字牌种类极多，切勿调乱错织，上花、落花、起动花枕头，须注意。字牌不得乱弃、乱放、织法要完全，不得缺少字样”[①]。

5.2.2 字牌的特点

5.2.2.1 注册商标的出现

众多“注册商标”的出现是这个时期的字牌与以往任何时期最大的不同之处，因此，当时也有些厂家取英文商标“MARK”的谐音把字牌称为“唛头”。[②]所谓商标是用来区别一个经营者的品牌或服务和其他经营者的商品或服务的标记，在中国古代的产品中虽然也有与其他生产者以示区别的“图记”，但真正意义上的“注册商标”概念却是随机器化生产的舶来品自西方进入中国的（图5-6）。“商标”一词最早见诸我国法律文件是在光绪二十九年（1903）清政府与美国订立的《中美续议通商行船条约》，条约中对“Trademark”

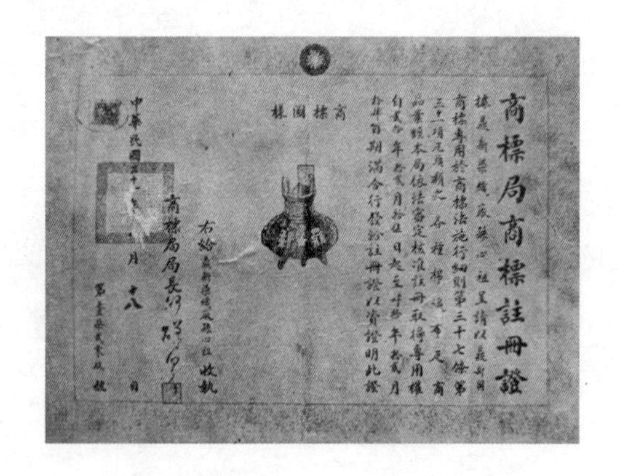
商標局商標註冊證
商標圖樣
收執
商標局局長

图5-6 上海鼎新染织厂的商标注册证

① 马伯乐. 美亚丝织四厂织工须知（手稿）[Z]. 上海市档案馆藏，1934：1.

② 娄尔修. 二十世纪前叶苏浙沪丝绸业巨子——娄公凤韶纪念册 [M]. 未刊本，2008：12.

使用了“商标”这一译法。次年，清政府又颁布了我国第一个商标法《商标注册试办章程》，但同时使用的还有“商牌”“牌号”“货牌”等。民国时期，随着丝织业逐步实现机器化的大生产，对商标和商标注册的意识日益增加，但直到民国十二年（1923）《中华民国商标法》才正式颁布，对外受理中外厂商使用的产品商标进行注册。同时颁布的《商标法施行细则》中第三十六条商标注册用商品分类规定其中第三十类为丝织品[①]，并规定如果有人仿造，可以判处一年以下的有期徒刑或者五百元以下的罚金，并没收物品，因而这种措施对于当时丝织产品的创新起了一定程度的保护和鼓励作用。

此外，根据日本人小野忍的实地调查，当时只有绸厂才持有商标，而机坊则没有，只能在丝织物上织上机匠的名字，如某某人织造的字样，[②]因此对于一块保留有字牌的丝织物，其内容是否包含商标的内容，也可以作为判断其是否为绸厂出产产品的依据之一（图5-7）。

图5-7 机器丝织物字牌中的商标

① 左旭初. 民国纺织品商标［M］. 上海：东华大学出版社，2006：44.

② 小野忍. 杭州的丝绸业（续完）［J］. 丝绸史研究资料，1982（4）：16.

5.2.2.2 国货与爱国的口号

在字牌中突出“国货”“爱国”概念，以提倡国货作为口号，也是这个时期丝织物字牌中一个很重要的特点。民国初年，由于使用机器生产的大量舶来丝织品进入中国，对中国传统的丝织业造成了极大的冲击，为了保护本国的工业，以丝织业者为首发起了一场以“提倡国货，移转国民观念”为己任的国货运动。此后，上海机制国货工厂联合会等国货团体不断兴起，中华国产绸缎展览会等各项活动也层出不穷，“使用国货、抵制洋货”的爱国运动风起云涌。一些由国内丝织厂生产的产品在市场上不断受到国人的青睐，尤其是在抗日战争时期，社会各界都积极投身到抗日救国的爱国行列之中，丝织业界人士更多次开展了“抵制日货、使用国货”的运动。在当时注册的丝织物商标中出现了“复兴”“胜利”“民众”等名称，而丝织物字牌中也都相应地加入了“爱国”“中华”“爱华”“优等国货”等一系列具有鲜明时代特征的字样，以迎合市场的需求和顾客的心理（图5–8）。

图5–8 字牌中的国货与爱国文字

5.2.2.3 英文的引入

随着20世纪上半叶中西方文化交流的进一步加强，在机器丝织物的字牌中还出现了英文内容，特别是在像景织物中的应用相比其他品种的机器丝织物而言更为广泛，这也是以前的织物字牌中所没有的内容，而在对一些如“杭州”“华盛”“清泰”等汉语专用单词进行英文翻译时则采用了当时盛行的威妥玛–翟理斯式拼音，拼写为“Hangchow”“Hwa Cheng”“Tsin Tai”（图5–9）。另一点值得注意的是，虽然在像景织物中也出现了类似“A bamboo pathway to Yuan–chee”（云栖竹径）这样表示织物主题内容的英文，但目前所见字牌中的英文名称多用于生产厂家厂名的翻译，极少见到有关织物原料或品种名称等内容的英文翻译。

图5–9 字牌中的英文内容

5.3 字牌的款式

5.3.1 端式字牌与侧式字牌

目前所见20世纪上半叶机器丝织物的字牌按照其与织物正身的位置关系，可以分为端式字牌与侧式字牌两个大类。其中最为常见的字牌被安排在织物的上下两端，或者织物的下端，因而被称为“端式字牌”（图5–10）。这种字牌除了没有使用附加纬线的暗花织物外，多采用对比强烈的色彩，字体也多端庄醒目，与纹样浑然一体，具有一定的装饰效果，因此在裁剪后并不是被即时丢弃，在传世所见的一些织有字牌的零料中，就有些被再利用做成了插袋或者其他饰物的边饰。

图5-10 端式字牌

图5-11 侧式字牌

还有一类的字牌因为被放置在织物两侧或者一侧的大边位置，因而被称为“侧式字牌”（图5-11），但也有将字牌设计在大边和正身之间的位置的，这种款式多用于先织后练的丝织物，目的是防止在后整理时字牌被损坏。一般使用这种款式字牌的织物边幅都不小于1厘米，以防字牌给人以臃实之感。

5.3.2 字牌的图形构成类型

由于不受区域大小的限制，因此端式字牌的图形构成较侧式字牌变化更为多样，就目前传世的字牌所见，可以分为“中心独花式”端式字牌（类型I）和“通幅循环式”端式字牌（类型II）两个大类（图5-12）。所谓“中心独花式”的端式字牌是指字牌位于织幅的中心位置，在一个幅宽内只有一个循环，并为独花花型；通幅循环式的端式字牌是指在一个幅宽内字牌图案有纬向循环，并且在整

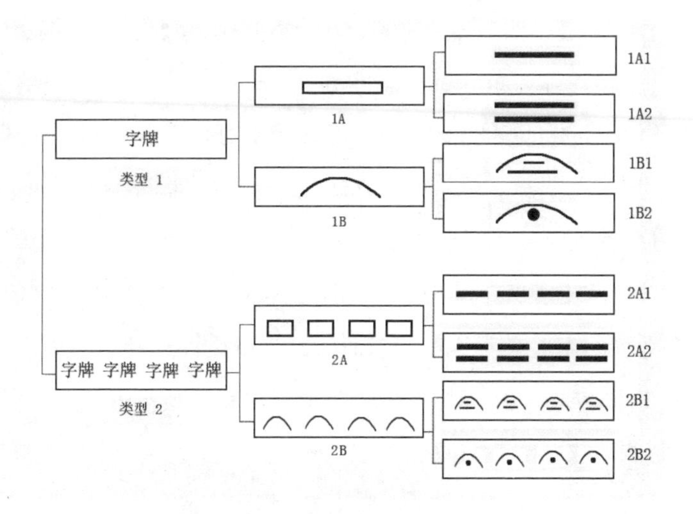

图5-12 端式字牌的图形构成类型

个幅宽内都有分布。

同时，根据字牌中文字等相关内容排列方法的不同，每个大类又可以分为直线型（1A、2A）和曲线型（1B、2B）两个亚类。所谓直线型构图形式是指这种形式字牌中的文字等相关内容成水平直线排列，其中1A是指文字等相关内容呈直线排列的中心独花式端式字牌，2A是指内容呈直线排列的通幅循环式端式字牌；曲线型构图形式是指其字牌的内容多由数行文字构成，外观通常呈现半椭圆形排列，其中1B是指文字等相关内容呈曲线排列的中心独花式端式字牌，2B是指内容呈曲线排列的通幅循环式端式字牌。

此四个亚类又可细分为八个小类：1A1型，2A1型，1A2型，2A2型，1B1型，2B1型，1B2型，2B2型。

其中1A1型是现存字牌中最为多见的一种（图5-13），可称为“单一文字型”，其文字的内容只有一行，上下均有与织物正身隔开的栏杆，而且字体多较为饱满，在位置安排上则文字大多采取“顶天立地”的形式，但其反映的主要是生产厂家的名称、产品名称等基本信息，信息量十分有限。2A1型（图5-14）与之相似，区别在于前者为中心独花式，后者通常具有与正身图案相同的循环分布规律。

1A2型和2A2型（图5-15）字牌中的文字仍然以水平直线排列的构成方式出现，字牌与织物正身之间同样有隔开的栏杆，但其文字多为两行甚至两行以上，有时还会加以设计成印章形式的文字。如图5-16中之示例，其字牌由“浙杭”“铁机波纶缎”两行水平排列的文字构成，同时在右上角织出一枚“兴信鉴（?）义”的方形印章，因而反映的内容也较1A1型和2A1型字牌稍丰富些。

图5-13 1A1型端式字牌实例

图5-14 2A1型端式字牌实例

图5-15 2A2型端式字牌实例

图5-16 1A2型端式字牌实例

曲线型构图的1B1型字牌（图5-17）为纯文字型，与织物正身之间同样织有隔开的栏杆，内容多由数行文字构成，其外观通常呈现半椭圆形。一般来说，其字牌最上方的第一行文字为生产厂家的名称、产品名称等，有时还加一行英文翻译，均采用曲线型排列方式；最下方的文字呈直线型排列，多为宣传产品品质的语句，有一行或两行不等，也有些字牌并无此项；2B1型字牌则在此基础上采用循环方式排列，但相对1B1型字牌来说，十分少见。

1B2型（图5-18）和2B2型（图5-19）字牌为文字图形组合型，其外观仍呈现半椭圆形，中心部分则多为注册商标图形，构图形式外观更为饱满，所表达的内容也更为丰富，但较少使用。

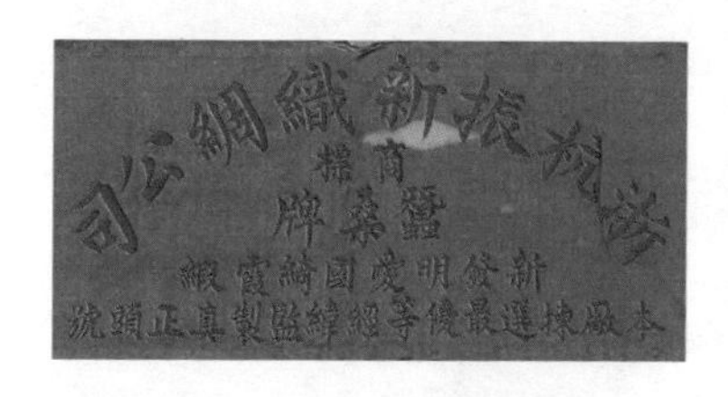

图5-17 1B1型端式字牌实例

图5-18 1B2型端式字牌实例

图5-19 2B2型端式字牌实例

5.3.3 像景织物字牌的款式和内容

像景织物字牌的款式和内容和其他机器丝织物有较大的区别，自成一格，难以用简单的端式字牌或侧式字牌来划分，一般来说，根据主体画面中织出的风景或其他主题的名称，可以将目前所见的像景分为以下两个大类型（图5-20）：I型和II型。

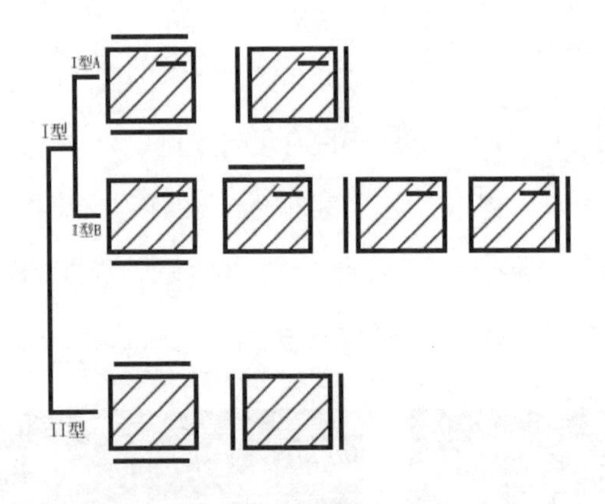

图5-20 像景织物字牌的图形构成类型

I型是指在像景织物主体画面中织出的风景或其他主题的名称，如“西湖苏堤春晓”“平湖秋月”等，并在主体画面的左右或上下织出字牌的其他内容。其中I型A像景字牌一般一边是织有详细的风景名等与主题相关的内容，另一边则是生产厂家的厂名、商标等信息

（图5-21）；I型B像景字牌则只在一边织出生产厂家的厂名、商标，另一边则为空白（图5-22）。

II型是指在像景织物主体画面中并不织出风景或其他主题的名称，而是只将字牌安排在主体画面的左右或上下位置，一处织出画面的主题名称，另一处则织出生产厂家的厂名、商标等信息（图5-23）；也有部分II型像景字牌一处织的是生产厂家的厂名、商标等信息，另一处则是英文的厂名（图5-24）。而由袁震和丝织厂生产的一款黑白像景《平湖秋月》在字牌的安排上较为特别，其画面上下的字牌文字均为英文，其中上边“AUTUMN MOON SHINES ON THE SMOOTH LAKE. ONE OF THE BEST SCENERIES IN WEST

图5-21 I型A像景字牌实例

图5-22 I型B像景字牌实例

图5-23 II型像景字牌实例1

图5-24 II型像景字牌实例2

图5-25 袁震和生产《平湖秋月》中的全英文II型像景字牌

LAKE.”（平湖秋月，西湖最美的风景之一）为风景名，下边“MADE BY YUAN CHIN-HO SILK WEAVING FACTORY, HANGCHOW, CHEKIANG, CHINA.”（中国浙江杭州袁震和丝织厂制造）为厂名，此外，还在画面的左下角用刺绣的方式标出“杭州袁震和制”六个中文字（图5-25）。

这几种字牌类型在民国时期的像景织物中均十分常见，以当时三家主要的像景织物生产厂家都锦生丝织厂、启文丝织厂、杭州国华美术丝织厂为例，其像景字牌内容有各自不同的特色，其中以都锦生丝织厂的历史最长，像景字牌的变化也更为丰富。一般来说，这些厂家均织有商标、厂名与主题的名称，款式和内容包含以上各种不同的形式。启文丝织厂的像景字牌I型、II型都有，但一般不标英文名；而杭州国华美术丝织厂的像景字牌则以II型居多。

5.4 字牌的设计和生产工艺

5.4.1 端式字牌的设计和生产工艺

端式字牌是机器丝织物字牌中最为常见的一种，因此很受当时生产厂家的重视，对其设计和生产有严格的要求，如上海美亚丝织厂就规定："凡满十一公尺（合海尺三丈）以上"的"短疋"，就需要在织物上制织字牌，如果"满廿二公尺以上，须织两头字牌"[①]。除像景织物外，目前所见的端式字牌在一个幅宽内有以下两种不同的设计方式，在生产工艺上也有所不同。

5.4.1.1　中心独花式字牌与副目板的使用

如前文所述，所谓"中心独花式"的端式字牌是指字牌位于织幅的中心位置，在一个幅宽内只有一个循环，并为独花花型。根据对实物的分析，当时机器丝织物的正身一般为一幅四花，即在四个花区中同一图案位置的四根经线由同一根纹针控制，具有相同的运动规律，而"中心独花式"的端式字牌通常位于第二、三两个花区的中间位置。由于为独花图案，因此当织物织制到字牌部分时，这两个花区内经线的相同运动规律被打破，转变为各不相同的运动规律，而要实现这种运动规律的改变，推测其在生产中使用了副目板的工艺（图5-26）。

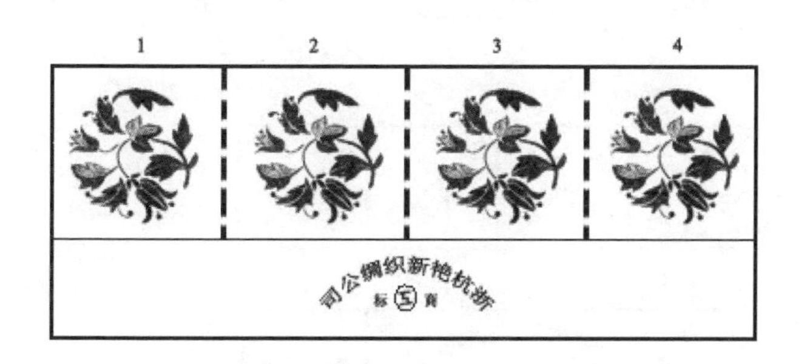

图5-26　"中心独花式"端式字牌与织物正身关系

① 马伯乐. 美亚丝织四厂织工须知（手稿）[Z]. 上海市档案馆藏，1934：1.

所谓副目板是指除大目板之外的小目板，它的作用是以第二层目板之力，使得主提花龙头在所需部分失去提升经线的作用，并通过配合使用另一个小型副提花龙头，从而改变织物正身部分原有的对称形或循环形的图案，在字牌部分以一顺形的图案取而代之，这种生产技术在当时以边角起花为主的桌巾织物中也常有使用。

如图5-27所示，假设正身部分共有经线1600根，一副四花，以400针的正提花龙头A来织造，使用单造单把吊的装造方法。若要以其中的第701—900根经线织造字牌部分图案，则需要在正提花龙头A的旁边再加装一口200针的副提花龙头B，专门用于控制此部分经线的提升。同时在龙头和正目板P之间安装一疏密程度与之相同的

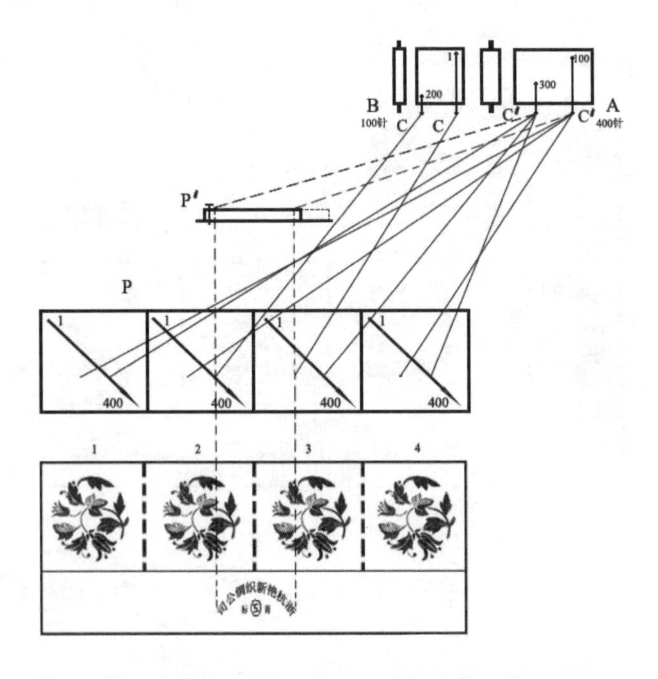

图5-27 副目板装置在中心独花式端式字牌织造中的使用

副目板P′，将提织字牌部分图案的200根经线的综线C′先穿过副目板P′，然后将副提花龙头上的综线C与主提花龙头的综线C′一一接合，两者同时穿入正目板P的眼中，两两分别提升同一根经线。当织造正身部分图案时，副目板P′被推置于一侧，使C′线紧绷，只有正提花龙头的纹针进行提升经线的工作；在织字牌部分时，移动副目板P′使C′线松开，从而使正提花龙头上的纹针失去提起经线的作用，此时副提花龙头B开始提升经线形成图案，并由综片控制其他经线的提升来织造地组织。字牌部分织完后，移动副目板P′至原位，则副提花龙头B也随即停止运动，可继续织造一副四花的正身图案。

此外，据对实物的分析，中心独花式的端式字牌有单层织物和纬重织物两种，并以纬二重织物为大宗，如表5-3所示，约占总数的87%。此类型字牌有地纬和纹纬两组纬线，通常以1∶1的形式排列，色彩对比强烈，其中在素地部分为单层结构，字牌图案部分为纬二重结构，在织物背后形成类似通经回纬的挖花效果（图5-28），因此推测其在织造时采用了将贾卡龙头提花与手工投梭相结合的方式进行生产，即在织入地纬时由综片提升经线形成地组织，织入纹纬时则由副提花龙头提升经线形成字牌图案，这样织出的字牌生产速度虽然较慢，但效果甚佳，这种织造方法在现代丝绸面料字牌的织造中也仍有沿用。[①]在组织结构方面，所见实物其地组织多为经缎，而字牌图案部分则多以纬缎或纬浮长显花，通过组织间经纬面的对比使图案更为饱满。

---

① 沈干. 丝绸产品设计［M］. 北京：中国纺织出版社，1991：180.

图5-28 纬二重中心独花式端式字牌的背面

5.4.1.2 通幅循环式字牌的织造工艺

如前文所述，通幅循环式的端式字牌是指在一个幅宽内字牌图案有纬向循环，并且在整个幅宽内都有分布。一般来说，这种通幅循环式字牌的循环分布规律与正身图案相同，通常为一副四花，即在正身部分四个花区的经线具有相同的运动规律，延伸到字牌部分此四个花区经线的运动规律依然相同（图5-29）。因此在织造工艺也比中心独花式的字牌简单易行，不需要增加额外的提花龙头或控制字牌经线提升的纹针，只需根据字牌的图案绘制出意匠图，在正身之外多轧制几块字牌的纹版即可，十分简便（图5-30）。在纬线的使用上，此种形式的端式字牌同样有单组纬和多组纬两种，其中又以二组纬线的形式（包括一组与地经同色的地纬和一组与地经色彩对比强烈的纹纬）较为多见。

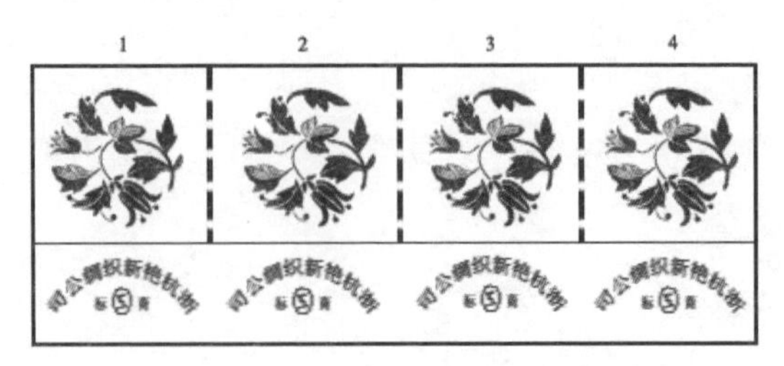

图5-29 通幅循环式的端式字牌与织物正身关系

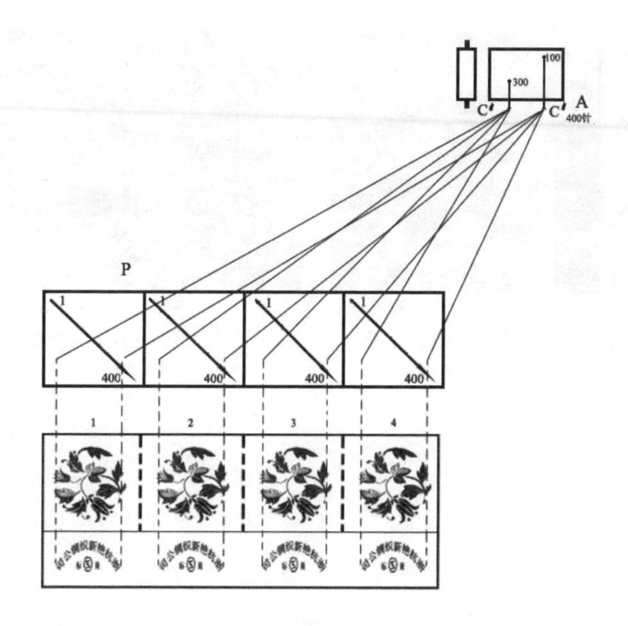

图5-30 通幅循环式端式字牌上机示意

5.4.2 侧式字牌的设计和生产工艺

侧式字牌的经密根据其位置的不同而有所不同，一般来说，位于大边位置的字牌其经密大于正身部分的经密，与大边的经密相同；位于大边与织物正身之间的字牌一般采用与正身相同的经密，而纬密则都与正身部分相同。有些厂家为了突出字牌的作用，在某些先练后织的熟织物中会使用一组专门的附加经来制织，此种经线通常选用红色等醒目的色彩，使字牌的制作显得更为考究（图5-31）。在组织设计方面，为了减少字牌与正身部分之间经线缩率的差异，字牌部分的地组织一般与正身相同。

由于侧式字牌部分的图案与正身不同，其装造方式也与正身部分存在差异，所以在实际生产中需要有单独的一组纹针来控制字牌

图5-31 使用附加经的侧式字牌

图5-32 经向循环为正身图案循环约数的侧式字牌

部分经线的运动。如果预留的纹针数足够多，则可采用单造单把吊的装造方式，这样织出的文字极为清晰流畅；但如果纹针数量较少，只能采用双把吊的装造方式，则可以通过顺穿法和自由勾边来改善字体边缘部分过渡的精细程度。为了省工省料，字牌需要与正身图案的经向循环一致，但如果正身图案的经向长度过大或过小，则需要通过将字牌的经向长度设定为图案长的约数或倍数的方法来解决（图5-32）。

5.5 小 结

由于舶来丝织物的大量输入以及国内丝织业逐步实现机器化后的大批量生产，为了在竞争激烈的市场上不被淘汰，民国时期的机器丝织物生产厂家沿用了传统织物上“物勒工名”的形式，但其功能由原来的产品监督和追踪问责完全转变为宣传和防伪，来实现对本企业产品的专利和品牌保护。

作为民国时期机器丝织物产品中一个不可分割的重要组成部

分，字牌蕴含了生产厂商、产品名称及注册商标、生产技术等众多信息。根据与织物正身的位置关系，字牌可分为端式字牌和侧式字牌两个大类，其中端式字牌是当时机器丝织物中最为常用的字牌款式，根据字牌内容排列形式的不同又可分为“中心独花式”端式字牌和“通幅循环式”端式字牌两个款式大类、四个亚类和八个小类。同时，特别是“中心独花式”端式字牌织物，相同花区经线在织物正身和字牌部分提升相同规律被打破，需要使用“副目板”工艺生产。

机器丝织物字牌实例分析详见表5-1。

表5-1　机器丝织物字牌实例分析

编号	经线	纬线	地组织	纹组织	是否整体通梭	织款部分尺寸（厘米）	幅宽（厘米）	所属类型
1	杭州远昌成造							
	玫紫色，Z捻	浅黄色，无捻 黄色，无捻	8枚经缎，背衬纬浮长	纬浮长显花，背衬8枚经缎	否	33×5.2	未知	1A1型
2	浙杭福泰绸厂							
	紫色，Z捻	黄色，无捻 紫色，无捻	8枚经缎，背衬纬浮长	纬浮长显花，背衬8枚经缎	否	31.2×4.4	未知	1A1型
3	浙杭天纶厂缎							
	黑色，Z捻	黑色，无捻 褐金色，无捻	8枚经缎，背衬纬浮长	纬浮长显花，背衬8枚经缎	否	26×5.1	未知	1A1型

续表

编号	经线	纬线	地组织	纹组织	是否整体通梭	织款部分尺寸（厘米）	幅宽（厘米）	所属类型
4	云章厂云纬缎							
	黑色，Z捻	黑色，无捻 褐金色，无捻	8枚经缎，背衬纬浮长	纬浮长显花，背衬8枚经缎	否	32.7×5.2	未知	1A1型
5	浙杭源昇绸厂							
	红色，Z捻	金黄色，无捻	8枚经缎，背衬纬浮长	纬浮长显花，背衬8枚经缎	是	14.3×4.5	未知	1A2型
6	浙杭顺记绸厂 							
	蓝色，Z捻	灰黄色，无捻 黄色，无捻	8枚经缎，背衬纬浮长	纬浮长显花，背衬8枚经缎	否	29.5×5.5	未知	1A1型
7	浙杭泰和公司 							
	紫色，Z捻	红色，无捻 紫色，无捻	8枚经缎，背衬纬浮长	纬浮长显花，背衬8枚经缎	否	35×6.6	72	1A1型
8	兴华织物工厂							
	深蓝色，Z捻	橙红色，无捻 蓝色，无捻	8枚经缎，背衬纬浮长	纬浮长显花，背衬8枚经缎	否	32.8×5.9	未知	1A1型
9	浙杭恒记绸厂							
	大红色，Z捻	深蓝色，无捻 橙色，无捻	8枚经缎，背衬纬浮长	纬浮长显花，背衬8枚经缎	是	(16.3×3)×3.3	未知	2A1型

续表

编号	经线	纬线	地组织	纹组织	是否整体通梭	织款部分尺寸（厘米）	幅宽（厘米）	所属类型
10	瑞新织物公司瑞新缎							
	黑色，Z捻	大红色，无捻 黑色，无捻	8枚经缎，背衬纬浮长	纬浮长显花，背衬8枚经缎	否	24.5×9.5	未知	1B1型
11	浙杭振新织绸公司、商标蚕桑牌、新发明爱国绮霞缎、本厂拣选最优等经纬监制真正头号							
	深蓝色，Z捻	大红色，无捻 深蓝色，无捻	8枚经缎，背衬纬浮长	纬浮长显花，背衬8枚经缎	否	20×9.1	70.8	1B1型
12	浙杭艳新织绸公司、商标、新发明、全?权利、优等国货、本厂选造最上等经纬爱华缎							
	黑色，Z捻	黑色，无捻 橙黄色，无捻	8枚经缎，背衬纬浮长	纬浮长显花，背衬8枚经缎	否	22×11	71.2	1B2型
13	同艺兴丝织厂、单车商标							
	薯莨色，无捻	薯莨色，无捻	1/1平纹	浮长显花，背衬1/1平纹，以绞纱组织做间丝	是	29×17.3	81.5	1B2型

续表

编号	经线	纬线	地组织	纹组织	是否整体通梭	织款部分尺寸（厘米）	幅宽（厘米）	所属类型
14	粤东、永发丝织电机厂、福鼠商标							
	薯莨色，无捻	薯莨色，无捻	1/1平纹	浮长显花，背衬1/1平纹，以绞纱组织做间丝	是	29×11	76	1B2型
15	浙杭清泰电机丝织厂、注册商标、Tsin Tai Silk Weaving Company Hanchow 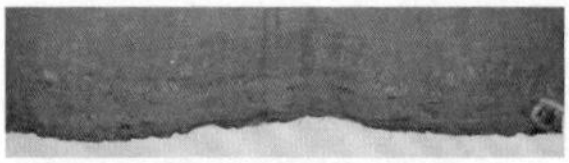							
	蓝灰色，无捻	蓝灰色，无捻	1/1平纹	八枚经缎	是	（19×4）×10.7	78.8	2B2型
16	震泰祥造 							
	蓝紫色，Z捻	橙黄色，无捻	8枚经缎	纬浮长显花，背衬8枚经缎	是	（16.7×4）×3.3		2A1型
17	九霞霞斐绉 							
	深紫色，无捻	紫色，无捻 浅紫色，无捻	1/1平纹，背衬纬浮长	纬浮长显花，背衬1/1平纹	是	（16.1×4）×6.8	68	2A2型
18	亚尔厂亚尔缎 							
	蓝色，无捻	浅绿色，无捻 浅绿色，无捻	1/1平纹，背衬纬浮长	纬浮长显花，背衬1/1平纹	否	25.7×5.5		1A1型

续表

编号	经线	纬线	地组织	纹组织	是否整体通梭	织款部分尺寸（厘米）	幅宽（厘米）	所属类型
19	浙杭铁机波纶缎							
	赭石色，无捻	赭石色，无捻	1/1平纹	刺绣	否	40×4.4		1A2型
20	浙江纬成公司纬成缎、商标							
	黑色	红色，无捻 黑色，无捻	1/1平纹	纬浮长显花，背衬1/1平纹	否	20.5×6.5	71	1B2型
21	浙杭绘成公司			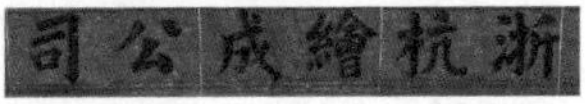				
	玫红色，Z捻	黑色，无捻 玫红色，无捻	八枚经缎	八枚纬缎	否	33.3×4		1A1型
22	浙杭九章绸厂九章缎							
	黑色	黑色 红色			否	57.5×6.6		1A1型
23	浙杭立新公司							
	黑色	黑色 红色			否	27.5×8		1A1型

续表

编号	经线	纬线	地组织	纹组织	是否整体通梭	织款部分尺寸（厘米）	幅宽（厘米）	所属类型
24		浙杭悦昌文记制造、新织品、锦华缎、本厂拣选头等经纬组织、商标						
	蓝紫色	蓝紫色			否	29.1×12.5		1B2型
		红色						
		白色						
25		浙杭新昌泰织绸厂、新发明、光华纱、拣选最优等经纬监制真正头号、商标、金鼎牌						
	黑色	黑色			否	28.3×10		1B1型
		白色						
26		浙杭正丰公司爱国缎						
	黑色	黑色			否	29×6		1A1型
		红色						
27		浙杭烈丰公司造						
	蓝紫色	蓝紫色			否	26.2×5.6		1A1型
		红色						
28		浙杭立昌公司中华缎						
	蓝紫色	蓝紫色			否	29.4×7.5		1A1型
		红色						

第六章　20世纪上半叶机器丝织物生产企业个案研究

——以上海美亚织绸厂为例

6.1　美亚织绸厂档案的收藏情况与研究现状

6.1.1　美亚织绸厂档案的收藏情况

作为20世纪上半叶机器丝织业史上最大的近代企业之一，上海美亚织绸厂在其三十余年的发展历程中留下了丰富的文献档案和实物资料。其中以上海市档案馆所藏最为丰富，有档案数百余卷，其卷宗包括各厂财务报表、人事档案、美亚厂自办并定期发行的厂刊以及周年纪念特刊、各项规章制度、绸缎市场市况周报、各种司法纠纷的备案、各征信机构所做调查报告、往来信函、股权变更登记等等，内容涵盖十分全面。另外，在其他美亚厂所涉及的地区也多有档案保存。此外，还有部分当时一般性的工业、纺织、丝织等方面相关刊物及主流媒体上的报道。但此部分材料以30至40年代的美亚厂为主，至于20年代美亚的早期发展及莫氏独资时期的资料则极少。

关于实物部分的资料，包括丝织物样品、织造工艺单、股票等，以笔者目前所见，清华大学美术学院（原中央工艺美术学院）收藏的一批美亚厂生产的机器丝织物样品虽然数量不大，但曾经过后人的初步整理，具有一定的系统性。此外，中国丝绸博物馆也收藏有部分美亚厂的丝织物样品及织造工艺单等，一些私人收藏家也收藏有部分相关实物。

6.1.2 关于美亚织绸厂的研究现状

在近代中国企业史范围内，美亚厂是研究国货运动、劳资冲突等问题时的重要个案，如美国学者裴宜理（Elizabeth J. Perry）在其著作《上海罢工：中国工人政治研究》（江苏人民出版社，2001年）中将美亚织绸厂作为研究上海工人罢工运动的重要个案。但从机器丝织业的行业史角度来看，目前学术界的研究依然相对较为薄弱。

目前所见，关于美亚织绸厂历史的研究以徐新吾在《近代江南丝织工业史》（上海人民出版社，1991年）第七章中所记最为详细，学术界现有的大部分研究论文多参考或脱胎于此。而关于蔡声白的研究则其外孙女杨敏德主持的杨元龙教育基金会（香港）编写的《蔡声白》（杨元龙教育基金会，2007年）一书最具一手资料性，此书对于蔡声白的家庭情况、求学、对美亚厂在技术和管理上的方法和成就等都有详细的叙述。[①]总的来说，这些著作或论文多是以发布资料为主，研究的成分并不多，或从企业史、经济史的角度进行研究，尚无针对其机器丝织物生产特点和产品的专门性研究。而据本书对上海市档案馆所藏美亚织绸厂原始档案的比对研究，《近代江南丝织工业史》中一些内容仍存在部分错误，以致此后的研究以讹传

① 其他相关研究情况详见本书第一章。

讹，笔者将在下文一一指出及修订。

6.1.3　对美亚织绸厂进行个案研究的意义

综上所述，本书选择美亚织绸厂作为机器丝织物生产的个案进行研究，其意义有三。

一是作为“执国产丝织业牛耳”[①]的上海美亚织绸厂是近代机器丝织企业成功发展的范例，从抗战全面爆发前“骎骎日上”，到抗战期间厂房、织机等“尽毁于兵燹”，直至抗战胜利后“勉力维持”，它的发展历程可谓是整个民国时期机器机织业发展的缩影，具有代表性。

二是个案研究的选择经常受到资料的限制，相比当时其他近代机器丝织企业，美亚织绸厂的资料无论是档案还是实物都较为翔实，因此将其作为切入点来研究民国时期机器丝织企业的生产情况，具有可行性。

三是美亚织绸厂的产品代表了当时中国机器丝织业最高的设计水平和工艺技术，其产品品类之多样、图案题材之丰富、生产时间之连贯、设计制度之完备，使其作为机器丝织物的研究个案具有全面性。

6.2　美亚织绸厂的崛起与发展

“美亚”这个名字首次出现在近代机器丝织业史上是民国六年（1917），由浙江吴兴人上海丝业巨擘莫觞清（图6-1）与丝商汪辅卿及美商兰乐壁合资开设，“以美亚为名，乃取美国与亚洲商人合作之

① 工商史料：美亚织绸厂［Z］. 上海市档案馆藏，1947.

意”①。由于缺乏技术人员，直至民国八年（1919）方试织出第一批绸匹，但因为合作方不能协调，厂房和机器设备被出售，第一个美亚绸厂未能投产便遭解散。

次年（1920）五月，莫觞清复于上海徐家汇路久成里建厂房十余间，独资开设一家小型绸厂，仍以“美亚”为名，②即此后为业界翘楚的美亚织绸厂，故在美亚厂档案和当时的其他文献记载中皆称其“创办于民国九年（1920）春”③。当时正值电机丝织业初兴，莫觞清充分意识到电机产品市场前景广阔，因而从建厂之日起就致力于发展新式丝织业，从日本购入电力织机12台，并积极延揽技术管理人才，因此美亚厂初建时“虽然是一个小规模的组织，在中国就可以说是开电机丝织业的先声了”④。

图6-1 莫觞清

但美亚织绸厂真正得到大发展，却是在民国十年（1921）四月，蔡声白（图6-2）正式担任美亚织绸厂总经理之后。蔡声白（1894—1977），浙江吴兴双林镇人，莫觞清之婿，民国八年（1919）毕业于美国理海大学（Lehigh

① 冯筱才. 蔡声白先生传略［M］//香港溢达杨元龙教育基金会. 蔡声白. 香港：香港溢达杨元龙教育基金会，2007：29.

② 美亚织绸厂股份有限公司调查报告（手稿）［Z］. 上海市档案馆藏，1947：1.

③ 美亚织绸厂廿五周年纪念刊［M］. 未刊本，上海市档案馆藏，1945：12.

④ 徐鹤椿. 现代工商领袖成名记［M］. 上海：上海新风书店，1941：201.

University）矿冶系，[①]深受当时在伯利恒推行科学管理法的“科学管理之父”泰勒（Frederick Winslow Taylor）影响。出任总经理后着力于添置机械，罗致人才，革新管理，扩大营业，率先从美国引进克劳姆登式（Crompton & Knowles Loom Wks.）全铁电力织机及阿脱屋特式（The Artwood Machine Co.）络丝机等准备机械，由此开发出的美亚葛、华绒葛等新产品深受市场欢迎，引致各同业“竞相仿效，共图改进，整个丝织业之局面为之一新”[②]。而美亚厂也在民国“十一年（1922）改为合伙组织”[③]，此后“自民十三至民廿年七年间，陆续设立织造分厂达十所。……又设经纬厂、纹制厂、染炼厂各一所。于是纹准织炼各工程，各有专司之机构”[④]（见表6-1）。到民国十九年（1930）年底，美亚厂已从一家只有12台织机的小厂发展为拥有859台织机、2000余名工人的大厂，组织健全，系统严明，让当时的同业望尘莫及

图6-2 蔡声白

① 按上海市档案馆藏1945年《美亚织绸厂廿五周年纪念刊》载：“蔡（声白）君为美国里海大学工学士”，冯筱才：《蔡声白先生传略》亦引1919年《理海大学年刊》（*The Lehigh University Epitome Yearbook of 1919*）所载“Hsiung Tsai－Lehigh University, EM （Mining Engineering） 1919”，故魏文享的《蔡声白：尽显“美亚”丝绸之光》、徐璐的《从美亚织绸厂的设计管理制度看民国时期上海丝织业的演进》等文俱作蔡声白“毕业于麻省理工学院”，而徐新吾的《近代江南丝织工业史》中作“麻省里海大学”，查理（里）海大学位于美国宾夕法尼亚州伯利恒市而非马萨诸塞州（麻省），皆有误。

② 美亚织绸厂廿五周年纪念刊［M］. 未刊本，上海市档案馆藏，1945：12.

③ 美亚织绸厂股份有限公司调查报告（手稿）［Z］. 上海市档案馆藏，1947：12. 徐新吾的《近代江南丝织工业史》中作“1924年”，当误。

④ 美亚织绸厂廿五周年纪念刊［M］. 未刊本，上海市档案馆藏，1945：12.

（图6-3）。[①]

表6-1 美亚各分厂概况表

厂名		地址	成立时间	备注
总厂	美亚织绸厂	上海徐家汇路久成里	1920年	
二厂	美亚第二厂	上海闸北交通路619号	1924年	原天华绸厂
三厂	天纶美记分厂	上海小沙渡路619号 苏州齐门石皮弄47号	1925年	原天纶绸厂，1933年迁往苏州
四厂	美孚绸厂	上海胶川路934号	1925年	
五厂	美成丝织股份有限公司	上海斜土路	1926年	由资方与职工合资组设
六厂	天纶美记总厂	上海斜土路2093号	1926年	
七厂	美生绸厂	上海瞿真人路1403号	1929年	
八厂	美利绸厂	上海共和路 杭州燕子弄20号	1929年	原云霞绸厂，1933年迁往杭州
九厂	南新织物股份有限公司	上海徐家汇路1001号	1929年	
十厂	久纶织物股份有限公司	上海闸北横浜路	1930年	原悦昌文记丝织厂，1933年停办
	美艺练染厂		1928年	
	美章纹制合作社	上海日晖东路33号	1928年	集合美亚各厂机械及人员而建
	美经经纬厂股份有限公司	上海日晖东路33号	1931年	集合美亚各厂机械及人员而建

① 冯筱才. 蔡声白先生传略［M］//香港溢达杨元龙教育基金会. 蔡声白. 香港：香港溢达杨元龙教育基金会，2007：41.

图6-3 美亚总厂全体职员合影

民国二十二年（1933），美亚织绸厂将各“联枝机构合并改组为美亚织绸股份有限公司，……五月领得经济部股份有限公司新字第五六二号营业执照”[①]（图6-4），由莫觞清任董事长，蔡声白任总经理。原各厂一律改成美亚分厂，以数字序列，经纬厂及练染厂亦各改美亚字牌，美章纹制合作社则改成美亚纹制厂，[②]并“设总管理处，为全公司之行政中枢”[③]。此时的美亚厂有“资本二百八十万元……至于织机，已增至一千二百余台；职工合计三千六百余人……其规模之宏伟，不仅在丝绸界中堪称首屈一指，便是在整个国内工业界中，也可以算得是一家数一数二的大工厂了！”[④]（图6-5）

① 美亚织绸厂股份有限公司调查报告（手稿）[Z]. 上海市档案馆藏，1947：1.

② 徐新吾. 近代江南丝织工业史 [M]. 上海：上海人民出版社，1991：327.

③ 美亚织绸厂廿五周年纪念刊 [M]. 未刊本，上海市档案馆藏，1945：13.

④ 工商史料：美亚织绸厂 [M]. 未刊本，上海市档案馆藏，1947：101.

图6-4　美亚织绸股份有限公司股票

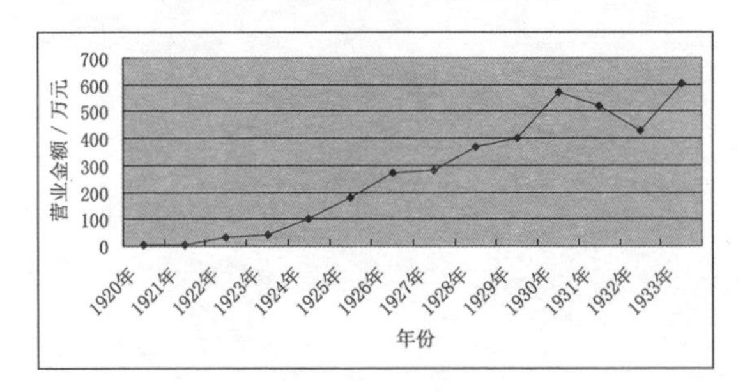

图6-5 美亚织绸厂战前历年销售额示意图

然而，民国二十六年（1937）八一三事变发生后，美亚“上海南市之总厂、经纬厂、第七厂，及闸北之第二厂局部房屋被毁。又南市之练染厂、闸北之第十厂，房屋机械生财，全部被毁。又广州之广州厂，全部机械，被敌搬走，全部损失。又汉口之汉口厂，存祥泰栈机械，全部被炸毁，及存香港九龙仓原料，十厂全部原料，制品绸匹，汉口存祥泰栈原料，亦全部被毁，及其他财产上之损失，估计值美金一百九十八万七千四百五十九元”[①]，其中“苏、杭

① 中国国货工厂全貌初编：美亚织绸厂股份有限公司［M］. 未刊本，上海市档案馆藏，1947：66.

两地分厂虽幸免于难，但亦不能开工”[①]，各地厂房和设备等的损失可谓惨重。为了“将全部事业化整为零，期保元气”[②]，美亚厂开始实行内迁，先后在香港、广州、汉口、重庆（图6-6）、乐山、天津等处设立分厂。

图6-6 重庆五通桥分厂

民国二十六年（1937）开始改行分区制管理，分别在上海、香港、汉口、重庆建立华东、华南、华中和华西四个管理处，“各区并附设分发行所，以广推销。分发行所之下，又因地制宜，设有办事处若干处”[③]，均隶属于总管理处系统之下，实行统一管理，分散经营。民国三十二年（1943）又在天津建立华北区管理处，蔡声白称其为“公司树立事业的基础”，使美亚“在全国设立五个区的理想，得以实现，……一旦时局承平，综合遍设全国五个业务区，加以发展，前途未可限量”[④]。因此，虽然美亚厂的战时损失前后几乎达到资产之半，但不同于其他相继停业或勉力维持的同业，由于蔡声白的努力经营，几年间美亚厂又积蓄了相当的实力，且有了新的发展。

抗战胜利后，美亚厂根据民国三十三年（1944）制定的战后发展规划，将原有“五区管理处改称为分公司，华东区管理处改称为上海分公司，华南区管理处改称为香港分公司，华西区管理处改称

① 金城银行上海总行调查科. 事变后之上海工业［M］. 上海：金城银行上海总行调查科，1933：24.

② 美亚织绸厂廿五周年纪念刊［M］. 未刊本，上海市档案馆藏，1945：13.

③ 美亚织绸厂廿五周年纪念刊［M］. 未刊本，上海市档案馆藏，1945：14.

④ 徐新吾. 近代江南丝织工业史［M］. 上海：上海人民出版社，1991：400.

图6-7 天津分公司

为重庆分公司（图6-7），华北区管理处改称为天津分公司，华中区管理处改称为汉口分公司”[①]（表6-2）。并曾两次增资扩股，又先后恢复了长沙、衡阳、昆明、福州等地办事处，增设北京办事处。为开拓海外市场，规划将国外贸易网分为六个区，由于时局所限，首先设立了北美区（美国纽约分公司）和南洋甲区（泰国曼谷发行所、新加坡发行所）。[②]然而由于内战又起，绸价不逮原料上涨之速，工价又高，销路不振，美亚国内各厂的生产均陷于停顿，国外业务范围虽有扩大，但因为刚刚草创，获利有限，因此抗战胜利后的数年间，美亚国内外机构均有亏损，[③]其中上海分公司“亏损甚巨”，天津分公司处于困境中，西南的工厂也停产。到解放前夕，和当时的其他丝织企业一样，美亚厂也陷入因秩序失宁而带来的严重危机中。1951年，蔡声白赴港养病，由童莘伯代理总经理，[④] 1954年实行公私合营后，美亚系各厂纷纷改名，曾经显赫一时的美亚丝织厂至此退出了历史舞台。

① 美亚织绸厂廿五周年纪念刊［M］. 未刊本，上海市档案馆藏，1945：14.

② 冯筱才. 蔡声白先生传略［M］//香港溢达杨元龙教育基金会. 蔡声白. 香港：香港溢达杨元龙教育基金会，2007：79-81.

③ 徐新吾. 近代江南丝织工业史［M］. 上海：上海人民出版社，1991：416.

④ 冯筱才. 蔡声白先生传略［M］//香港溢达杨元龙教育基金会. 蔡声白. 香港：香港溢达杨元龙教育基金会，2007：87.

表6-2　抗战胜利后美亚五大分公司概况

总管理处		
地址：上海天津路207号		
分公司	分公司地址	经理
上海分公司	上海天津路207号	童莘伯
香港分公司	香港文咸东街83号	龚艮纬
重庆分公司	重庆民国路72号	郭香谷
天津分公司	天津赤峰道96号	康培鑫
汉口分公司	汉口第四区四民路同兴里1号	邱鸿书

6.3　美亚织绸厂产品生产制度研究

6.3.1　设计委员会制度

在美亚厂发展过程中对其裨益最大的应属民国十五年（1926）制订的设计委员会制度，设计委员会由蔡声白自任主席，开始时规模较小，仅有5-6名成员，属于内部高层主管议事机构，其成立目的在于“且为策进技术与拓展业务起见，……俾全体同人咸得公开探讨，以收群策群力之效”[①]。此后，随着业务的扩展和企业改组，这一制度有所扩大，调整充实后的设计委员会成员分为当然委员和派任委员两类。其中当然委员为总经理、副经理、分区主任等企业的领导人物，包括蔡声白、童莘伯、魏嘉会、高士恒、龚艮纬、黄椿庭、金翰斋、宋保林等人；派任委员是各部门负责人和主要技术

① 美亚织绸厂廿五周年纪念刊［M］. 未刊本，上海市档案馆藏，1945：13.

骨干，有江红蕉、邱鸿书、莫如德、龚经顺、周浦生、余荣培、金纯裕等人，几乎集中了美亚所有领导核心和业务骨干，[①]成为美亚系统企业产品生产的决策机构（图6-8）。

图6-8 设计委员会全体人员合影

美亚的设计委员会分为业务、采购、技术、管理、财务五个组，定期举行会议，凡针对生产、销售、管理、财务以及组织机构、发展规划等重大事项所提的报告、计划、提案等，根据性质类别在各专业小组内讨论后，将结果向大会汇报，再由主席归纳集中加以判断后做出决议。会议结束后，由美亚总处将会议记录印发至各分支机构遵照执行。由于设计委员会的成员多富有生产技术及管理经验，在提案讨论时又本着“知无不言，言无不尽，完全以公无私的态度为公司谋利并为事业求办法”的精神，[②]因而此项制度的建

---

① 秦瑛. 蔡声白经营美亚绸厂的智囊机构——设计委员会［J］. 上海经济研究，1986（4）：69-72.
② 美亚设计委员会第一届常会开会词（手稿）［Z］. 上海市档案馆，1940：1.

图6-9 美亚厂产品赢得的各种奖励

立对美亚厂的发展起着很大的作用（图6-9）。

同时，由于设计委员会中的多位委员都具有丝织背景，因此在现存的档案中可见有很多针对机器丝织物品种生产和图案设计的提案（图6-10）。如就如何根据市场需求调整产品的品种生产和图案设计，郑香谷在第一届设计大会上提出了“根据市场需求女式织品应增多新型织物减少古老织物案”。他根据市场调研，发现丝织物的消费者主要分为两类，一类是“只求花色新颖奇特，不计售价之高昂”的财富阶级及官宦内眷，另一类则是“只求价值低廉实惠合乎经济条件”的中下阶层，即便“花式古老、售价较一般为廉，然仍无力购置”[1]，因此，据此提出在机器丝织物设计时应减少老式图案织物的生产，而增加新品种和新式图案花型机器丝织物的生产，以

① 设计大会第一届大会提案（手稿）[Z]．上海市档案馆藏，1931—1934：8.

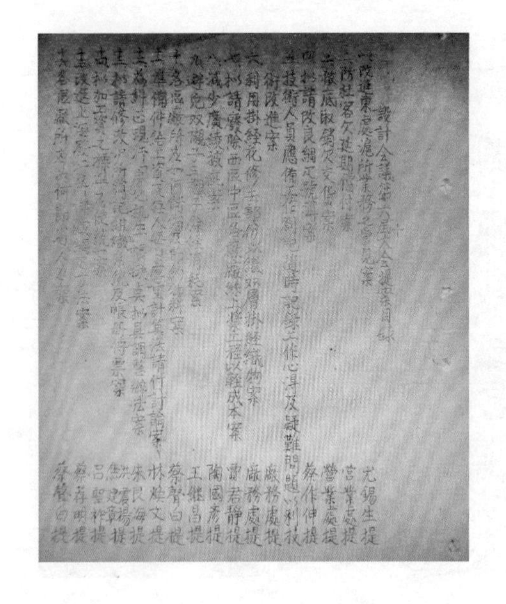

图6-10 设计委员会第六届大会提案

满足市场的需求。有从原料角度提丝织物品质的提案，如林文焕、舒生德在第四届设计大会上提出的“实行绉线勿着色以减省工料及免除制品污渍案”，则是针对美亚的主要产品品类——绉织物提出的生产改良方案；[①]精于纹制技术的钱家兰则认为美亚厂“制织轴幛被面等业已数年，行销本外埠，颇受社会人士所欢迎。今世情日趋奢华，对于各种装饰均求富丽，如台毯、机垫等……倘用丝织品，配以美丽之图案制织，或可风行一时”。因此在第三届设计大会上提出了“利用轴幛织机织造装饰织物案”，希望利用现有的“全幅缎幛织机”生产台毯等新产品，并提出了详细的工艺参数。其装置“用1400或2400口龙头，主花（全幅之半）用山道穿，多数把吊或跨把吊起棒刀，素边用综框针”；而织物的组织结构根据经纬线原料的不

① 设计大会第四届大会提案（手稿）[Z]．上海市档案馆藏，1931—1934：7.

同有“经用真丝与人造丝二种，纬用人丝，织两面织或袋织”，“经用真丝，纬用人丝，如巴黎缎起纬缎花”，“经用棉纱，纬用人丝，平织地上起纬缎花”等三种不同的设计；在图案设计上则“仿西洋派”，采用外来图案，①以满足审美需求；蔡声白则从整体管理的角度提出“厂务处应派专员详细实地调查各区织物之组织及标准产额与实际产额，并搜集本厂织物标本以便修正织物构造单成为完璧，并纠正‘各种组织已与构造单不符之织物’案”，当时由于“原料之不凑平，设备之改变，或迁就市场之需要，或与同行之竞争而增减经纬，或属织工之技术拙劣与懒惰”，各区各分厂生产的同一产品出现“组织异动”、与工艺构造单不符，造成产品品质参差不齐的情况，因此蔡提出“由厂务处制定一定尺寸之样本二份，一本依品号为次序，一本依各区之出品为次序，俾各区同一织品向品质参差者可资查核”的解决方案，并希望此样本能“成为中国丝织界有价值之技术记录”②（图6–11）。

A

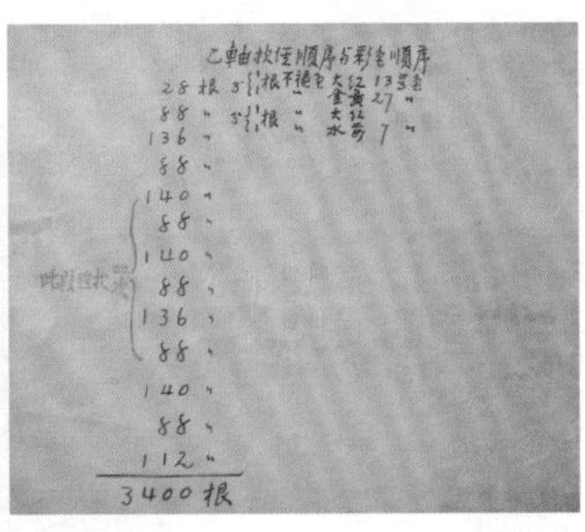

B

图6–11 美亚厂的织物样品

① 设计大会第三届大会提案（手稿）[Z]. 上海市档案馆藏，1931—1934：25.

② 设计大会第四届大会提案（手稿）[Z]. 上海市档案馆藏，1931—1934：7.

由此可见，作为美亚主要决策机构的设计委员会，集中了美亚众多专业技术人员的智慧，充分发挥出各位企业技术骨干的力量，在其存在的前后20年间，对美亚厂包括产品品种和图案设计在内各项的发展起到了显著作用。

6.3.2 人才培养制度

作为较早引进电力织机进行丝织产品生产的厂家，美亚自建厂之初就将“技术”作为市场竞争的主要手段，除了从国外引进大量先进生产设备外，亦建立了一套从练习生到高级职员的完整人才培养制度，形成了自己的专业技术和管理团队，这与美亚厂最终能以产品取胜于市场有着直接关系。

相对于传统木机而言，虽然电力织机的体力劳动强度大大降低，但对操作技能的要求却大大提高，因此美亚厂在初建时多雇用受过专业训练的杭州工业学校机织科毕业生（图6-12）。而绸厂生产能否正常运行则取决于是否有稳定的技术工人队伍，因此美亚厂于民国二十年（1931）成立了美亚训练所，专事练习生、艺徒和初级职员的培养和训练工作。[①]

图6-12 美亚厂的丝织车间

训练班分练习生和艺徒两种，要求所招收的练

① 徐新吾. 近代江南丝织工业史［M］. 上海：上海人民出版社，1991：317.

习生“年在十五岁以上十八岁以下，身体强壮、品行端正，而有高小以上之程度，经考试合格者方得试用”，学织艺徒“年在十五岁以上二十岁以下，身体强壮、品行端正，而粗具丝织智识者为合格”，准备艺徒与学织艺徒其他条件相同，唯要求“粗具丝经智识”，而无论是练习生还是艺徒进厂都“必须有殷实保证人担负该学生（艺徒）品行”（图6-13）。练习生自进厂之日在各事务部门“试习一个月”，“每半年考试一次”，期限为二年，“毕业时由总经理亲自考试，及格者升任职员，不合格者或延长期限，或竟除退”[①]，合格后派厂工作，每半年考核晋级一次，这些练习生日后多成为美亚织绸厂各方面生产工作的技术骨干；而艺徒“不论年月，织满六百丈为毕业”，“需在本厂服务二年”。[②]对于之前已进入工厂工作的厂员，

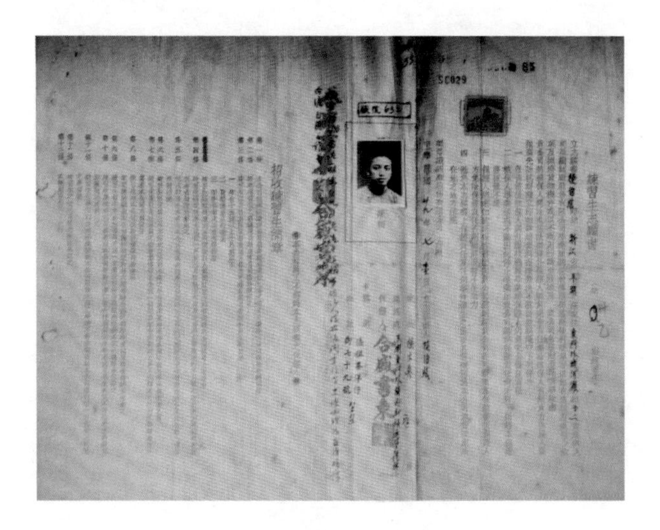

图6-13 练习生志愿书及招收练习生简章

① 美亚绸厂各项规章（手稿）[Z]. 上海市档案馆藏，1931：16.

② 美亚绸厂各项规章（手稿）[Z]. 上海市档案馆藏，1931：17.

训练所则设立工余补习科，按照教学计划授课。虽然美亚厂为训练所每年所投入的经费在三千元以上，但招收、培养的大批艺徒，不仅解决了当时劳动力不足的问题，而且大大提高了劳动生产率和单位产值，训练所成立当年，其全员劳动生产力平均年产量值从之前的1336公尺增长到1743公尺，人均产值从2570元增加到2698元。[①]技术熟练而又稳定的工人队伍的培养，使得美亚厂得以迅速发展。

除技术工人和普通职员外，“为发展业务技术之进步起见”，美亚厂还制定了针对高层次专门技术人才的培养制度。如特设丝织训练班，“甄选在厂优秀之工友及练习生并招考大学毕业或纺织专科毕业”之人；[②]每年还会选派一到两名“在厂服务五年以上且有特殊劳绩者”到国外进行最长为六个月时间的考察（图6-14），其中一项重要的任务就是“搜集各项标本、书籍、图样，随时寄交本厂”，这项制度确保了美亚厂对国际丝织物品种和图案最新发展情况的及时掌握，并可根据国际市场的流行进行仿制或研发。美亚厂还招收从事丝织技术、丝织机械、丝织物销售等的“专门人才研究员”，一旦录用需“在国外著名工厂实习半年”，“返国在国内著名工厂或本厂研究半年”，“再至国外实习一年”，其间由美亚厂“每月给五十至一百元不等的津贴”，而该研究员则需根据“本厂总经理指示之研究方针”进行专题研究并每月提交“研究成绩报告书”。[③]这些制度和措施的实行都确保了美亚厂在机器丝织物品种和图案设计方面处于国内领先水平。

---

① 徐新吾. 近代江南丝织工业史［M］. 上海：上海人民出版社，1991：319.

② 丝织技术训练班简章（手稿）［Z］. 上海市档案馆藏，1942：1.

③ 美亚绸厂各项规章（手稿）［Z］. 上海市档案馆藏，1931：35.

图6-14 民国二十二年（1933）欢送龚艮纬等三人出国考察留影

6.3.2　生产管理制度

随着生产规模的不断增加，品种创新显得更为重要，为了确保产品品种和图案的多样性，以迎合市场迅速变化的流行需求，美亚厂在新产品开发方面实行了一套行之有效的管理制度和措施。其中最重要的一项是成立美亚织物试验所（图6-15），这在当时尚属创举。试验所的职责在于“专司各项新织物之研究分析，并设计各种新颖高贵之出品，加以实验。必实验合格者，方交各织造厂织造”①。同时，为了便于在技术和图案设计方面集思广益，民国十八年（1929）美亚厂将各厂的纹工人员和踏花机、纹版等材料集中一处成立了美章纹制合作社，由纹制方面的专才钱家兰任社长，集中纹版的设计生产，统一调度以确保各分厂纹版的供应。第二年

① 美亚织绸厂廿五周年纪念刊［M］. 未刊本，上海市档案馆藏，1945：13.

图6-15 美亚织物试验所

(1930)，又将各厂的准备机械、技术人员集中一处，成立了美经经纬股份有限公司，使得产品的经纬组织得以划一，规格更趋一致。在这几项革新措施的共同作用下，美亚厂在其全盛时期达到“每周有新出品一种问世”，即使在八一三事变发生，试验所工作停顿，直至“廿九年（1930）重又恢复，改为每半月出新织物一种”，[①]其新产品品种试制速度之快仍轰动国内丝绸业界。并由此形成了一个完善的新产品开发的制度，首先由试验所对收集的国内外织物样品加以分析以供参考，新产品设计完成后，结合美章、美经的意匠、踏花、装造等技术力量，制订新产品试制的工艺方法和织物构造单，并试织出5米左右的织物小样。然后将小样及估算制造成本的资料提交相关业务部门，经每周一定期举行的推广会议审定后，下达给分厂进行放样。凡接受放样任务的分厂往往由厂长和车间主任亲自掌握进度，并提供织工试样津贴，以加快新产品生产进度，此环节完

① 美亚织绸厂廿五周年纪念刊［M］. 未刊本，上海市档案馆藏，1945：13.

成后则可投入批量生产。[①]

为保证产品质量，美亚厂同时又制定了严格的产品检验制度（图6-16），“设有检查所专司检查经纬与绸匹”，负责“将实际之织物与构造单逐一核对”，[②]以确保所生产的成品在组织结构、图案等方面符合最初的设计要求。检查所分为经纬和成品检验两个部门，其中“专事检查成品”的成品部，主要检查包括密度、横直撬、头路、档子、糙、煞星、坏纡、边次、错花和油锈色渍等在内的成品织疵情况，“凡成品工有遇织疵，必指导织工，以求改良”。并将可能造成织疵的原因和解决方法写入织工守则中，如对“织在绸匹上极明显”的头路问题，指出“通绞时，手势要轻缓，不得攀动经面，断头要理直，挂倒头亦须理直，不得宽急及防轴上夹住。同一处有连并数根拨倒者，不得并挂，以防宽急路”的技术要求，以求织工能“时刻查察，如遇织疵者，立即拆除”，避免出现质量问题。成品检验员具有奖惩成品优劣的绝对权力，“万一已被惩戒之成品，织工亦不得强制辩论也”[③]。以半个月为期，检验所公布各分厂产品合格率和各种织疵一次，这种

图6-16 检验绸缎

① 林焕文. 美亚丝织厂的每周新产品［J］. 中国纺织大学学报，1994（3）：135.

② 设计大会第四届大会提案（手稿）［Z］. 上海市档案馆藏，1931—1934：6.

③ 马伯乐. 美亚丝织四厂织工须知（手稿）［Z］. 上海市档案馆藏，1934：1.

制度在改进质量方面起了极大的作用（图6-17）。

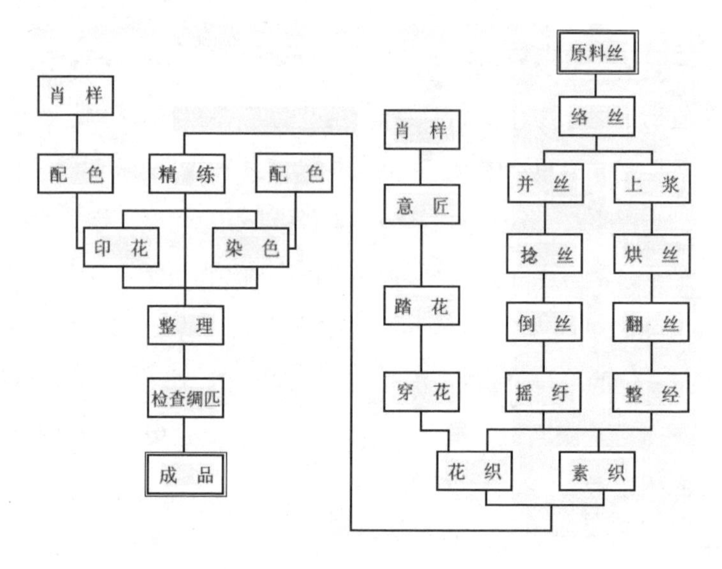

图6-17 美亚厂的制织程序

为保证产品能满足“出货欲快，销路欲畅”的要求，美亚厂还制定了一系列当时一般其他丝织企业没有采取的生产竞赛和奖励制度。如民国二十九年（1940）举办的“出品优速赛”，规定“在竞赛期内成品优良，不受处分，此为特等奖，每人奖洋五元；受警不满三次者为甲等奖，每人奖洋三元；不满六次为乙等奖，每人奖洋二元；不满九次为丙等奖，每人奖洋一元；丙等以下取消得奖资格；在竞赛期内每人总生产额在250公尺以上者得奖洋四元；300公尺以上者得奖洋五元；以及每多五十公尺递加一元，但优良成绩在丙等以下者作为不及格论”[①]。此外，并将得奖者的名字列于绣花红旗之

① 厂长布告第八十七号（手稿）［Z］. 上海市档案馆藏，1930：1.

上，悬挂在其所在工场，年终时获得全年最高纪录的分厂可保留此面红旗。这种激励机制对于员工，特别是青年技工颇为奏效，曾出现了日产26—30公尺的记录，①大大提高了产品的产量。激励措施之外，针对生产过程中的失误或事故，美亚厂还制定了“织工误打零头赔偿细则”“警牌施行细则”等惩戒制度，②可谓赏罚分明，极大地发挥了员工的工作热情和责任感，保证了产品的生产品质（图6-18）。

图6-18　美亚厂出产的产品

由上可见，无论是人才培养、产品开发、奖惩制度等方面，事无巨细，美亚丝织厂均制定了详细的规章制度，这是其在管理上的一个特点。而“条分缕析，纲举目张”的制度化和程式化管理不仅提高了企业生产效率，而且培育出了自己的丝织专业技术人才和管理团队，这也是美亚厂迅速崛起成为机器丝织业史上最大的近代企业之一，并以产品品种之丰富、图案设计更新之快速领先同行的一个重要原因。

① 徐新吾. 近代江南丝织工业史［M］. 上海：上海人民出版社，1991：306.

② 美亚绸厂各项规章（手稿）［Z］. 上海市档案馆藏，1931：1.

6.4 中国丝绸博物馆藏美亚厂样本的研究

中国丝绸博物馆收藏有一本民国时期美亚织绸厂样本（藏品编号：Q0177），其主要内容为机器丝织物生产所用的纹制构造单，现共留存有46页，本节将针对其进行研究。

6.4.1 关于美亚厂样本的年代

关于此件样本的封面已失，内存的46页纹制构造单根据其编号可知其规格不同，共有三种，分别为“MT.356（300）26-1-26”“MT.356（500）31-6-10”“MT.356（2000）27-3-22”，加之书脊上留有“胜利丝织厂”字样的标签，推测其可能为中华人民共和国成立后由杭州胜利丝织厂搜集整理后，重新装订而成，因此并无明确的年代记载（图6-19）。

图6-19 美亚织绸厂样本

在此件样本存留的46页纹制构造单中，“制织厂”一栏有24页为四厂、17页为六厂、1页为十厂、1页为四厂和六厂、1页为津厂。其中四厂即成立于民国十四年（1925）的美孚绸厂、六厂即成立于民国十五年（1926）的天纶美记总厂、十厂即成立于民国二十二年（1933）的久纶织物股份有限公司，但直至民国二十二年

(1933)，美亚织绸厂改组为美亚织绸股份有限公司后，原旗下各厂才一律改成美亚分厂，以数字列序。[①]如美亚天纶分厂收藏的民国二十年（1931）春由美亚管理处印发的《美亚绸厂各项规章》，上识为“天纶美记分厂藏”，而非改组后所称的“三厂”，但到民国二十三年（1934）由马伯乐为美孚绸厂撰写的《织工须知》已注分厂名为美亚四厂；而美亚的津厂按徐新吾《近代江南丝织工业史》记载，自民国三十一年（1942）开始筹建，原拟将上海旧机30台及准备机械运往天津备用，但因报运申请久未获准，直至次年（1943）四月方始完成筹办和装机试车等工作，正式投产。[②]而样本中的津厂这一页中亦有墨书“32.6.16”字样（图6-20），应是指在津厂投产后不久的民国三十二年（1943）六月十六日。

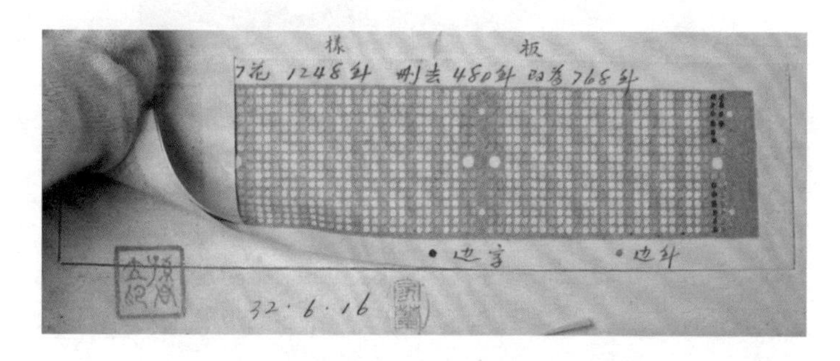

图6-20 样本中津厂页的墨书

由上述可推测得知，此件样本的年代上限为民国二十二年(1933)，下限则在40年代前期，反映了美亚织绸厂在20世纪30年代中期至40年代前期机器织物的品种设计情况。

---

① 徐新吾. 近代江南丝织工业史［M］. 上海：上海人民出版社，1991：327.

② 徐新吾. 近代江南丝织工业史［M］. 上海：上海人民出版社，1991：399.

6.4.2 从样本看美亚厂机器丝织物生产的特点

6.4.2.1 机器丝织物品种生产的特点

此样本的46页纹制构造单中共有44个不同的织物品种，据本书第三章的分类依据，涉及的机器丝织物品种涵盖了平行类织物（经纬线直角相交）、绞经类织物（经纬线互相绞合）和起绒类织物（经纬线呈现绒毛和绒圈）三个大类，十三个小类中的纺绸、缎、绉、葛、呢、绒、纱、绡等八个小类。据对纹制构造单中所载织物名称、原料成分、幅宽及花地组织等因素的分析研究（图6-21），可以看出当时美亚厂在机器丝织物品种生产上有以下特点。

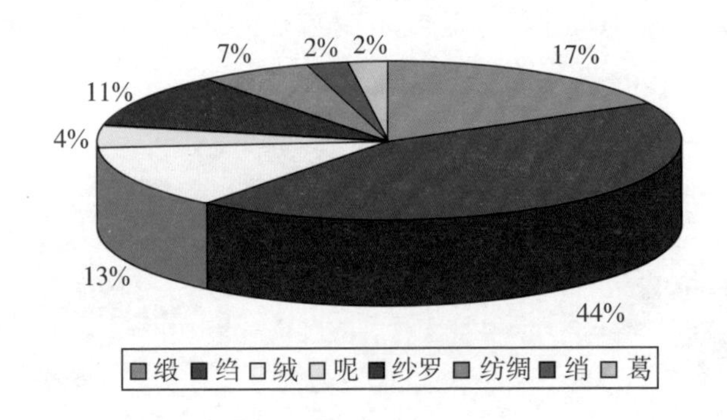

图6-21 样本中各机器丝织物品种的分布情况

一是体现在原料上，早期美亚厂以生产高档全真丝织物为主，20世纪20年代末期，随着人造丝进口量激增，人造丝织物工艺简易，本轻利重，众多小厂竞相生产；同时，进口绸货、呢绒、高档棉布的输入使国产真丝织物一时呈衰落现象，对美亚厂的产品生产造成较大打击。因此到了30年代，美亚厂开始不断调整产品结构和品种类型，将原先以全真丝织物品种为主，转变为全真丝、全人造丝、真丝人造丝交织等不同原料多品种生产。但总体来说，美亚厂设计生产的丝织物仍以全真丝或真丝人造丝交织品等高端品种为主，一些成本低、售价廉、制织简单的低端产品，如以“人造丝为经，棉纱为纬”的绨类丝织物，虽然也有生产，但不是美亚厂的主要产品，因此并不见于此样本中。

二是体现在品种类型分布上，其品种涵盖十分广泛，除低端的绨类丝织物、装饰性为主的像景织物，以及发展式微、以做服装衬里为主的绫类丝织物在此样本中未出现外，十二个小类中的其他八个均有生产。整体上来看，以轻薄柔软型品种为主，传统的厚实型品种逐渐减少。在样本中占前三位的分别是绉类、绒类、缎类丝织物，这些织物品种多用于高端女装面料，并且绝大多数为提花织物，其中又以绉类丝织物的品种类型最多，占总量的44%。这是因为一方面，由于美亚厂的并丝加捻设备比较完善，在丝织前道准备工序上比其他企业占有优势，因此一直是美亚厂盛销各地的拳头产品；另一方面，30年代社会时尚对透、漏、瘦的审美追求，促使了绉类丝织物在服用面料特别是女装面料中的流行，在本书第三章所举之杭州天章丝织厂，其绉类丝织物的品种类型亦占总量的30%。此外，美亚厂样本中的纺绸、纱、绡等轻薄类丝织物也占到机器丝织物品种总量的20%，可见市场流行对生产企业所产丝织物品种的决定性影响。呢类和葛类等在舶来品、贾卡提花装置和动力织机等因素综合影响下诞生的机器丝织物新品种，同样也出现在此样本中，可见其对品种革新成绩之显著。

三是体现在机械设备和织造工艺对机器丝织物品种开发的影响上，以样本中品种最为丰富的绉类丝织物为例，早在20年代初，美亚厂就引进了当时最先进的络、并、捻设备和全铁制电力丝织机，从而仿制成功乔其绉、单绉等欧美最新产品；而为开拓机器丝织物用途开发的鸿禧葛，多作被面之用，其幅宽达到137厘米，和合缎、两合缎、两面缎等织物幅宽也在114厘米以上，而当时一般丝织企业中提花织机能生产的机器丝织物幅宽都在70—80厘米，因此前几种织物必须在特定的阔幅织机上才能制织，也因此成为美亚的特色产品。特别是鸿禧葛被面在40年代成为绸业市场的热门货，销量由民国二十九年（1940）的7.9%上涨到民国三十四年（1945）的55%以上，除去市场囤积因素外，也因为美亚厂的丝织设备和工艺精良，所产鸿禧葛织物图案多样、质量上乘，无过时之虞（图6–22）。

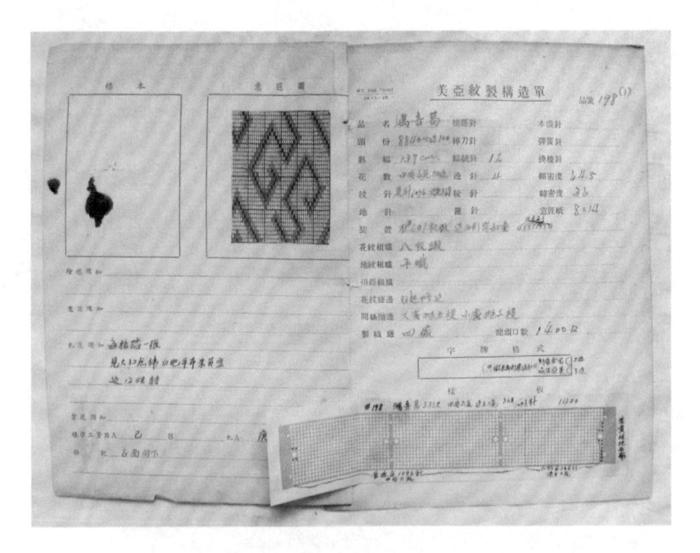

美亞紋製構造單

品號 198(1)

花紋組織 八枚緞

字牌格式

樣板

图6–22 鸿禧葛纹制构造单

由此可见，为在竞争中生存，美亚厂一方面通过引进先进机械设备、更新原料、集中技术力量等一系列对策措施，不断调整机器丝织物的品种结构，以适应不断变化的市场需要。另一方面，在产品定位上，仍以全真丝或真丝人造丝交织品等高端品种为主，而其产品品种涵盖之广、技术含量之高，国内其他机器丝织物生产企业无出其右。

6.4.2.1　机器丝织物字牌生产的特点

作为机器丝织物的一个重要组成部分，美亚织绸厂对字牌的织造十分重视，甚至在织工守则中有针对字牌织造工序的专门条款，规定“字牌种类极多，切勿调乱错织，上花、落花、起动花枕头，须注意。字牌不得乱弃、乱放，织法要完全，不得缺少字样”[①]。关于这一点，在中国丝绸博物馆收藏的这件美亚样本中也有明显体现，在纹制构造单中不仅设有专门关于字牌格式设计的栏目，而且在46份构造单中共有33种丝织物设计有字牌，约占总数的71.7%，可见其在机器丝织物设计中的重要性。究其原因，正如本书在第五章中所述，民国时期由于舶来丝织物的大量输入以及国内丝织业逐步实现机器化后的大批量生产，为使企业在竞争激烈的市场上不被淘汰，必须要对产品实行专利和品牌保护，因此丝织企业对具有宣传和防伪作用的字牌织造极为关切。

分析此美亚厂样本中的字牌设计，具有以下特点（表6-3）。

一是在构图形式上，纹制构造单中所有字牌制织格式均为安排在织物上下两端，或者织物下端的端式字牌，其中又以字牌中的文字等相关内容呈水平直线排列的直线型构图为大宗，占总数的81.9%。其中文字内容只有一行的单一文字型即1A1型端式字牌占总数的15.1%，有“中国上海美亚织绸厂”“美亚出品”和“完全真

---

① 马伯乐. 美亚丝织四厂织工须知（手稿）: 上海市档案馆藏，1934：1.

丝、美亚出品”三种不同的文字内容格式；1A2型的端式字牌，为组合文字型，占总数的66.7%，具体可分为“上海、美亚织绸厂”和“美亚织绸厂MAYAR SILK MILLS, LTD（正反写）”两种不同的格式；1B2型为文字图形组合型的端式字牌，其外观呈现半椭圆形，中心部分为注册商标图形，占总数的18.2%。出现全部为端式字牌的这种情况是因为侧式字牌需要有单独的一组纹针来控制字牌部分经线的运动，要求织机使用的提花龙头具有足够的纹针，同时侧式字牌位于大边和正身之间，受到空间的限制其形式变化十分有限；而端式字牌由于可用区域较大，因此其图形构成较侧式字牌变化更多样，此外，端式字牌在织造工艺上不需要单独控制字牌经线提升的纹针，只需根据字牌的图案绘制出意匠图，在正身之外多轧制几块字牌的纹版即可，十分简便易行，因此在生产中更为多用。关于这一点在《美亚绸厂各项规章》中也有反映，如规定“凡织物之长度超过八丈五尺者，两端均须加织字牌，下机后应即分成两匹”①，可见除特别设计外，美亚厂生产的织物一般多采用端式字牌进行织造。

二是在字牌内容上，以生产厂家的名称为主，有的内容包括产地。具体有“上海美亚织绸厂”“美亚出品”“美亚织绸厂”和“中国上海美亚织绸厂”四种不同的厂名，分别为总数的78.8%、6.1%、12.1%和3.0%，其中只有1条（3.0%）提到了织物的成分是“完全真丝”，其他字牌中均无产品名称、广告语等内容，信息量十分有限。此外，此样本中共有3例字牌出现了英文，仅占总数的

①美亚绸厂各项规章（手稿）. 上海市档案馆藏，1931：15.

6.1%，内容为美亚厂的英文名称“MAYAR SILK MILLS, LTD”，可见民国时期虽然随着中西方文化交流的进一步加强，英文内容开始出现在机器丝织物的字牌中，但并不是字牌内容设计的主流。

表6-3　美亚织绸厂样本中字牌的各种图形构成形式

类型		示例	数量	比例
1A1	1		1	3.0%
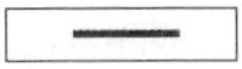	2	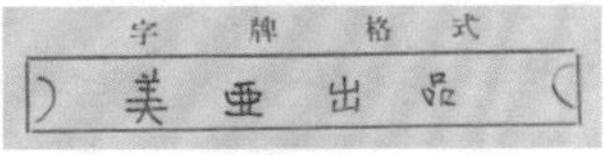	3	9.1%
	3	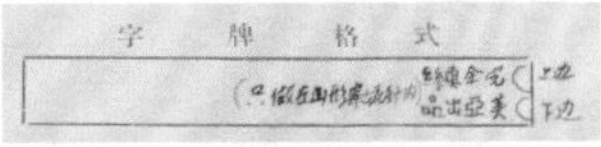	1	3.0%
 1A2	4	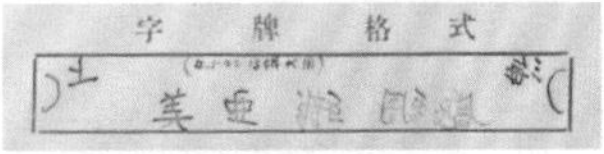	20	60.6%
	5	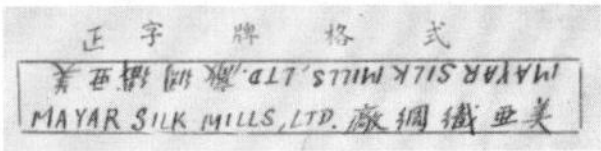	3	6.1%
 1B2	6	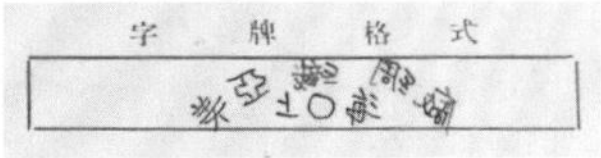	6	18.2%

6.4 小　结

作为20世纪上半叶机器丝织业史上最大的近代企业之一，上海美亚织绸厂的发展历程可以说是当时整个行业发展的缩影。在当时高度商业化的大环境中，为了取得更高的商业利润，美亚厂在品种和图案设计上求新求奇，在更新速度上求急求快，通过生产管理、设计人才培养和设计委员会决策等一系列产品生产制度的确立，以及新型织机和原料的引入，来达到迅速开发出新产品、贴近普通消费者审美趣味的目的，以迎合市场的需求。这也在客观上推动了丝织业实现机器生产的近代化进程和机器丝织物品种及图案的发展。

参考文献

一、专著

包铭新，赵丰. 中国古代织绣品鉴赏与收藏［M］. 上海：上海书店出版社，1997.

陈瑞林. 中国现代艺术设计史［M］. 长沙：湖南科学技术出版社，2002.

［日］城一夫. 东西方纹样比较［M］. 北京：中国纺织出版社，2002.

崔崐圃. 织纹设计学［M］. 上海：作者书社，1950.

段本洛，张圻福. 苏州手工业史［M］. 南京：江苏古籍出版社，1986.

冯紫岗. 嘉兴县农村调查［R］. 杭州：国立浙江大学、嘉兴县政府刊行，1936.

杭州丝绸控股（集团）公司. 杭州丝绸志［M］. 杭州：浙江科学技术出版社，1999.

湖南省博物馆. 长沙楚墓［M］. 北京：文物出版社，2000.

黄绍绪，等. 重编日用百科全书（中册）[M]. 上海：商务印书馆，1936.

黄希阁，瞿炳晋. 织物组合与分解 [M]. [S.L.]：中国纺织染工程研究所，1935.

黄永安. 江浙蚕丝织绸业调查报告 [R]. 广州：广东建设厅，1933.

建设委员会调查浙江经济所统计处. 杭州市经济调查·丝绸篇 [M]. 杭州：建设委员会调查浙江经济所，1932.

江苏省地方志编纂委员会. 江苏省志·桑蚕丝绸志 [M]. 南京：江苏古籍出版社，2000.

蒋乃镛. 实用织物组合学 [M]. 上海：商务印书馆，1937.

金城银行上海总行调查科. 事变后之上海工业 [M]. 上海：金城银行上海总行调查科，1933.

金琳. 云想衣裳——六位女子的衣橱故事 [M]. 香港：艺纱堂/服饰出版，2007.

李超杰. 都锦生织锦 [M]. 上海：东华大学出版社，2008.

李朴园，等. 中国现代艺术史 [M]. 上海：良友图书印刷公司，1936.

李胜菊，月月. 五彩彰施：民国织物彩绘图案 [M]. 上海：东华大学出版社，2019.

李文海. 民国时期社会调查丛编：乡村社会卷 [M]. 福州：福建教育出版社，2005.

刘大钧. 中国工业调查报告 [R]. 南京：中国经济统计研究所，1937.

宁夏文物考古所，等. 盐池冯记圈明墓 [M]. 北京：科学出版社，

2010.

［德］玛莉安娜·波伊谢特. 植物的象征［M］. 长沙：湖南科学技术出版社，2001.

潘君祥. 中国近代国货运动［M］. 北京：中国文史出版社，1996.

彭南生. 半工业化——近代中国乡村手工业的发展与社会变迁［M］. 北京：中华书局，2007.

彭泽益. 中国近代手工业史资料：第三卷［M］. 北京：中华书局，1962.

全国经济委员会. 人造丝工业报告书［R］. 南京：全国经济委员会，1936.

上海丝绸志编纂委员会. 上海丝绸志［M］. 上海：上海社会科学院出版社，1998.

沈干. 丝绸产品设计［M］. 北京：中国纺织出版社，1991.

实业部国际贸易局. 中国实业志·江苏省［M］. 南京：实业部国际贸易局，1933.

实业部国际贸易局. 中国实业志·浙江省［M］. 南京：实业部国际贸易局，1933.

孙中山. 孙中山选集：上卷［M］. 北京：人民出版社，1981.

陶书平. 实用机织学［M］. 上海：中华书局，1947.

铁道部财务司调查科. 京粤线浙江段经济调查总报告书［R］. 南京：铁道部财务司调查科，1929.

王廷凤. 绍兴之丝绸［M］. 杭州：杭州建设委员会经济调查所，1937.

王翔. 近代中国传统丝绸业转型研究［M］. 天津：南开大学出版

社，2005.
王翔. 中国近代手工业的经济学考察［M］. 北京：中国经济出版社，2002.
王芸轩. 嘉氏提花机及综线穿吊法［M］. 上海：商务印书馆，1951.
文震亨. 长物志校注［M］. 南京：江苏科学技术出版社，1984.
徐鹤椿. 现代工商领袖成名记［M］. 上海：新风书店，1941.
徐新吾. 近代江南丝织工业史［M］. 上海：上海人民出版社，1991.
徐铮，袁宣萍. 杭州像景［M］. 苏州：苏州大学出版社，2009.
徐铮，袁宣萍. 杭州丝绸史［M］. 北京：中国社会科学出版社，2011.
许晓成. 战后上海暨全国各大工厂调查录［M］. 上海：龙文书店，1940.
杨大金. 现代中国实业志［M］. 上海：商务印书馆，1940.
叶量. 中国纺织品产销志［M］. 上海：生活书店，1936.
袁熙旸. 中国艺术设计教育发展历程研究［M］. 北京：北京理工大学出版社，2003.
浙江丝绸工学院，苏州丝绸工学院. 织物组织与纹织学（上）［M］. 北京：中国纺织出版社，1981.
浙江丝绸工学院丝绸史研究室. 浙江丝绸史资料［M］. 未刊本，1978.
赵丰. 织绣珍品［M］. 香港：艺纱堂/服饰工作队，1999.
赵丰. 中国丝绸通史［M］. 苏州：苏州大学出版社，2005.
赵丰. 中国丝绸艺术史［M］. 北京：文物出版社，2005.
中国社会科学院考古研究所. 定陵（上）［M］. 北京：文物出版社，

1990.

朱邦兴，等. 上海产业与产业工人［M］. 香港：香港远东出版社，1939.

朱新予. 浙江丝绸史［M］. 杭州：浙江人民出版社，1985.

朱有瓛. 中国近代学制史料：第一辑（下）［M］. 上海：华东师范大学出版社，1986.

左旭初. 民国纺织品商标［M］. 上海：东华大学出版社，2006.

二、文章

包铭新. 间道的源与流［J］. 丝绸，1985（6）：6-8.

包铭新. 关于缎的早期历史的探讨［J］. 中国纺织大学学报，1986（1）：91-98.

包铭新. 葛类织物的起源和发展［J］. 丝绸，1987（3）：40-42.

包铭新. 呢类丝织物的起源和发展［J］. 丝绸，1987（7）：40-42.

包铭新. 纱类丝织物的起源与发展［J］. 丝绸，1987（11）：42-44.

蔡元培. 全国历史教育会议开会词［M］//高平书. 蔡元培全集（第二卷）. 北京：中华书局，1984.

陈朝志. 物勒工名·物勒官名［J］. 中国纺织，1995（3）：38.

陈正卿. 早期的广告创意与电影［N］. 上海珍档，2008-10-15（B20）.

陈之佛. 现代表现派之美术工艺［M］//陈之佛. 陈之佛文集. 南京：江苏美术出版社，1996.

樊燕. 民国时期江南丝织艺术发展研究［D］. 南京：南京艺术学院

硕士论文，2010.

房玉华. 周村丝绸的传统名牌产品［M］//周村山东政协文史资料委员会. 周村商埠. 济南：山东人民出版社，1990：170–173.

冯筱才. 蔡声白先生传略［M］//香港溢达杨元龙教育基金会. 蔡声白. 香港：香港溢达杨元龙教育基金会，2007：87.

高汉玉，王任曹，陈云昌. 台西村商代遗址出土的纺织品［J］. 文物，1976（6）：44–48.

嵇果煌. 风行七十多年的黄包车［J］. 交通与运输，1994（5）：45–46.

李崇典. 南京缎业调查报告［J］. 工商公报，1925（12）：8–10.

林焕文. 美亚丝织厂的每周新产品［J］. 中国纺织大学学报，1994（3）：134–136.

刘丽娴，王靖文. 中国古代丝织品的织款及其图形构成［J］. 丝绸，2011（7）：50–53.

刘艳玲. 近代日本对中国高等教育发展的影响初探［J］. 日本问题研究，2007（1）：38–40.

钱小萍，胡芸. 苏州丝绸传统品种的历史和现状［J］. 江苏丝绸，1982（3）：36–39.

秦瑛. 蔡声白经营美亚绸厂的智囊机构——设计委员会［J］. 上海经济研究，1986（4）：69–72.

曲欣欣. 佩兹利纹样的流变与应用研究［D］. 苏州：苏州大学硕士论文，2011.

上海市电力工业局史志编撰委员会. 上海电力工业志［M/OL］. 北京：水利电力出版社，1993［2007–10–12］. //http://www.shtong.gov.cn/node2/node2245/node4441/node58152/index.html.

沈从文. 谈皮球花［M］//沈从文. 花花朵朵坛坛罐罐. 南京：江苏美术出版社，2002：191-192.

孙伯元. 民元来我国之蚕丝业［M］//朱斯煌. 民国经济史. 台北：文海出版社，1984.

唐希元. 南京缎业之现况及其救济［J］. 中国实业，1935（5）：830.

田文俊. 缎背织物小议［M］//湖北黄冈工业学校. 绸缎品种设计. 黄冈：湖北黄冈工业学校，1986：96-98.

王翔. 近代苏州丝绸业的对外贸易［J］. 丝绸史研究，1990（3）：13-21.

魏文享. 蔡声白：尽显“美亚”丝绸之光［J］. 竞争力，2008（4）：71-73.

温润. 二十世纪中国丝绸纹样研究［D］. 苏州：苏州大学博士论文，2011.

夏燕靖. 陈之佛创办“尚美图案馆”史料解读［J］. 南京艺术学院学报（美术与设计版），2006（2）：160-167.

［日］小野忍. 杭州的丝绸业（一）［J］. 丝绸史研究资料，1982（3）：15-21.

［日］小野忍. 杭州的丝绸业（续完）［J］. 丝绸史研究资料，1982（4）：1-33.

徐国富. 试述“物勒工名”制度［J］. 科教文汇，2007（3）：167-168.

徐璐. 从美亚织绸厂的设计管理制度看民国时期上海丝织业的演进［D］. 杭州：中国美术学院硕士论文，2012.

徐善成. 上海近代丝绸史二论［J］. 丝绸史研究，1994（2-3）：64-72.

徐铮. 民国时期的绒类丝织物［J］. 丝绸，2010（11）：36-38.

徐铮. 民国时期的绉类丝织物设计［J］. 丝绸，2013（3）：53–57.

徐铮. 民国时期（1912—1949）丝绸品种的研究（梭织物部分）［D］. 杭州：浙江理工大学硕士论文，2005.

阎润鱼. 试析五四时期张东荪关于发展中国实业的思想［J］. 民国档案，1997（4）：101–105.

袁宣萍. 从浙江甲种工业学校看我国近代染织教育［J］. 丝绸，2009（5）：45–51.

袁宣萍. 近代服装变革与丝绸品种创新［J］. 丝绸，2001（8）：39–42.

袁宣萍，徐铮. 中国近代染织设计［M］. 杭州：浙江大学出版社，2017.

赵丰. 说绨［J］. 丝绸史研究，1985（3）：38–39.

赵丰. 绨的古今谈［J］. 丝绸，1987（4）：38–39.

浙江公立工业专门学校十周年纪念展览会报告［M］//袁宣萍. 浙江近代设计教育（1840—1949）. 北京：中国社会科学出版社，2011：67.

钟茂兰. 一代大师李有行［J］. 美术观察，2011（1）：118–119.

周宏佑. 近代上海丝织产品花样演变［J］. 丝绸史研究，1992（2）：19–21

Rita J. Adrosko. The invention of the Jacquard mechanism ［J］. *CIETA*，1982（1–2）：89–116.

三、档案

厂长布告第八十七号（手稿）［Z］. 上海市档案馆藏，1930.

调查国外丝绸品征税率及当地人民对丝绸好尚表（手稿）[Z]. 苏州市档案馆藏，1931-04-20.

缎商杭祖良为请给丝织新品华哔叽专利凭证致工商部呈（手稿）[Z]. 苏州市档案馆藏，1912-11.

赴纽约领事兼国际丝绸博览会赴赛委员史悠明报告书（手稿）[Z]. 苏州市档案馆藏，1921.

工商史料：美亚织绸厂 [M]. 未刊本，上海市档案馆藏，1947.

国民政府工商部国货调查表（手稿）[Z]. 中国第二历史档案馆藏，1931-06-11.

华中水电公司苏州办事处通告（手稿）[Z]. 苏州市档案馆藏，1943-12-04.

江苏实业厅为抄发葛文灏考察报告转劝各商急图改良丝事情致苏总商会函（手稿）[Z]. 苏州市档案馆藏，1919-07-31.

联合征信所. 美亚织绸厂股份有限公司调查报告（手稿）[Z]. 上海市档案馆藏，1947.

娄尔修. 二十世纪前叶苏浙沪丝绸业巨子——娄公凤韶纪念册 [M]. 未刊本，2008.

娄凤韶. 策进振亚织物公司商榷书（手稿）[Z]. 南京大学藏，1917.

美亚绸厂各项规章（手稿）[Z]. 上海市档案馆藏，1931.

美亚设计委员会第一届常会开会词（手稿）[Z]. 上海市档案馆，1940.

美亚丝织四厂织工须知（手稿）[Z]. 上海市档案馆藏，1934.

美亚织绸厂廿五周年纪念刊 [M]. 未刊本，上海市档案馆藏，1945.

清华学校留美学生王荣吉关于国内丝绸业改良之研究报告（手稿）

[Z]. 苏州市档案馆藏，1921.

设计大会第一届大会提案（手稿）[Z]. 上海市档案馆藏，1931—1934.

设计大会第三届大会提案（手稿）[Z]. 上海市档案馆藏，1931—1934.

设计大会第四届大会提案（手稿）[Z]. 上海市档案馆藏，1931—1934.

丝织技术训练班简章（手稿）[Z]. 上海市档案馆藏，1942.

王义丰和记纱缎庄所制花呢规格（手稿）[Z]. 苏州市档案馆藏，1913-03.

为各厂工友发生越轨行为电请迅予制止由（手稿）[Z]. 苏州市档案馆藏，1945-02-08.

吴县丝织厂同业公会致江苏省建设厅长节略（手稿）[Z]. 苏州市档案馆藏，1944-08-26.

中国国货工厂全貌初编：美亚织绸厂股份有限公司 [M]. 未刊本，上海市档案馆藏，1947.

附　录

附表一　民国时期机器丝织业常用长度单位间的换算

等数 换算单位 / 换算单位			中国市用制			国际制		
			1寸	1尺	1丈	1厘米	1分米	1米
中国制	市用制	1寸	1	0.1	0.01	3.3333	0.3333	0.03333
		1尺	10	1	0.1	33.3333	3.3333	0.3333
		1丈	0.01	0.1	1	333.3333	33.3333	3.3333
	营造尺	1寸	0.96	0.096	0.0096	3.2	0.32	0.032
		1尺	9.6	0.96	0.096	32	3.2	0.32
		1丈	96	9.6	0.96	320	32	3.2
	海尺	1寸	1.0668	0.10668	0.010668	3.556	0.3556	0.03556
		1尺	10.668	1.0668	0.10668	35.56	3.556	0.3556
		1丈	106.68	10.668	1.0668	355.6	35.56	3.556
国际制	1厘米		0.3	0.03	0.003	1	0.1	0.01
	1分米		3	0.3	0.03	10	1	0.1
	1米		30	3	0.3	100	10	1

续表

换算单位 \ 等数 \ 换算单位		中国市用制			国际制		
		1寸	1尺	1丈	1厘米	1分米	1米
英国制	1吋	0.762	0.0762	0.00762	2.54	0.254	0.0254
	1呎	9.144	0.9144	0.09144	30.48	3.048	0.3048
	1码	27.432	2.7432	0.27432	91.44	9.144	0.9144
日本制	1日寸	0.9091	0.09091	0.009091	3.03	0.303	0.0303
	1日寸	9.0909	0.90909	0.090909	30.303	3.0303	0.30303
	1日丈	90.9091	9.09091	0.909091	303.03	30.303	3.0303

资料来源：据美亚织绸厂《丝织技术手册》，美亚织绸厂，1940年，第225页改制

附表二　民国时期机器丝织物上常见尺寸符号

数字	一	二	三	四	五	六	七	八	九	○	百	千	萬
符号	〡	〢	〣	〤	〥	〦	〧	〨	文	○	ㄅ	丿	万

资料来源：据黄绍绪等《重编日用百科全书》（中册），商务印书馆，1936年，第123页改制

附表三　杭州市部分机器丝织厂概况表

厂名	地点	设立年月	组织	经理	资本额（元）	工人数	织机	年产量（匹）
纬成	池塘巷	民国元年	合资	朱光焘	40000		日式拉机	
振新		民国元年		金溶仲			日式拉机	
虎林	忠正巷	民国三年	合资	蔡谅友			电机24、拉机200	12000
义成	天宁巷	民国六年	独资		30000	114	电机40、手织机38	
悦昌文记	羊千弄	民国六年	独资	韩墉堂	50000（二十一年） 30000（二十二年）	80（二十一年） 150（二十二年）	电机、手织机	3800
又成	复兴桥	民国六年	合资		13000	96	二十年春间停厂经改组后复开改为又成生记	
裕盛	眠佛寺路	民国七年一月	合资		4000	79	电机24	
丽生	雀杆下	民国七年	合资		50000	140	电机68	
文新恒	太平门直街	民国七年	独资	曹味衡	10000（二十一年） 6000（二十二年）	104（二十一年） 81（二十二年）	提花机等	1200
天丰	黄醋园巷	民国八年	独资	胡慎康	20000（二十一年） 5000（二十二年）	43（二十一年） 81（二十二年）	拉机	3000

续表

厂名	地点	设立年月	组织	经理	资本额（元）	工人数	织机	年产量（匹）
详华	三宫丁	民国八年	合资		3200	32	电机28、手织机12	
永昌	霸王门	民国八年	合资		9000	94	电机35、手织机44	
大丰	奉胜门	民国九年	合资		10000	120	电机14、手织机96	
丽和	东街	民国九年	合资		11500	141	电机12、手织机79	
陈锦成常记	城门后射桥	民国九年	独资		2000	31	电机4、手织机20	
陈锦成鳌记	城门后射桥	民国十年	独资		2000	27	电机7、手织机16	
达昌	志成路	民国十年	合资		40000	127	电机10、手织机12	
都锦生	艮山门外	民国十一年	独资		10000	92		
怡章鸿	石板巷	民国十一年			5000	36	电机	
增华	通济弄	民国十二年	合资		6000	51	电机8、手织机50	
大丰新厂	大通桥西	民国十三年	合资		10000	40	电机22	

续表

厂名	地点	设立年月	组织	经理	资本额（元）	工人数	织机	年产量（匹）
烈丰	广兴巷	民国十四年	合资	汪培坤	15000（二十一年） 10000（二十二年）	60（二十一年） 66（二十二年）	机械总值4500元	6500
华丰	北门外	民国十七年二月	合资		6500	32	电机10、手织机8	
震旦	刀茅巷	民国十七年	股份有限公司	施春山	80000	235（二十一年） 190（二十二年）	拉机、手织机	9000
东方	山子（支）巷	民国十七年	合资	张雪侬	15000	61	拉机	
华竞	白莲花寺	民国十七年		罗丙炎	2000	31	拉机、电机	
七华	图书馆路	民国十八年七月	独资		9000	33	电机40	
同昌和记	曲天巷	民国十八年八月	合资		5000	30	电机17	
永安	五福楼	民国十八年	合资	陈耀庆	10000（二十一年） 20000（二十二年）	132（二十一年） 108（二十二年）	电机	11000
信成	新仓前	民国十九年三月	合资		6000	31	电机10、手织机12	

续表

厂名	地点	设立年月	组织	经理	资本额（元）	工人数	织机	年产量（匹）
咸章	宁长巷	民国十九年	合资		3000	40	织机 16	
云裳	百岁坊巷	民国十九年	合资	谢启元	6000	29（二十一年） 33（二十二年）	电机	1000
丽和协记	白墙湾	民国十九年	合资		15000	90	80	
凤凰	长庆街	民国二十年	合资	陈士旺	20000（二十一年） 50000（二十二年）	95（二十一年） 120（二十二年）	电机、手织机	6700
庆春	临桥小福清巷	民国二十年			38000	90	电机	
又成生记	东街	民国二十年	合资		20000	24	电机 33	
勤业	下板儿巷	民国二十年			5000	41	拉机、手织机	
裕成	东街石板巷	民国二十年			5000	44	电机	
六一	东街石板巷	民国二十一年			4000	36	电机	

续表

厂名	地点	设立年月	组织	经理	资本额（元）	工人数	织机	年产量（匹）
美成	皮市巷	民国二十一年			3000	37		
天章	林司后濮家弄	民国二十一年夏停业	独资	余廉笙	120000	525	电机114	25000
庆成	普安街		独资	徐礼耕	50000	135		10000
华盛信记	下仓直街	民国二十一年停业	合资	张竹铭	40000	145		6000
九豫	海狮沟	民国二十二年创建，民国三十一年迁杭	合资	宋润溥		147	电机42	

资料来源：根据《中国实业志·浙江省》《杭州市经济调查·丝绸篇》《中国丝绸通史》《杭州丝绸志》《浙江丝绸文化史》《杭州市丝绸业同业公会档案史料选编》等整理综合而成

附表四 苏州市部分机器丝织厂概况表

厂名	地址	设立年月	组织	经理人	资本额（元）	机械	年产量（匹）
苏经	齐门路	民国三年	合资	谢瑞山		织机 100	
振亚	仓街虹桥浜	民国六年	合资	陆季皋		电机 48、拉机 145	3500
延龄	打线巷	民国八年	合资	陈冠生	1200		
开源	华昌巷	民国九年				电机 40	
东吴	闾邱坊巷	民国十年	合资	陶耕荪	40000	电机 34、拉机 9	1750
大陆	中家桥	民国十三年	合资	程叔颖	2600	电机 6、拉机 25	1120
三一禄	定慧寺巷		合资	刘骏声	2750	电机 6、拉机 4	
中新	东白塔子巷			高和平		电机 14、拉机 5	
丽华	狮林巷			吴庆林		电机 10、拉机 11	
荣记	乔司空巷			梁访荣		电机 11	
大盛	西花桥巷			程声芝		拉机 15	
中和	打线巷			陈桂庭		电机 27、拉机 7	
益大	田鸡巷			邓耕莘		电机 18	2310

续表

厂名	地址	设立年月	组织	经理人	资本额（元）	机械	年产量（匹）
石恒茂	大王家巷			石啸高		电机4、拉机6	
民生	西北街			沈孝余		电机16	
华成	齐门下塘			谢云斋		电机6、拉机24	
华经	中大营门		独资	毛桐荪	5500	电机6、拉机12	2800
威吉	中大营门			程声其		电机10、拉机20	
大同	养育巷			徐慎甫		电机6、拉机8	1680
大华	齐门下塘			陈志祥		电机8、拉机7	
大中	仓街		合资	张孔修	3400	电机30	1820
三泰	后新街		合资	莫经镛		织机22	1540

资料来源：根据《中国实业志·江苏省》《江苏省志·蚕桑丝绸志》《中国丝绸通史》《苏州丝绸档案汇编》等整理综合而成

附录五　上海市部分机器丝织厂概况表

厂名	地址	设立年月	组织	经理人	资本额（元）	工人数	织机	年产量（匹）
肇新	新闸路斯文里	民国四年	合资	沈华卿			全铁织机9台	
物华	闸北香烟桥	民国六年	合资	汪鞠如	1000000		电机310	
锦云	兆丰路	民国六年	合资	张久香	1000000	156	87	18149（十九年） 28722（二十年）
天纶	小沙渡路	民国七年	合资	周湘龄	30000		电机39	
文记	闸北八字桥	民国七年	独资	鲁正炳			电机104	
天成	闸北宝山路横滨路	民国八年	独资	汪润卿			电机10	220
美亚	马浪路830号	民国九年	合资	蔡声白	2000000	2847		192794
中华	白利南路	民国九年	合资	刘鸿生	440000	556	175	60000
国华	闸北八字桥	民国十一年	合资	郑伯挺		54	电机36	
震华	梵皇渡路	民国十一年	合资	陈毓成			电机65	
德和	闸北潭子湾	民国十一年	独资	沈田莘			电机6	

续表

厂名	地址	设立年月	组织	经理人	资本额（元）	工人数	织机	年产量（匹）
天衣	近胜路	民国十三至十六年间	合资	裘配岳			电机40	
胜美	局门路张家浜	民国十三至十六年间		朱开泉			电机12	600
月华	唐山路	民国十三至十六年间		吴松森			电机20	60
丰华	唐山路	民国十三至十六年间		王植三			电机30	
金华	闸北梅园路梅林里	民国十三至十六年间		江在中			电机10	
祥华	闸北全家庵路丝厂弄	民国十三至十六年间		叶如卿			电机48	
耀华	麦根路	民国十三至十六年间		刘精儒			电机18	
达亚	局门路益大里	民国十三至十六年间		沈小余			电机10	
上海织造	培开尔路	民国十三至十六年间		王鹤林			电机12	800
宝华	忆定盘路	民国十五年六月		钱绩熙	17000	104	23	17000
美文	小沙渡路	民国十五年	独资	黄吉文	250000	280	120	17000

续表

厂名	地址	设立年月	组织	经理人	资本额（元）	工人数	织机	年产量（匹）
金龙	斜土路	民国十八年	合资	潘慎初	10000		52	7000
裕通	白利南路	民国十九年三月	合资	钱绩熙	72000	311	76	42000
裕村	白利南路	民国十九年五月	合资	钱绩熙	6000	31	28	4400
得师	周家嘴路	民国十九年五月	独资	丰惠恩	30000	64	23	
大美	张家宅	民国十九年七月	合资	孙洪成	20000	70		2600
光明	引翔港仁兴里	民国十九年七月	合资	汪培坤	40000	88	18	2000
烈丰	引翔港仁兴里	民国十九年	合资	汪培坤	25000	108	30	2500
九如	南曹家宅	民国二十年八月	合资	钱雄波	45000	78	16	8000
福利	唐山路三兴坊	民国二十七年		张德辅	5000		电机14	300
大诚	槟榔路	民国二十七年		宋保林	100000		电机214	
老美兴	澳门路595弄	民国二十七年		蒋志镛	4000		电机23	
同济	徐家汇路	民国二十七年		王祖球	10000		电机22	
洪康	马当路585弄	民国二十七年		宣萼荪	40000		电机28	

续表

厂名	地址	设立年月	组织	经理人	资本额（元）	工人数	织机	年产量（匹）
昆福	华盛路三益里	民国二十七年		傅福田	100000		电机26	
兴业	东余杭路	民国二十七年		洪昌耀	50000		电机19	
同利	西康路1209弄	民国二十七年		虞幼甫	50000		电机16	
同乐	常德路	民国二十七年		顾俊声	2500		电机12	
协兴祥	保定路	民国二十七年		樊鉴清	10000		电机18	
金鸡	周家嘴路	民国二十七年		余的忱	10000		电机17	
美星	愚园路1125弄	民国二十七年		金荣根	20000		电机11	
集成	扬州路三民坊	民国二十七年		倪颐吉	5000		电机10	
华新	保定路华兴坊	民国二十七年		黄宝锠	10000		电机9	
昌达	惠民路晋福里	民国二十七年		钱序葆	5000		电机10	
义昶	长宁路	民国二十七年		李春霖	10000		电机10	
鸿章	东余杭路	民国二十七年		郑华章	2000		电机11	
昆明	扬州路三民坊	民国二十八年		傅福田	150000		电机34	

续表

厂名	地址	设立年月	组织	经理人	资本额（元）	工人数	织机	年产量（匹）
亚文	扬州路三民坊	民国二十八年		钟俊臣	1000000		电机35	
大华	东余杭路	民国二十八年		华其祥	12000		电机15	
同德	江苏路曹家埃	民国二十八年		倪雨中	100000		电机12	
民生	保定路华兴坊	民国二十八年		沈伯鸣	50000		电机16	
时利鸿	长阳路	民国二十八年		韩志宏	50000		电机10	
复泰	通北路修安里	民国二十八年		章荣庭	20000		电机12	
衡业	愚园路668弄	民国二十八年		沈伯鸣	20000		电机18	
鸿生	周家嘴路	民国二十八年		孔祥霖	30000		电机12	
声记	怀德路	民国二十八年		黄俊声	20000		电机15	
林记	唐山路952弄	民国二十九年		柴炳奎	100000		电机27	
恒汇吉	周家嘴路	民国二十九年		沈济恩	50000		电机20	
伟华	西康路	民国二十九年		王秉钰	50000		电机20	
大元	安远路	民国二十九年		王端甫	20000		电机10	

续表

厂名	地址	设立年月	组织	经理人	资本额（元）	工人数	织机	年产量（匹）
久盛	西康路	民国二十九年		盛佩卿	50000		电机18	
秀纶	唐山路952弄	民国二十九年		沈伯鸣	50000		电机12	
纬达	西康路	民国二十九年		马伯乐	20000		电机16	
惠盛	济宁路同乐坊	民国二十九年		傅彰荣	10000		电机12	
久裕	康定路	民国三十年		吴德新	20000000		电机10	
泰成	江苏路	民国三十年		钱章钧	500000		电机12	
益成	杨树浦路	民国三十年		胡益三	20000000		电机16	
慎益	怀德路三益里	民国三十年		胡秋声	50000000		电机19	
福衣	许昌路三益里	民国三十年		姚如山	50000000		电机10	
美新	平凉路	民国三十年		沈幼青	90000000		电机13	
云林	徐家汇路	民国三十年	合资	娄凤韶	800000		电机64	
永昶	虹桥路	民国三十年		潘松裳	30000000		电机10	
天宝	东余杭路	民国三十年		周炳熙	30000000		电机10	

续表

厂名	地址	设立年月	组织	经理人	资本额（元）	工人数	织机	年产量（匹）
红棉	唐山路三兴坊	民国三十年		孙维嵩	30000000		电机13	
益新	榆林路	民国三十年		周仲修	50000000		电机10	
胜旦	瞿真人路			魏嘉会	16000		24	
锦新	虹口榆林路			陈锦椿				
万隆	星加坡路			陶友川		96		

资料来源：根据《中国实业志·江苏省》《近代江南丝织工业史》《中国丝绸通史》《上海丝绸志》《事变后之上海工业》《战后上海暨全国各大工厂调查录》等整理综合而成

图表来源

一、图片来源

图2-1　抗战胜利前后上海全真丝产品各项成本构成比较，据王庄穆《民国丝绸史》改制

图2-2　1936—1937年南京、苏州、杭州和上海地区丝织机分布对比，据《上海丝绸志》编纂委员会《上海丝绸志》改制

图2-3　南京缎业1926—1936年衰弱趋势，据徐新吾《近代江南丝织工业史》改制

图2-4　杭州丝织业使用蚕丝和人造丝比例变化，据彭泽益《中国近代手工业史资料：第三卷》改制

图2-5　单花筒复动式贾卡提花装置，《嘉氏提花机及综线穿吊法》

图2-6　装有贾卡装置的织机，织机，都锦生博物馆藏

图2-7　飞梭装置，《日本染織発達史》

图2-8　民国时期的机器丝织厂，《中国近代染织设计》

图3-1　加重钢筘纺，丝织物小样，中国丝绸博物馆藏

图3-70　双层绒织机，《实用织物组合学》

图3-71　双层绒织物经向剖面，作者绘

图3-72　灯芯绒织物纬向剖面，作者绘

图3-73　烂花绒，旗袍面料，中国丝绸博物馆藏

图4-1　上海尚美图案馆馆标，《陈之佛创办"尚美图案馆"史料解读》

图4-2　凤韶织物图画馆设计的织物图案集，私人收藏

图4-3　尚美时期的陈之佛，《陈之佛创办"尚美图案馆"史料解读》

图4-4　陈之佛的染织图案设计，《陈之佛染织图案》

图4-5　图案构成法，《中国丝绸通史》

图4-6　常书鸿染织设计作品，《中国丝绸通史》

图4-7　雷圭元染织设计作品，《艺风》

图4-8　担任美亚织绸厂美术部绘图员的工校毕业生钱雪润，职员考查表，上海市档案馆藏

图4-9　美亚织物试验所，《蔡声白》

图4-10　刘海粟对紦缦绉的评语，上海市档案馆藏

图4-11　缠枝牡丹图案，旗袍面料，台湾创价协会藏

图4-12　折枝牡丹图案，女袄面料，私人收藏

图4-13　独枝牡丹图案，丝织物小样，清华大学美术学院藏

图4-14　撇丝影光法的牡丹图案，《凤韶织物图画馆图案集》，私人收藏

图4-15　点彩法表现的牡丹图案，《五彩彰施：民国织物彩绘图案》

图4-16　块面表现的牡丹图案，旗袍面料，中国丝绸博物馆藏

图4-17　花瓣聚拢的牡丹图案，丝织物小样，清华大学美术学院藏

图4-18　写实的菊花图案，旗袍面料，中国丝绸博物馆藏

图4-19　独朵的菊花图案，旗袍面料，中国丝绸博物馆藏

图4-87　云龙图案，旗袍面料，中国丝绸博物馆藏

图4-88　团龙图案，女袄面料，东华大学藏

图4-89　元代的凤穿牡丹图案，丝织被面，河北隆化鸽子洞元代窖藏出土

图4-90　凤穿牡丹图案，旗袍面料，台湾创价协会藏

图4-91　凤穿牡丹图案，旗袍面料，台湾创价协会藏

图4-92　单色直条图案，丝织物小样，清华大学美术学院藏

图4-93　多色直条图案，丝织物小样，清华大学美术学院藏

图4-94　异向斜条图案，西式女裙面料，中国丝绸博物馆藏

图4-95　折线图案，旗袍面料，中国丝绸博物馆藏

图4-96　单一曲线图案，《五彩彰施：民国织物彩绘图案》

图4-97　复合曲线图案，丝织物小样，清华大学美术学院藏

图4-98　均匀格子图案的几种形式，A、C为丝织物小样，清华大学美术学院藏，B为旗袍面料，中国丝绸博物馆藏

图4-99　非均匀格子图案，丝织物小样，清华大学美术学院藏

图4-100　复合条格图案形式一，丝织物小样，清华大学美术学院藏

图4-101　复合条格图案形式二，旗袍面料，中国丝绸博物馆藏

图4-102　复合条格图案形式三，丝织物小样，清华大学美术学院藏

图4-103　采用单式排列法所得的条格图案，丝织物小样，清华大学美术学院藏

图4-104　采用复式排列法所得的条格图案，旗袍面料，中国丝绸博物馆藏

图4-105　采用花式线所得的条格图案，丝织物小样，清华大学美术学院藏

图5-6　上海鼎新染织厂的商标注册证，鼎新染织厂样本，中国丝绸博物馆藏
图5-7　机器丝织物字牌中的商标，字牌，中国丝绸博物馆藏
图5-8　字牌中的国货与爱国文字，字牌，中国丝绸博物馆藏
图5-9　字牌中的英文内容，字牌，中国丝绸博物馆藏
图5-10　端式字牌，匹料，中国丝绸博物馆藏
图5-11　侧式字牌，旗袍面料，台湾创价协会藏
图5-12　端式字牌的图形构成类型，作者绘
图5-13　1A1型端式字牌实例，字牌，中国丝绸博物馆藏
图5-14　2A1型端式字牌实例，字牌，中国丝绸博物馆藏
图5-15　2A2型端式字牌实例，字牌，中国丝绸博物馆藏
图5-16　1A2型端式字牌实例，字牌，中国丝绸博物馆藏
图5-17　1B1型端式字牌实例，字牌，中国丝绸博物馆藏
图5-18　1B2型端式字牌实例，字牌，中国丝绸博物馆藏
图5-19　2B2型端式字牌实例，字牌，中国丝绸博物馆藏
图5-20　像景织物字牌的图形构成类型，作者绘
图5-21　I型A像景字牌实例，像景，私人收藏
图5-22　I型B像景字牌实例，像景，私人收藏
图5-23　II型像景字牌实例1，像景，中国丝绸博物馆藏
图5-24　II型像景字牌实例2，像景，中国丝绸博物馆藏
图5-25　袁震和生产《平湖秋月》中的全英文II型像景字牌，像景，西湖博物馆藏
图5-26　“中心独花式”端式字牌与织物正身关系，作者绘
图5-27　副目板装置在中心独花式端式字牌织造中的使用，作者绘

二、表格来源

后 记

近代丝绸史研究是我就读硕士研究生时，导师赵丰博士为我所选定的方向。之所以选这个方向有一定的偶发性，因为当时中国丝绸博物馆里恰好新征集了一批民国旗袍需要研究，而这个时期的丝绸织造技术与古代相比，也更接近我本科所学的纺织品设计专业，因此就选了其中的梭织丝织物品种作为硕士论文的研究方向，可谓是无心插柳之举。

然而这也是一个越接触越让人兴趣倍增的领域，特别是负责撰写《浙江丝绸文化史》民国部分的内容时，我阅读了很多相关档案、文献，在那些字里行间真切地感受到丝绸界先辈们的奋斗和拼搏，以及在这动荡不安的38年间他们的努力一次次被时局所摧毁，又一次次重建的挣扎。所以在2008年进入东华大学攻读博士学位时，虽然在论文选题的时候有几个不同方向，我最终还是选择了20世纪上半叶这个大的时间段。这其中固然有想延续自己以往研究的因素，但更多的是当时的人们身上的那种精神吸引了我。当然，那么大的国土，那么跌宕起伏的时局，那么多精彩纷呈的丝绸产品，我的能力所限，无法还原出一个全貌，于是最能代表那个时代丝织工艺水平的机器丝织物，特别是江浙沪地区的机器丝织物成了我主要的研究对象。之后，我于2014年完成了我的博士论文《民国时期（1912—1949）机器丝织品种和图案研究》。

结束了学生的生涯后，因为工作的关系，丝绸史研究一直是我的工作内容之一，然而也因为工作的关系，研究的时限上至东周，下至现代，必须时常根据需要而变化，像近几年工作的重点就转移到了丝路之绸上，也曾经花了五年的时间来做美国费城艺术博物馆藏明代丝绸经面的研究。面对此种情况，一方面，我内心常有一种对于每个领域都涉猎，但每个领域都浅尝辄止，不甚了了的惶恐与不安。另一方面，对于近代丝绸史研究，这个我曾经着力颇多的领域也一直不想抛下，幸而得到浙江工业大学袁宣萍教授垂青，在2017年我们合作完成了《中国近代染织设计》一书，并荣获浙江省第十二届哲学社会科学优秀成果“基础理论研究类”二等奖，算是在我博士阶段的研究上的延续和扩展。而把博士论文修订出版一直是我的心愿，可惜这几年来，几次努力都以失败而告终，未能如愿。终于，2019年，我得到了浙江省文物局新鼎计划的出版资助，多番增删之后，以《新品时样——20世纪上半叶机器丝织品种和图案研究》之名出版。

一路走来，多得导师、父母、各位师长、领导、同事和朋友们的关心、支持和帮助，纸短情长，不一一道来，谢意无尽，永驻心田！

最后谨将此书献给那些创造出如此美丽的机器丝织物的先辈们，无论他们曾在历史上留下浓墨重彩的一笔，还是已被历史所湮没。

徐　铮

2020年8月23日

图书在版编目（CIP）数据

新品时样：20世纪上半叶机器丝织品种和图案研究 / 徐铮著. — 杭州：浙江大学出版社，2021.4
ISBN 978-7-308-21186-4

Ⅰ.①新… Ⅱ.①徐… Ⅲ.①丝织品—研究—中国 Ⅳ.①TS146

中国版本图书馆CIP数据核字（2021）第049836号

新品时样
——20世纪上半叶机器丝织品种和图案研究
徐 铮 著

策　　划 包灵灵
责任编辑 包灵灵
责任校对 董 唯
封面设计 包灵灵
出版发行 浙江大学出版社
（杭州市天目山路148号 邮政编码310007）
（网址：http://www.zjupress.com）
排　　版 杭州兴邦电子印务有限公司
印　　刷 浙江省邮电印刷股份有限公司
开　　本 880mm×1230mm 1/32
印　　张 10
字　　数 218千
版 印 次 2021年4月第1版 2021年4月第1次印刷
书　　号 ISBN 978-7-308-21186-4
定　　价 68.00元

版权所有 翻印必究 印装差错 负责调换
浙江大学出版社市场运营中心联系方式（0571）88925591；http://zjdxcbs.tmall.com